U0595209

空基预警探测系统

刘波　沈齐　李文清　编著

李涛　主审

国防工业出版社

·北京·

内 容 简 介

本书从使用角度出发,首先论述了空基预警探测系统的地位、作用以及发展历程和规律;其次重点分析了机载预警探测系统、浮空器载预警探测系统和无人机载预警探测系统的特点、战术技术指标的含义及能力需求,再次,书中论述了空基预警探测系统的综合集成及多种探测传感器协同工作问题;最后本书还对空基预警探测系统的使用方式及策略进行了探讨。

本书既可供从事空基预警装备研制的工程技术人员、装备使用人员参考,也可供管理干部借鉴。

图书在版编目(CIP)数据

空基预警探测系统/刘波,沈齐,李文清编著. —北京:
国防工业出版社,2012.10
ISBN 978-7-118-08442-9

Ⅰ. ①空… Ⅱ. ①刘…②沈…③李… Ⅲ. ①机
载预警系统 Ⅳ. ①V243.2

中国版本图书馆 CIP 数据核字(2012)第 284442 号

※

*国防工业出版社*出版发行
(北京市海淀区紫竹院南路 23 号 邮政编码 100048)
北京嘉恒彩色印刷有限责任公司
新华书店经售

*

开本 710×960 1/16 印张 18¾ 字数 327 千字
2012 年 10 月第 1 版第 1 次印刷 印数 1—4000 册 定价 49.50 元

(本书如有印装错误,我社负责调换)

国防书店:(010)88540777   发行邮购:(010)88540776
发行传真:(010)88540755   发行业务:(010)88540717

序　言

海湾战争及之后的几场局部战争充分表明，现代信息化条件下战争的核心是全面、及时、准确获取各种情报信息，只有地基、空基和天基预警探测系统充分发挥作用，才能掌握战争的信息主动权。机载预警雷达、机载无源电子侦察和浮空器载雷达等空中预警探测系统在远程机动探测和低空覆盖等方面具有不可替代的作用，是军事装备信息化建设的重点方向之一，已成为现代国家空、海军实现攻防作战的基础力量。近年来空基预警探测领域蓬勃发展，新平台、新体制和新技术不断涌现，并开始与侦察技术相互融合，该领域的发展正越来越受到人们关注。近年来，大量著作和论文涉及空基预警探测的技术内容，但截至目前，国内外尚无专门论述空基预警探测系统的书籍，不能不说是一种缺憾。

20世纪60年代，空军第二研究所等单位即开始从事空基预警探测系统的论证、试验和部署使用等方面的研究，本书正是基于前辈经验及作者研究成果完成的。书中从预警探测装备体系角度出发，论述了空基预警探测系统的地位作用、使用环境、军事需求、主要战术技术性能指标以及作战使用方式等内容，探索了空基预警探测系统的发展规律和发展趋势，以及提升系统整体作战效能的途径。

本书具有三个突出特点：一是系统全面，从军事需求如何推动空基预警装备的诞生和发展，到当今空基预警探测先进技术和各国装备具体情况，再到军事运用方式方法，全面论述了空基预警探测系统的特点、优势和需要关注的问题；二是视角独特，以装备体系建设和作战使用为出发点，有机集成了空基预警探测系统的战术内容和技术内容；三是启发性强，通过论述空基预警探测系统战术需求和技术实现的关系，揭示了技术发展规律，对后续装备发展和使用提出了有价值的建议。书中内容体现了作者对这一重要领域的思考和研究，站位较高，针对性强，特别是对于一些容易被忽视的技术问题和没有统一认识的战术问题给出了独到的见解。

本书内容系统，深入浅出，既可作为部队人员和装备管理干部的学习资料，也可供科研单位参考，相信对推动我国空基预警探测系统的发展和应用具有一定借鉴意义。

乐为之序！

中国工程院院士　陈志杰

前　言

　　人类爱好宁静与和平,同时征服、掠夺的欲望以及利益、文化的冲突却又不断导致敌对和战争,从历史上看,变化的只是战争样式和武器装备。"工欲善其事,必先利其器",冷兵器时代,战马和铠甲是基本装备;近代战争,船坚炮利必不可少;现代战争,装备的信息化水平是关键,准确及时的情报和远程精确的打击成为重要特征。从第二次世界大战开始,空战和空袭成为最常见的战争形式,这也催生了具有空中预警探测和指挥控制功能的预警机,其中预警探测为基础性功能。第二次世界大战后,为解决远程机动预警和低空探测等迫切的军事需求,各国竞相研发和采购空中预警探测装备,拥有空基预警探测装备也成为各军事强国空海军作战能力的重要标志之一。依靠人员和装备数量的战争观念已经落后于时代潮流,为应对新的安全形式和战争样式,军队需要新的思考、新的装备和新的使用方式。截至目前,全世界共有三十多个国家和地区装备了预警机和气球载雷达。预警机、气球载雷达和预警飞艇等装备技术迅速发展之势方兴未艾。

　　为保持良好的飞行性能和浮空性能,通常空基预警探测平台结构和重量受到制约,供电水平和内部空间也十分有限,平台的稳定性更不及地面装备,同时空中平台环境条件恶劣,特别是装备要在强地杂波和强干扰条件下完成目标探测,使得空基预警探测装备的研制和使用面临地面装备难以比拟的技术困难,空基预警探测领域也成为军事装备技术的至高点之一。目前仅有少数国家具有独立研制空基预警探测装备的能力,装备和技术出口也限于政治和军事盟国,严格控制相关高新技术输出到其他国家。

　　20世纪末,空军第二研究所原所长郦能敬先生广泛收集资料,深入分析研究,撰写了专著《预警机系统导论》,首次对预警机装备技术进行了全面深入的论述,成为该领域的重要参考书。最近十余年,空基预警探测装备在美军和北约参与的多次局部战争中发挥了重要作用,空基预警探测装备也日渐成为许多国家日常防空预警体系的主要组成部分。军事需求促进了空基预警探测系统蓬勃发展,进而出现了大量新技术与新装备,也展现了一些新的发展规律。本书尝试从使用角度出发,探索空基预警探测装备的军事需求和技术发展规律,探讨新时期对该类装备的战术技术需求究竟是什么? 空基预警探测装备究竟该往何种方向发展? 如何优化日常防空预警和战时使用方式? 本书围绕上述内容对空基预警探测的战术技术问题进行了较为全面的论述,并注重提炼和总结,将书写薄,少些占用读者的宝贵时间,只求增强对这一重要领域的思考和研究,故而略去了引用文献中的一些理论推导,读者若有兴趣,可参考原文。

本书共分为 8 章:

第 1 章介绍了空基预警监视装备的地位、作用和主要战术功能,以及与地基和天基预警装备之间的关系。

第 2 章总结分析了作战使用如何推动预警机和气球载雷达等空基预警探测装备的发展历史与军事需求推动的密切关系。

第 3 章分析了现代战场环境下对空基预警探测装备的军事需求,主要阐述了目标环境、电磁环境和地理环境对预警探测装备的挑战,并分析了空基预警探测装备需要重点发展的技术和能力。

第 4 章全面分析了机载预警探测装备的平台和任务电子系统基本特点、主要功能和战术技术指标。平台方面主要论述运输机类平台的特点,以及对预警探测装备的影响因素和限制条件。机载预警探测装备方面主要介绍了机载预警雷达、敌我识别/二次雷达、红外与激光探测设备和电子支援探测设备。涉及空基预警探测系统的共性技术问题也在这一章进行论述。

第 5 章简要阐述了以气球载雷达和预警飞艇为代表的浮空预警系统的基本组成、工作模式、战术技术特点、关键技术,以及对浮空预警探测系统的使用需求和发展重点。

第 6 章讨论了无人机作为传感器平台的特点,以及作为预警探测装备平台需要突破的关键技术,无人机加装预警探测系统的发展途径,并展望了未来基于无人机平台实现预警侦察一体化的广阔发展前景。

第 7 章对预警机任务电子系统集成等方面的战术需求和技术实现进行了论述,重点说明了需要解决的一些关键问题和需要关注的重要指标,并对 E-2D 预警机、"海雕"预警机以及"综合传感器即结构"共 3 个典型空基预警探测系统的技术特点进行了简要介绍。

第 8 章从空间覆盖、时间覆盖和速度覆盖等角度分析机载预警雷达的综合探测能力,提出空时覆盖率的概念,并分别讨论了预警机单机使用和多机协同使用的预警机航线设计和雷达工作模式优化问题。此外,还指出机载预警雷达和气球载雷达作战使用中应该注意的一些问题。最后,简要介绍了美、俄等国预警机装备使用和维护保障的情况。

附录部分简要总结了各国预警机和气球载雷达的基本情况。

本书撰写过程中参考了郦能敬、李涛和陆俊英等前辈收集整理的国内外技术资料。李涛先生还多次细心审阅全书,从内容编排到文字组织均提出非常宝贵的修改意见,中国工程院毛二可院士和陈志杰院士在百忙中也审阅了本书。本书的问世还得益于各级领导的鼎力支持,作者的同事周峰和龚亮亮分别对涉及红外探测和无源探测的内容进行了完善,王怀军、陈春晖、魏麦成、吴洪、葛蔼、黄文韵、王炜华、郭建明、丛力田和胡文琳等对本书内容提供了有益的参考意见。

作者工作中有幸向中国电子科学研究院王小谟院士、陆军研究员、李超强研究员,中国航空工业集团公司第一飞机设计研究院王健青研究员请教与交流,深感受益匪浅,特别是王院士给出了明确的修改建议和努力方向。中国电子科技集团公司十所曹劲、十四所张靖、二十九所王骏和三十八所刘宝泉等也就书中内容提出过有益的建议。还要感谢国防工业出版社的编辑为本书正式出版付出的辛勤劳动。

空基预警探测系统涉及专业广泛,战术和技术内容复杂。作者学识粗浅,本书撰写过程既是思考的过程,也是学习的过程,书中不足甚至错误在所难免,恐负读者!姑望拙作能抛砖引玉,启发研制和使用人员的深入思考,点滴推进空基预警探测装备领域的研究,为探索适合我国国情的空基预警探测装备体系发展道路和运用策略提供参考和借鉴。

书稿撰写周期近三年,大部分内容完成于业余时间,以及北京往返于南京、合肥和哈尔滨等地的路途之中。成稿之际,恰逢诸事繁杂,家庭的理解和支持是作者的动力源泉,内心由衷感谢!

编著者
2012 年 6 月

目 录

"想成为天空的主人，重要的不是你拥有多少利剑，而在于你拥有多远的耳目"

——[俄]原防空军司令雅科夫列夫

第1章 概　述

预警探测系统采用各种探测手段和处理技术,对空、天、海、地各类目标,重点是运动目标进行实时探测,获取、处理和分发目标信息,用于实现目标搜索、发现、跟踪、分类和识别,是国家武装力量的重要组成部分,平时用于国土和周边地域警戒,战时用于获取战场目标信息,是指挥系统和武器系统的主要信息来源。"居高声自远,非是藉秋风",空基预警探测系统机动探测能力强,低空补盲作用明显,因其战术特色鲜明,技术发展迅速,已经在世界范围内成为各国预警探测体系的重要组成部分,本章简要介绍空基预警探测系统的组成、作用和主要功能。

1.1　预警探测系统的基本组成

预警探测系统的代表性装备是雷达,近年来无源电子侦察、红外和光学探测系统也不断推广使用。按照平台类型划分,预警探测系统可分为地(海)基、空基和天基(图1.1.1),地基、空基与天基雷达、红外和光学等预警系统相互配合,可以提升预警探测系统的综合性能。

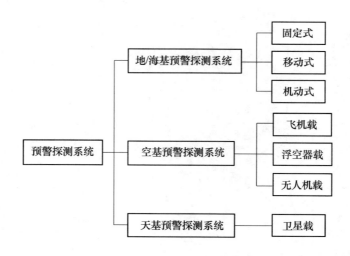

图 1.1.1　预警探测系统的分类

20 世纪 20 年代到第二次世界大战期间，美、德、英等国相继研制出能够实现简单目标探测的雷达"原理样机"，从 1937 年英国部署实用的地面雷达"本土链"（Chain Home）。至今，地基预警探测雷达（也可称预警监视雷达）的出现已有近 80 年的历史。目前，世界各国已装备多种体制和样式的地（海）面雷达，将其作为国土防空的主体，而且地面雷达的功能还在不断拓展，除完成飞机目标探测功能之外，还担负弹道导弹预警和空间目标监视等功能。此外，数量庞大的地面监视雷达还是实现空中交通管制的必要装备。

地（海）基预警探测系统也存在以下无法克服的缺点：

（1）易受地球曲率和地物遮蔽的影响。

地（海）面预警探测系统发现低空目标的能力极为有限，低空盲区大。

（2）难以快速机动部署。

地（海）面预警探测系统不适应应急作战时的任务需求，更无法适应现代战场瞬息万变的态势变化。

（3）部署和使用受到地理环境的明显制约。

在山区和沙漠戈壁等特殊区域平时人迹罕至，难以部署地基预警探测系统，广大的海洋地区由于风浪和气象变化显著，舰载预警探测系统也难以长期部署。很多国家的周边环境，特别是接壤边境和领海安全而言，经常会出现不稳定、不安全的因素。即使是全球层次上的制约和阻力，也大多借助或通过一个国家的周边发生作用，地面预警探测装备难以对周边，特别是境外的情况进行有效掌握。

天基预警探测系统以卫星为平台，轨道高度一般大于 200km，天基预警探测主要有红外探测、可见光探测和雷达探测三种探测手段，目前实现天基预警探测功能的主要是红外和可见光传感器，用于完成对弹道导弹目标的预警。从使用角度看，天基探测系统具有以下重要潜力和优点：

（1）覆盖范围广。

卫星不受政治环境和地理区域的限制，通过星座布局的设计，可以实现重点区域或全球覆盖。

（2）反应时间快。

卫星可以通过灵活地调度，迅速形成对热点区域的覆盖。

（3）全天时和全天候工作。

在太空各轨道的卫星工作不受昼夜时间和天气情况的限制。

（4）预警探测距离远。

与地面和机载预警系统相比，轨道卫星可以有效地增加预警时间，特别是能够实现对导弹飞行主动段和中段的检测和跟踪。

毫无疑问，天基预警监视装备是未来的重要发展方向，但使用局限、技术难度

和经费问题是装备发展的巨大障碍,主要包括如下方面:

(1)探测精度低。

卫星轨道距离地面远,对接近地球表面的目标探测定位精度较低。

(2)小目标探测能力差。

因为目标距离远,与地面和空基装备相比,卫星平台对目标电磁散射特征和红外特征不够明显的小目标难以实现有效探测。

(3)应急和机动能力差。

天基卫星难以实现应急发射,而且入轨卫星轨道稳定,要实现变轨需要消耗大量的能量,轻易不会实施变轨,因此卫星快速反应能力与作战需求有较大差距。

(4)连续覆盖能力差。

高轨(High Earth Orbit,HEO)卫星通常仅能给出目标的大致位置,中轨(Middle Earth Orbit,MEO)和低轨(Low Earth Orbit,LEO)星座利用适中的卫星尺寸和功率能获得比较好的目标探测效果,但视场有限,每通过地球一次只能提供5min ~ 10min 的连续覆盖,需要 20 颗以上的卫星来维持近乎连续的覆盖。

(5)易受干扰和破坏。

卫星运动于基本固定的轨道,在战时容易受到敌方的有意干扰。

美国一直致力于开展天基动目标检测雷达和天基 SAR 雷达的研究工作,但在天基动目标检测(Moving Target Indication,MTI)雷达系统的实现上却一直进展缓慢。

空基预警探测装备通常指以 100km 高度以下(大量集中于 20km 以下)的飞行器和浮空器平台为载体,加装雷达、红外和电子侦察等探测设备,担负对空中、地(海)面和临近空间目标探测、跟踪和识别等功能的一类装备。经过 70 多年的技术进步推动和使用需求牵引,空基预警探测装备蓬勃发展,已成为现代战场实现"知己知彼"的空中"千里眼"和"顺风耳"。目前的空基预警探测装备包括预警指挥机(简称"预警机")、气球载雷达和预警探测无人机等,上述装备可以在数小时,甚至数分钟内升空,快速反应能力远远优于地基和天基装备,可以快速部署在日常没有雷达值班的区域,甚至出动到远海地区,及时获得该区域空中和海面的战场实时态势信息,并可用于作战指挥和武器控制。

目前,空基预警探测装备已成为实施日常防空预警、机动作战、远程进攻的核心力量,是对低空、超低空和海面目标探测不可或缺的手段,也是突防情况下快速构建战场预警探测和指挥控制体系的基础,成为军事装备信息化建设的重要标志。

1.2 空基预警探测装备的作用

美国历史学家斯塔夫里阿诺斯认为:"人类生来既不爱好和平,也不喜欢战争;既不倾向合作,也不倾向侵略。决定人类行为的不是他们的基因,而是他们所处的社会交给他们的行事方式"[1]。这与我国古代"人之初,本无性"的说法是类似的。社会环境引发战争,战争的形式和社会的技术进步决定了武器装备的发展方向,同时,军事装备也影响战争形式的发展。人类漫长的战争史中反复出现的一种场面是指挥人员寻找山顶、城墙或其他至高点来眺望敌情,获取战场情报。无论是原始的目视手段,还是近代发展起来的无线电和光学探测设备,视线或受限于地球曲率的影响,或受限于高大地物的遮挡。"欲穷千里目,更上一层楼",为了实现"站得高,看得远",人们在地基预警探测系统的基础上,相继发展了空基和天基预警探测系统。

在例行性监视和预警任务中,空基预警探测装备可增强空地机动预警探测和低空巡航导弹探测的能力,弥补地面预警探测装备的不足。以美国本土为例,东西海岸预警线主要由 E-3、E-2 及气球载雷达组成,预警机巡逻在东、西海岸线上,是完成空中警戒任务的主要力量。此外,美在其南部边境部署了 10 个以上的气球载雷达,用于低空目标搜索和跟踪。此时,任务区、飞行航线和起降基地等相对固定。

在危急征候期间或战时,空基预警探测装备可以执行战场预警探测、辅助指挥控制,特别是预警机用于探测空、海面目标,形成空、海面综合战场态势。

在执行演习和训练任务等行动中,空基预警探测装备又可以为指挥引导、通信中继提供支撑。

预警机在近年来的几场局部战争中发挥了显而易见的关键作用,它很好地解决了各国军队传统地面预警探测装备存在的"低空探测看不见,远程作战够不着"的难题,已成为信息化条件下战争中不可缺少的重要装备。

1.3 机载预警探测系统主要功能

预警探测系统的主要功能有 3 项,分别是目标搜索与跟踪、目标分类识别和情报信息传输,简言之,就是"看得见、认得清、传得快"。预警机、气球载探测系统和正在开发中的飞艇载探测系统(预警飞艇)是主要的空基预警探测装备,其中预警机是目前最重要的空基预警探测装备,随着网络化作战态势的发展,预警机也成为实现战场态势融合和中继通信等功能的重要平台。作为信息化战争的一个标志,由载机和任务电子系统两部分组成的预警机是应用范围最广的全天候、多传感器空中预警与指挥控制的特种军用飞机。载机一般由军用或民用运输机改装而成,显著的特征是更改舱内设备布局,并在机身外部加装天线罩。任务电子系统包括雷达、敌我识别/二次雷达、电子支援、通信、任务导航、指挥控制等部分,其中机载预警雷达是核心传感器。经过半个多世纪的发展,各项相关技术的进步使得现代预警机的功能越发强大。

1.3.1 预警搜索跟踪

未来战场具有时间与区域的不确定性,机载预警探测系统可以灵活快速地部署到冲突现场,实现大范围的监视、跟踪、识别空中及地面、海面目标,尤其是低空和超低空的运动目标,并将预警情报及时分发到地面指挥机构或其他作战单元。这一功能是预警探测系统最基本的功能,主要指发现目标并连续跟踪,起到预警的功能。

1.3.2 目标分类识别

预警机实现预警探测功能的方式分为主动探测和询问探测两种[2]。

机载预警雷达是主动探测的核心手段,除了可以获得目标的距离、方位和高度等三坐标信息之外,也可对目标运动速度进行测量,根据上述信息可以对目标的类型做出基本的判定。

敌我识别/二次雷达(Identification of Friend or Foe/Secondary Surveillance Radar,IFF/SSR)是基本的询问探测手段,通过对方的应答来识别目标的敌我及其他属性。在战争中,雷达发现目标后,需及时通过询问探测设备来识别目标的敌我属性。敌我识别器和二次雷达的基本原理相同,只是在使用场合和使用方式上有所差异。敌我识别器主要用于军用,一般是在雷达发现目标后再启动工作(即雷达牵引),进行敌我属性的判断,不进行独立扫描。而二次雷达主要用于民用,在一定空域内独立扫描并形成对目标的连续观测。之所以称为二次雷达,是因为需要两次发射。第一次发射是发出询问信号,第二次发射是对方收到询问信号后再辐射电磁波以发出应答信号。

随着空域管制和海面船舶航行管制水平的提升,出现了船舶自动识别系统(Automatic Identification System,AIS)和广播式自动相关监视系统(Automatic Dependence System – Broadcast,ADS – B),它们通过合作应答和自动广播提供自身信息,可以作为目标识别的补充手段。

此外,空基平台利用无线电侦收设备可截获敌方主动探测设备发出的信息,并用于目标分类和识别。此类侦收设备主要为电子支援设备(Electronic Support Measures,ESM),是预警机上第二重要的情报信息获取手段,可在很宽的频率范围内探测并确定电磁辐射源,并能自动测向和定位,对威胁发出告警信号。借助长期侦察积累得到的情报数据库,ESM 可以将电磁辐射源与其载机平台建立联系,从而具备一定的目标识别功能。有的大型预警机还安装了通信侦察设备(Communication Support Measures,CSM),用以侦收敌方的空地或空空通信网信号。

以预警探测功能为基础可构成情报融合处理中心,预警机对本机、他机和地面指挥所的情报信息进行综合,形成综合战场态势,并且可以分发到有关的作战单位,如战斗机和海面军舰等。

1.3.3 情报信息传输

现代预警机的信息传输链路既能够传送话音,也能够传送图像或数据。通过丰富的数据链路,能够及时、安全和有效地传输预警机自身获得的各种数据及其战区内协同作战的其他作战单元所获得的各种数据,从而使得预警机从单纯的雷达情报探测功能演进为具有空中的综合指挥控制能力(可以充当"空中指挥所"使用),并构成自主的军用电子信息系统的重要节点,成为实现陆、海、空、天一体化作战的综合性信息化武器装备。参与构成信息传输链路的设备主要有各种频段(如短波、超短波)的常规或抗干扰通信电台、卫星通信系统和地面支持系统等。其中,美军使用的联合战术信息分发系统(Joint Tactical Information Distributed System,JTIDS)具有代表性[3],该系统能够为陆海空多兵种战斗单位提供联合服务,可同时容纳多个用户,每个带有 JTIDS 端机的用户都可以通过入网而成为系统成员。网内每个成员根据其战术使用级别和产生信息量的多少来获得系统分配的时间段,并把自己具有的各类战术信息分发出去。除了网内成员的数据传输和信息共享功能之外,它还同时具备网内成员的相对导航和识别功能。

1.4 机载预警探测与电子侦察一体化

在获取战场态势信息方面,电子侦察机与预警机均用于获取平时、战前和战时的态势信息,但传统上功能有所区别,各军事强国根据作战使用需要数量有一定比例协调关系,并根据作战需求和技术发展进行动态调整。

预警机用于获取平时或战前的态势信息,特别是敌我双方交战期间,预警机可获取空中动目标的运动信息和属性,并实现与武器平台协同工作,完成指挥引导、武器控制和打击效果评估。预警机以预警雷达和红外传感器等自身探测手段获取信息为主,强调实时性,重视空中威胁目标和海面威胁目标。

电子侦察机任务是获取平时、战前和战时的态势信息,主要获取目标辐射的电磁辐射和光学辐射特征,包括电子情报(ELINT)、通信情报(COMMINT)和图像情报,完成目标识别和定位。目标类型包括地面动目标、静止目标和部分空中动目标。

美国是世界上机载电子侦察装备数量最大、功能最完善的国家,其中包括战略情报侦察飞机 RC-135、E-8、EP-3E、MQ-1"捕食者"无人机、"全球鹰"无人机电子侦察机等多种型号。RC-135(分为 S、V/W、U 多型)装备有电子情报、通信情报侦察系统、红外传感器和激光测距仪等,具备 360°全方位覆盖,通过搜集、处理、分析敌方辐射的射频信号,能够探测、识别、定位敌防空雷达和指挥所,是获取战场信息优势的重要途径,对低截获雷达和导弹基地等有较好的侦察能力。该机每年执行上百次任务,用于获取有关俄罗斯、中国和印度等国家导弹试验的数据。E-8 配装的合成孔径雷达可对目标区产生地形、地貌和地物的俯瞰影像,并实现对地面动目标的有效检测,主要任务是充当美军前沿哨所,探测和监视敌地面固定和移动目标,为美国空军飞机和陆军战术导弹、多发火箭等各种火力系统提供精确的目标阵位。

随着网络化作战需求的发展和军事装备技术的进步,特种作战飞机立足单平台实现多功能的趋势日益明显,预警机、电子侦察机普遍加装预警和侦察相关的多种传感器。美国的 E-3、E-2D 和"楔尾"预警机除装备预警雷达、电子侦察设备外,还加装或正在考虑加装红外传感器和激光测距仪等探测传感器,也可以加装合成孔径雷达,各国新研预警指挥机具有越来越强的电子侦察能力,成为集有源和无源探测手段于一体的综合传感器平台。

"不谋万世者，不足以谋一时；
不谋全局者，不足以谋一域"

——清　陈澹然

第 2 章　空基预警探测系统的发展历程

相传我国汉初名将韩信为了在空中观察敌军而发明了风筝,可算是空基预警探测的鼻祖。作为战争的产物,真正孕育空基预警探测系统的是 20 世纪第二次世界大战。本章总结了军事需求如何推动机载预警探测系统和浮空器载预警探测系统的发展壮大,以及各种空基预警装备在日常和战争期间的使用情况。

2.1　机载预警探测系统的发展历程

2.1.1　第二次世界大战与预警机装备起源

第二次世界大战期间,德军和美军的战机数量远多于坦克和装甲车的总数,战争史上空战第一次成为决定战争胜负的关键。1942 年 6 月 4 日的美、日中途岛战役中双方共出动了 11 艘航空母舰,逾千架飞机。空中力量兴起,改变了战争样式,针对大量空中目标的有效探测,是研制预警机的主要动力。

1941 年 12 月 7 日,"珍珠港事件"爆发,日本海军采用低空鱼雷和轰炸机攻击港口的军舰,导致美国海军蒙受重大损失。美国海军高层终于认识到地面和舰载雷达的局限性,海军航空局决定终止"雷达转发"系统研制计划,转而追求实现"跨越式发展",即研制能够应用于飞机平台的机载预警雷达,具体设想是将当时较为先进的 AN/APS - 20 警戒雷达安装到 TBM"复仇者"(Avenger)鱼雷轰炸机上(图2.1.1),这就是著名的"卡迪拉克(Cadillac)计划"。

图 2.1.1　最早的 TBM - 3W 型舰载预警机(1945 年—1949 年)

1944 年出现最早的试验性预警机,它采用经过改装的通用汽车公司 TBM"复仇者"三座中型舰载鱼雷轰炸机,较为宽敞的机舱可以安放设备,雷达天线安装在机腹下的天线罩内,该雷达工作于 S 波段,采用 2.4m 口径抛物面天线。经过改装后的飞机称为 TBW – 3W,作为历史上第一架预警机进行试飞,它能在 100km ~ 120km 范围内发现在 150m 高度低飞的飞机,在 320km 外探测到战舰。机上只有一名驾驶员和一名雷达操纵员。雷达操纵员用超短波电台将目标信号连同雷达天线指向数据传送到军舰上,由舰上的指挥员进行分析后据此指挥作战。采用同样的技术手段,美军早期还装备了另外几型预警机。早期的预警机虽然在防空中起到重要作用,但共同的缺陷是机载雷达的下视能力差,只能在杂波强度较弱的海上实现探测功能,而限于当时雷达的技术水平,还无法解决下视情况下滤除地杂波的难题。

2.1.2　战后预警机发展历程

1. 第二次世界大战后改进和探索时期

今天看来,第二次世界大战期间的空中目标对预警探测系统的挑战不算严重。当年的飞机飞行速度低,机动性能差,航程也较近,且没有任何隐身设计,第二次世界大战期间的主力战机仍为活塞式飞机(后期有了少量喷气式飞机)。性能优异的战机时速也仅有 600km/h ~ 700km/h,即使是著名的德军 V2 导弹,其末段最大速度也仅有马赫数 4 左右,射程不足 300km/h,基本上都属于中近程和中低速目标。

第二次世界大战结束后不久,世界军事格局发生了深刻的变化,美、苏两国迅速崛起,意识形态和国家利益导致冷战,大规模战争的阴云再次笼罩在人类头顶。在各种新式装备中,战略轰炸机成为美、苏重点发展的进攻型武器,它能够携带核弹,实现对数千里外的国家和地区的远程突袭,也能够携带常规炸弹,执行战术轰炸任务。美国研制了 B – 52、B – 1B 等战略轰炸机,苏联研制了图 – 22、图 – 95 和图 – 160 等战略轰炸机,其中图 – 160 不仅能以亚声速、低空突防的方式进行偷袭,而且可以在高空实现超声速巡航方式展开攻击。战略轰炸机防御俨然成为超级大国之间冷战的一个焦点。向境外、向低空和超低空拓展防御范围,增加预警时间成为国家安全战略的需要,而普通地面雷达受到视距限制,难以覆盖到领海和境外广大地区。

为应对现实威胁,美国海军用不同的舰载反潜机和攻击机加装 APS – 20 雷达或其改进型,成为兼有空中预警与反潜能力的 AF – 2W"卫士"舰载预警机(图2.1.2)和使用时间长、装备数量最多的 AD – 3W/4W/5W 系列"空中袭击者"舰载预警机(图2.1.3)。机上操纵员增加到2人~3人,飞行性能和雷达性能均不断改进,增加了通信电台。英国皇家海军在20世纪50年代也曾将其反潜机安装APS-20F雷达制成"塘鹅"AEW Mk.3舰载预警机(图2.1.4),并且一直用到1978年。

图2.1.2　美国海军AF-2W型舰载预警机(1949年—1955年)

图2.1.3　美国海军AD-4W型舰载预警机(1949年—1967年)

图2.1.4　英国海军"塘鹅"AEW Mk.3舰载预警机(1960年—1978年)

"卡迪拉克"计划另一项成果是 1945 年在 B-17G"飞行堡垒"轰炸机上安装 APS-20 雷达,改装成世界上第一架岸基预警机,称为 PB-1W,机腹的雷达天线和天线罩更大(图 2.1.5)。1949 年美国海军用"超星座"民航机安装 APS-70/70A 雷达,构成 WV-2"警戒星"预警机,除机腹的搜索雷达外,机背还安装了 X 波段 APS-45 测高雷达,因此可以获得目标的距离、方位和高度数据(图 2.1.6)。美国空军从 1955 年开始使用,将其命名为 EC-121(图 2.1.7)。该机飞行机组 4 人,任务机组指挥员 1 人,监视雷达操纵员 2 人,测高雷达操纵员 1 人,情报员 2 人,雷达技师、通信技师各 1 人。舱内设有 5 个雷达显控台,有情报传递与空地、空空通信系统及机内通话设备,还有床铺、厨房和维修间等设施。该机续航时间超过 16h,一般两个机组 24 人(最多可允许 31 人)上机轮换值勤。WV-2/EC-121 成为初级的空中指挥所,参加过 20 世纪 60—70 年代的越南战争。其间,英国皇家空军经费较为紧张,为了弥补其地面雷达网的盲区,将已封存的陆基"沙克尔顿"MR.2 海上巡逻飞机略加改装,安装从已退役的"塘鹅"AEW.3 预警机上拆下来的 AN/APS-20B 雷达,构成"沙克尔顿"AEW.2 预警机(图 2.1.8),先后共改装 12 架交付部队,一直使用到 1991 年。

图 2.1.5　世界上最早的 PB-1W 型岸基预警机(1946 年—1955 年)

图 2.1.6　美国海军 WV-2 型岸基预警机(1953 年—1978 年)

上述预警机有一些共同特点:以小型飞机为载机;雷达天线罩安装在机身腹部,天线罩固定不动;天线采用机械旋转扫描方式。雷达天线如此布局对飞机改动小,改装工作简单,天线罩对飞机操稳性的影响可通过在水平尾翼上加辅助鳍等方

图 2.1.7　美国空军 EC-121 系列预警机(1955 年—1980 年)

图 2.1.8　英国空军"沙克尔顿"AEW.2 预警机(1972 年—1991 年)

法进行改善。天线安装在机腹的一个突出问题是雷达视线受到限制。另外,雷达天线罩不能太大,否则将严重影响飞机气动特性和起落架功能。对雷达天线尺寸的限制,也就是对雷达探测能力的限制。这些早期预警机被短暂使用之后就完成了其历史使命,现都已经沉睡在博物馆中。

2. 20 世纪下半叶的发展时期[3,4]

1）美国

伴随着"全球战略"意识发展,美国不断在世界各地挑动和参与局部战争。美军自 20 世纪 60 年代开始,大力发展空基预警探测装备,已构建成 E-2、E-3 预警机和浮空器载预警探测系统等为核心,多种数据链为纽带的空基预警探测体系,为美国空军实现全球到达和全球作战起到了关键作用。

研制高水平的预警机,把雷达、通信、计算机及数据处理和显示控制等任务电子设备安装在飞机上,对飞机的载重、供电、冷却、环控、电磁兼容性等提出了苛刻的要求,尤其需要解决好雷达天线布局与飞机空气动力性能要求之间的矛盾。在冷战时期,美国海军和空军根据新的需求,在早期预警机的基础上采用新技术,研制出了性能更先进的预警机。

20 世纪 50 年代,美国海军研制成功 E-1B 舰载预警机。其主要工作是在 S-2"追查者"舰载反潜机上配备了一部由 APS-20 雷达改进而成的 APS-82 雷达(图 2.1.9),4.3m×1.2m 的雷达天线装在机背上长 9.5m、宽 5m、高 1.5m 的扁平椭圆形天线罩里,天线以 6r/min 的转速进行方位扫描,用单脉冲技术测出目标高度。天线装在机背,腾出的机身空间可以容纳更多的设备和人员,因此 E－1B 的续航时间和雷达性能比早期舰载预警机有了较大的进步。E－1B 舰载预警机共建造了 88 架,从 1958 年开始用到 1977 年。E－1B 在预警机发展过程中首次采用背负式、大尺寸、扁圆形、流线型天线罩,较好地解决了雷达性能和飞机气动性能之间的矛盾。背负式雷达天线罩布局也被后来出现的预警机普遍采用。

图 2.1.9　美国海军 E－1B 舰载预警机(1958 年—1977 年)

　　20 世纪 60 年代,美国海军研制成功 E－2A 型舰载预警机,堪称舰载预警机总体性能提升并走向成熟的一个标志。1965 年美国海军立项研制"海军战术数据系统",将海军的战舰、飞机以及海军陆战队联结起来,相互交换数据和协调指挥控制。该系统需要雷达作用距离更远的舰载预警机来监视航空母舰战斗群周围的空中和海面态势,引导战斗机到截击位置。已有的舰载预警机均不能满足系统要求,需要研发新型预警机。许多公司提出了设计方案,1957 年,美国海军选定由格鲁曼公司设计和制造专用的载机,由通用电气公司研制新型机载监视雷达。1960 年 10 月,世界上唯一专为预警机设计的载机实现首飞。1961 年 4 月,载机装上新研制的 AN/APS－96 雷达首飞成功。1964 年 1 月,第一架生产型预警机交给美国海军预警机中队使用,命名为 E－2A"鹰眼"(Hawkeye)。E－2A 舰载预警机主要有如下特点:

　　(1) 采用背负式圆盘形天线罩布局。

　　为了降低天线罩的电气与结构设计难度,首次采用天线与天线罩一起旋转的方式,并由此产生了"旋罩"(Rotodome)这一名词,这种雷达天线布局方式为 E－2、E－3 和 A－50 舰载预警机等沿用至今。

　　(2) 采取一些特殊的结构设计,使飞机适合航空母舰的工作环境。

　　为了减少在航母上占用的面积,两个机翼可从中间向后折弯;为使飞机高度符合航母机库 5.53m 的上限,特殊设计了液压升降装置,可使重 910kg 的旋罩在进入机库时降低 0.66m,在工作时天线可恢复高度,以减小机身对雷达波束的影响。

　　(3) 雷达工作在 UHF 频段,具有海上下视能力,在风浪较大的高海情条件下对低空飞机的探测距离达 300km 左右,有一定的引导能力,能在离航空母舰300km 外巡逻 4h。

E - 2A 的上述这些性能是以前所有舰载预警机都达不到的。

随着技术的发展,1971 年起 E - 2A 改进为 E - 2B,首次采用机载动目标显示技术和数字电子计算机,提高了在海面上探测跟踪低空飞行目标的能力。1973 年11 月开始使用 E - 2C(图 2.1.10),后来又多次升级,先后有 E - 2C 0 型(采用AN/APS - 125 雷达,有了一定的陆上下视能力和抗干扰能力)、E - 2C Ⅰ型(采用AN/APS - 138/139 雷达,改善了抗干扰能力)、E - 2C Ⅱ型(采用 AN/APS - 145 雷达,海上和陆上下视能力、抗干扰能力都得到提高)和 E - 2C"鹰眼"2000 型(图2.1.11)。E - 2C"鹰眼"2000 换装新的任务计算机和电子支援系统(Electric Support Measure,ESM),增加了卫星通信设备和"协同交战能力"(Coordinate Engagement Capability,CEC)系统,换用 8 桨叶螺旋桨以降低噪声,改善可维护性。美国海军现有 75 架 E - 2C,主要是 E - 2C Ⅱ型和 E - 2C"鹰眼"2000 型,分配给 13 个预警机中队在各艘航空母舰上使用。E - 2C 机组仅有 5 人:驾驶员、副驾驶员、战斗情报中心指挥员、空战引导员和雷达操纵员。虽然 E - 2C 系列是为在航空母舰上使用设计的,但它也适合以岸基方式部署,而且岸基部署可允许更大的起飞重量,还可外挂油箱,从而延长续航时间。

图 2.1.10 美国海军 E - 2C"鹰眼"舰载预警机(1973 年至今)

图 2.1.11 美国海军 E - 2C"鹰眼"2000 舰载预警机(2001 年至今)

E - 2C 外销也很成功。目前日本有 13 架 E - 2C 0 型(已升级至"鹰眼"2000型);埃及有 6 架 E - 2C 0 型(已升级至"鹰眼"2000 型);中国台湾有 4 架 E - 2T(为Ⅱ型配置),2011 年开始陆续升级到"鹰眼"2000;新加坡有 4 架 E - 2C 0 型,

2007 年又购买了以色列研制的"海雕";法国有 3 架 E－2C"鹰眼"2000;墨西哥从以色列购买了 3 架 E－2C Ⅰ型。除法国和墨西哥的 E－2C 在航母上使用外,其他都在陆地上使用。E－2C 系列已成为世界上使用时间最长,装备数量最多的预警机。E－2C 服役后几乎参加了美军的每一场战争。在 1991 年美军针对伊拉克的"沙漠风暴"行动中,在波斯湾地区执行任务的 6 艘航空母舰上有 27 架 E－2C,另外在巴林以岸基方式部署了 4 架 E－2C,总计出动 1184 架次,飞行 4790h。

　　为了应对巡航导弹和隐身飞机的威胁,进一步提升在陆海交界地区和陆地上空的反杂波能力,美国海军从 2005 年开始研制 E－2D"高级鹰眼"(Advanced Hawkeye)。E－2D 仍采用 E－2C"鹰眼"2000 机身,新研制的相控阵雷达能够灵活地支持机械扫描、电子扫描或两种扫描方式的组合,采用空时自适应处理(Spatial Time Adaptive Processing,STAP)技术进行杂波对消,抗干扰性能更强。美国海军计划 E－2D 于 2012 年开始交付,舰队将全部换装成 E－2D。

　　此外,美国海关用 P－3 反潜巡逻机先后加装 AN/APS－125/138/145 雷达,称为 P－3 预警机(图 2.1.12),兼有 E－2C 雷达海上探测性能好和 P－3 续航时间长的优点。1988 年—2003 年共改装 8 架 P－3,增强了美国海关缉查毒品的能力。据报道,P－3 预警机的维护使用费仅是 E－3 的 1/5。P－3 预警机改装成功,说明可以通过载机与预警雷达适当组合构成新的预警机来满足不同用户的需求,雷达和通信等任务电子系统和载机之间有可能实现灵活配置的"松耦合"关系。

图 2.1.12　美国海关 P－3 预警机(1988 年至今)

　　预警机性能提升的另一个标志是 20 世纪 70 年代美国研制成功的 E－3,成为现代预警机的代表,E－3 系列装备使美国空军在机载预警和指挥控制方面实现了跨越式发展。研制 E－3 的初衷是为了满足国土防空的需求,使机载雷达准确可靠地发现陆上低空飞机。美国空军在 1963 年提出研制"陆地下视雷达",在低副瓣天线和大功率发射机等关键技术取得突破后,1965 年 12 月,启动"空中预警与控制系统"(AWACS)计划,研制新型预警机。载机选用波音 707 - 320B 客机,1972 年,对预选的两种新研雷达进行了飞行测试和比较后选定 AN/APY - 1 型雷达。1975 年通过全面试验和鉴定转入生产,1977 年 3 月开始交付部队使用,命名为 E - 3A"哨兵"(Sentry)。随后经过技术改进,先后升级为 E - 3B(采用 AN/APY - 2 型雷达增加海上监视能力,加装抗干扰电台和 JTIDS 终端)和 E - 3C(增设显控台和抗干扰电台)。

E - 3 系列预警机具有下述特点:

(1) AN/APY - 1/2 雷达系列均为 S 波段、高脉冲重复频率、脉冲多普勒雷达。

使用 7.32m × 1.52m 具有超低副瓣特性的平面裂缝阵列天线,以机械扫描方式完成方位 360° 覆盖,在俯仰方向上能以电子扫描方式进行测高。雷达对战斗机目标的探测距离大约 370km,可同时处理 600 批目标,引导 100 批飞机进行拦截。

(2) 雷达天线采用背负旋罩方式。

为保持气动性能稳定,旋罩安置在机身后半部分(图 2.1.13),旋罩直径 9.14m,高 1.83m,质量 1540kg。雷达工作时,旋罩以 6r/min 的速度旋转;雷达不工作时,旋罩降低转速,可保持支撑轴承的润滑。天线罩旋转时会下顷 2.5°,以减少空气动力惯性。天线罩与天线在电磁性能上进行一体化设计,尽量减少天线罩对天线副瓣电平升高的负影响,并且通过控制罩上各部分透波材料的介质特性,减少地面和海面杂波进入雷达。

图 2.1.13　美国空军 E - 3A/B/C 预警机(1977 年至今)

(3) 机上配备的任务系统集雷达、敌我识别、电子对抗、通信、导航、计算机和指挥与控制于一体。

E - 3 系列预警机的出现标志着预警机在功能上由"情报探测"为主向"情报获取和指挥与控制"并重转变,确立了"指挥与控制"功能在预警机中的地位。目前,E - 3 系列预警机仍然是较为先进的预警机。E - 3 飞行机组 5 人,任务机组 19 人,执行任务时机组满员 24 人。

E-3 系列预警机总共生产了 68 架。美国空军共购 34 架,现有 31 架 E-3B/C 预警机,1 架由波音公司用作试验飞机,另两架均在阿拉斯加失事,其中 1 架于 1995 年在起飞时遇到鸟群坠毁,另 1 架于 2009 年完成"红旗"军演任务后着陆时失火。目前美国空军 E-3 预警机共编成 7 个中队,其中 4 个作战中队和 1 个训练中队隶属空中作战司令部 552 空中预警与控制联队,驻在俄克拉何马城廷克空军基地。另外 2 个作战中队(每个中队都只有 2 架飞机)隶属太平洋空军司令部,分别驻在日本琉球嘉手纳空军基地和阿拉斯加埃尔门多夫空军基地。北约购买了 18 架 E-3A(1996 年在土耳其起飞时损失 1 架,现有 17 架),沙特阿拉伯有 5 架 E-3A 预警机,英国有 7 架 E-3D 预警机,法国有 4 架 E-3F。E-3D/F 的发动机和 ESM 设备与美军使用的型号略有差别。

到 2005 年,E-3 系列预警机已完成了"雷达系统改进计划"(RSIP),提高了雷达探测小目标的能力、抗干扰能力和人机交互能力,以及可靠性和可维修性。E-3 系列预警机之间的互通性和互操作能力明显增强,可以在同一个战场执行任务。美国空军的 E-3B/C 预警机新近完成 Block 40/45 升级:用开放式系统结构和现成民用产品更新计算机体系结构,使之具有更大的灵活性和扩展能力;采用多传感器集成系统提高数据融合能力;改善人机界面,提高操纵员工作效率。美国空军和北约、英国与法国都计划将通过不断改进,使 E-3 系列预警机能够满足继续使用的要求。

鉴于 E-3 预警机具有良好的性能,日本也想采购,但波音 707/E-3 的生产线已于 1991 年 5 月关闭。1992 年,波音公司提出以波音 767 为载机来接替 E-3 预警机的方案,次年日本签约购买 4 架 E-767 预警机,1999 年全部交付。E-767 预警机配备的任务系统设备与 E-3 预警机基本相同。波音 767 机身和发动机推力等优于波音 707,E-767 舱内容积比 E-3 预警机大 2 倍,航程比 E-3 预警机远 10% ~20%,能在离基地 1600km 处巡逻 7h。飞行机组由 4 人减至 2 人,使用费用也比 E-3 预警机低(E-3A 预警机飞行 1h 的费用平均 7000 美元)。E-767 预警机采购价格昂贵,每架近 4 亿美元,且不向非盟国出售,因此鲜有国家问津。

2)苏联(俄罗斯)

冷战时期,苏联也十分重视研制预警机。1958 年开始执行"列亚娜"计划,研制 L 波段机载远程监视雷达,载机选用图-114D 大型民航机。图-114D 机舱容积与波音 707-320B 相当,改装成预警机后命名为图-126"苔藓"(图 2.1.14)。1962 年首飞,1967 年开始服役。与 E-2 预警机一样,图-126 雷达天线装在机背旋罩内。雷达采用动目标显示技术,海上下视能力较好,最大探测距离可达 370km,但陆上下视能力较弱。机组 12 人,续航时间 10.2h。图-126 的机载预警雷达技术与同时期美国海军 E-2A/B 预警机、美国空军 EC-121 预警机等相近,但只制造了 15 架,且服役时间不长。

图 2.1.14　苏联图 – 126 预警机(1967 年—1984 年)

　　苏联研制成功并大量装备部队的是 A – 50 预警机(图 2.1.15)。A – 50 预警机由伊尔 – 76 大型运输机改装,续航时间 7.7h,在离基地 1000km 处可巡逻 4h。机载预警雷达为 S 波段脉冲多普勒体制,称为"雄蜂"(Sheml)。雷达天线布局与 E – 3 预警机相似,旋罩稍大,直径 10.2m,厚 2m。雷达对低空战斗机目标的探测距离约为 230km,对大型舰船探测距离约为 400km;能同时跟踪 50 个目标,引导 10 批战机。机上有 15 名机组人员,其中飞行机组 5 人,任务机组 10 人。总体上说,A – 50 预警机的"雄蜂"雷达性能与 E – 3C 预警机的 AN/APY – 2 型雷达相似,最大探测距离稍近,跟踪目标的数量较少,不过对海面目标的探测性能较好。雷达在机尾方向不工作,方位覆盖有 22.5°盲区。与 E – 3 预警机一样,A – 50 预警机可作为空中雷达站、空中引导站和空中指挥所使用。

图 2.1.15　俄罗斯空军 A – 50 预警机(1987 年至今)

　　1984 年 A – 50 预警机开始装备部队,1987 年正式投入使用,共生产 25 架,分散部署在 4 个预警机基地。1990 年苏联解体后,A – 50 预警机全部由俄罗斯继承,由分散部署改为集中部署(经费短缺可能是原因之一),在伊万诺沃市组建了空军 A – 50 预警机作战使用基地,担负整个俄罗斯国土的防空警戒任务。1991 年海湾战争期间,俄罗斯空军每天出动 2 架 A – 50 预警机在黑海上空盘旋,监视从土耳其飞往伊拉克的美国空军战斗机和舰射巡航导弹。A – 50 预警机也曾在车臣执行过作战任务。2005 年 8 月 18 日至 25 日,俄罗斯空军一架 A – 50 预警机参加了"和平使命 2005"中俄联合军事演习。近年 A – 50 预警机开始着手进行性能改进,包括增加作用距离、提高动目标检测能量和增加跟踪目标数量等,称为 A – 50U。

苏联在 20 世纪 80 年代研制的安 – 71 预警机(图 2.1.16)是雷达天线背负式布局的异类。安 – 71 由安 – 72 短距起降轻型军用运输机改装而成。旋转雷达天线罩安装在垂尾顶部,后机身缩短,结构修形,垂尾面积加大略前倾,原来的"T"形平尾改到垂尾根部,这种结构在预警机家族中独一无二。雷达工作于 UHF 频段,为相参脉冲多普勒体制,采用了 A – 50 预警机雷达的一些技术,具有脉冲压缩、脉冲重复频率可变和数字动目标指示等特点。雷达天线安装在旋罩内 6r/min,完成360°扫描,对战斗机目标的探测距离为 120km,可同时跟踪 120 多个目标。1985 年7 月首飞。由于没有达到在航空母舰上使用的设计目标,苏联解体后研制工作停止,未能形成装备。1995 年以后乌克兰曾将该机作为岸(陆)基预警机向外推销,但一直没有用户。

图 2.1.16　苏联/乌克兰未形成装备的安 – 71 小型预警机

除采用固定翼飞机作为平台之外,预警机中也有一些选用了旋翼式平台,如苏联的卡 – 31 和英国的"海王"(Seaking)预警直升机。

俄罗斯的卡 – 31 预警直升机于 1980 年开始研制,1988 年首飞,1992 年于"库兹涅佐夫海军上将"号航母的甲板上进行了试验。由于受苏联解体的影响,卡 – 31 预警直升机迟至 1996 年初才完成国家级鉴定试飞,1996 年底加入俄罗斯海军航空兵服役。该型预警直升机以卡莫夫设计局设计的卡 – 27 攻击直升机为原型,原计划该机作为雅克 – 44 预警飞机的辅助系统使用,但当雅克 – 44 计划受阻后,它自然而然地肩负了海上预警任务。

3) 英国

英国马克尼公司于 1962 年就开始独立研制"猎迷"预警机(图 2.1.17),载机为"猎迷"MR.2 反潜巡逻机,该机由英国航天公司制造的"彗星"型喷气式客机改造而来。研制方案在十多年间经过多次修改,利用了当时先进的电子技术、半导体技术、微电子技术和数字技术。该型预警机在设计上有两个独特之处。一是雷达天线及其罩体采用头尾式而不是背负式。机头和机尾各配置了一个天线,各自扫描 180°,不受机身的影响,同时对飞机的气动性能影响较小。二是雷达采用中重复频率的脉冲多普勒体制。雷达工作在 S 波段,采用抛物面天线。1980 年 7 月载机改装后首飞。1982 年 4 月的马岛战争期间,尚未完成任务电子系统加装和测试的"猎迷"预警机还短暂奔赴马岛附近执行了象征性的空中巡逻任务。1982 年 7 月装有全部任务电子设备的原型机首飞。1982 年—1985 年试飞了 140 多架次,1000 多飞行小时。相对于 E-3 和 A-50 等预警机的雷达采用的高重复频率来说,高重复频率对相向飞行的目标探测性能较好,而对尾随的目标探测性能相对差些;而中重复频率全方位探测性能都比较均匀,且对相对运动速度较低的目标探测性能较好。

图 2.1.17 英国自行研制的"猎迷"AEW.3 预警机

"猎迷"预警机在试飞过程中遇到 3 个问题:一是高速公路上运动的汽车由于接近雷达所能检测的速度下限,常常被雷达检测到,因此造成虚警过多,事实上这也是所有机载预警雷达都要面对的问题;二是发射机可靠性不高,平均无故障间隔时间 MTBF 只有 17h,无法保证系统完成任务的可靠性;三是军方认为载机内部空间狭窄,操作人员工作和休息条件差。

在"猎迷"的研制过程中,美国一直以优惠的政策向北约推销 E-3 系列预警机,又鉴于美国和英国之间的密切关系,英国政府对自行研制预警机或是购买 E-3A 预警机犹豫不决。尤其是当"猎迷"预警机在试飞过程中暴露出问题,而美国又提出了优惠订货方案时,赞同采购 E-3A 的一方占了上风。虽然后来经技术改进,"猎迷"任务系统在试飞过程中的缺陷得到了很好的解决,但为时已晚。1986年年底,正当"猎迷"还在作最后一次试飞时,传来了英国政府决定停止工程并转而购买 E-3A 系统的决定,转向订购美国 7 架 E-3A 预警机。9 亿英镑(比计划超 4 亿英镑)交了学费。"猎迷"研制中途罢手是技术和政治双重因素作用的结果。

1982 年 3 月英国与阿根廷为争夺马尔维纳斯群岛(英国称为福克兰群岛)主权而爆发战争,英军投入兵力较多,总人数超过万人,且为远离本土作战。英国皇家海军特混舰队的几艘舰艇(包括价值 2 亿美元的"谢菲尔德"号导弹驱逐舰)被击伤击沉,英军认识到空中预警的重要性。早先装备的"塘鹅"舰载预警机已于1978 年全部退役,现役的几架陆基"沙克尔顿"预警机不能飞到远离本土的地方执行任务,在研的"猎迷"(Nimrod)预警机无法使用。为解燃眉之急,英国皇家海军制定了"低空监视任务工程"应急计划,由韦斯特兰(Westland)公司采用"海王"直升机与托恩(Thorn – EMI)电子有限公司研制的反潜用"水面搜索"(Searchwater)机械扫描雷达构成简易预警机。由韦斯特兰(Westland)公司加紧组装两架,研制进展十分迅速,仅用 11 周时间,就利用 2 架"海王"飞机进行了载机试飞,但是战争已结束。战后,韦斯特兰公司有充裕的时间进行重新设计,改进了"水面搜索"雷达(加大了天线尺寸,采用了新的馈源,改进了信号处理),1985 年起陆续将 10 架"海王"HAS Mk2A 直升机改装为"海王"AEW Mk2 预警直升机,并移交英国皇家海军使用。

虽然"海王"和卡 – 31 预警直升机是为海军设计的舰载直升机,但也可以用于陆军和空军的空中预警和指挥平台。两相比较,卡 – 31 的长度和体积都小于"海王",在航程、实用升限方面略显不足。但前者的雷达是专门为直升机作战平台而设计的,后者是在特定的历史条件下装备的本不是用于预警机的搜索雷达,因而卡 – 31 对空、对海的探测能力均优于"海王",并且卡 – 31 的通信和指挥控制能力也胜于"海王"。

20 世纪 80 年代英国决定面向防务经费少的国家开发出"防御者"(Defender)小型预警机。由于有了"海王"预警直升机的成功经验,Thorn – EMI 电子有限公司又研制发展了新的"空中霸王"(Skymaster)雷达,雷达采用的 1.37m×0.86m 抛物面天线布置在机头(图 2.1.18)。载机选用可在简易机场起降、续航时间长、运行费用低(每飞行小时约 150 英镑)的"防御者"小型机,配置英国托恩电子有限公司研制的"天霸"雷达。雷达工作在 X 波段,脉冲多普勒体制,兼有对空和对海探测能力,对飞机的探测距离为 150km ~ 185km,对海面舰艇探测距离为 130km ~ 370km。1988 年试飞。据报道,土耳其曾购买一架做警戒机使用。这款预警机虽然功能有限,但购置及操作成本仅为大型预警机的 5% ~ 10%;再加上"防御者"双发动机飞机的航程与低速巡航性能在同级飞机中算是相当优秀的(以 186km/h 低速于 2100m ~ 3000m 高度进行空中巡航时,可续航 6h ~ 8h),故成为一些防务经费少而又需要预警机的国家的一个选择。后来,"防御者"上的雷达换成西屋(Westinghouse)公司的 AN/APG – 66R 多功能雷达,1992 年,推出 BN – 2T4S"防御者4000 多传感器监视飞机"(MSSA),另外还装备了 WF360 前视红外线与激光陀螺仪等。

4)印度

E – 2、E – 3 和 A – 50 预警机的研制成功使得"大蘑菇"状的圆盘形天线罩布局成为预警机设计的经典。印度在 1986 年启动"空中监视、警戒与控制"(ASWAC)计划,研制本国预警机时也采用了这个方案。印度选用的载机是从英国引进,国内生产的 BAe – 748 运输机。雷达天线罩直径 4.8m,1990 年载机装上天

图 2.1.18 雷达天线布置在机头的"防御者"小型预警机

线罩后首飞。1994 年研制出雷达、通信和电子侦察等设备,命名为 HS - 748 的预警机(图 2.1.19)。1998 年开始飞行试验,1999 年 1 月 11 日样机在试飞时坠毁,8人遇难。这是预警机发展历史上首次在飞行试验期间发生机毁人亡的事故。事故导致印度终止了自行研制预警机的计划,从 2000 年起通过与以色列等对外合作的途径获取预警机。2009 年引进了以色列人员研制的以伊尔 - 76 为载机的预警机,雷达为三面阵的固态相控阵体制,第一批采购 3 架,并签署增购 3 架的合同。

图 2.1.19 印度未研制成功的 HS - 748 预警机

5) 瑞典

雷达天线加装于飞机背部,外形为"平衡木"式的双面阵相控阵雷达是瑞典爱立信(Ericsson)微波系统公司的创新成果。瑞典位于北欧斯堪的纳维亚半岛东部,南北狭长,东临波罗的海,海岸线长达 7600 多米。20 世纪 70 年代,瑞典国防部门根据国家的防御作战思想,开始研究满足其防空需求的预警机方案,考虑到瑞典的地理环境和政治环境,瑞典国防部认为应采取防御作战思想,对预警机的战术应用进行了如下定位:

(1)预警机重点实现海岸线附近巡逻,主要威胁来自飞机飞行航线的侧面。

(2)国内警戒巡逻不要求远离基地,可以使用小型飞机为载机,其目的有两个,一是为了节省购置费和维护使用费,尽量减少全寿命周期费用(尤其是日常运行费用),因此决定使用小型涡轮螺旋桨飞机作为载机;二是仅在国内巡逻,不要求远离基地,对续航时间要求不高,但希望战时可在公路上起降,以提高生存能力和机动能力。

(3)鉴于国土面积不大,预警机主要提供空中预警,指挥引导可由地面防空指挥系统负责。当发现境外有入侵意图的敌机,及时报知防空指挥系统,由后者指挥和控制防空兵力。

小型飞机不适宜安装 E - 3 预警机那样的大型旋转天线及其天线罩,可行办法之一是采用无机械运动的相控阵天线。进入 20 世纪 80 年代后,随着相控阵技术的成熟,瑞典集中力量研制以有源相控阵雷达为基础的预警机方案。瑞典空军也决定采用有源相控阵脉冲多普勒雷达作为监视雷达,并在小型民航机上安装一个像"平衡木"似的有源相控阵天线。

1985 年,瑞典军方正式启动研制,1987 年爱立信公司将研制成的"爱立眼"(Erieye)相控阵雷达(瑞典空军将其命名为 PS - 890)装在美制"米特罗"Ⅲ飞机上试飞成功后,军方决定用国产的 Saab 340B 支线客机作载机。1993 年瑞典国防部订购 6 架 Saab 340B 预警机(图 2.1.20),1996 年瑞典皇家空军接收首批 2 架,命名为 S - 100B"百眼巨人"(Argus),到 1999 年为止全部交付。

图 2.1.20　瑞典皇家空军 S - 100B 预警机(1996 年至今)

PS - 890 雷达工作于 S 波段,2 个天线阵面背靠背架设在飞机脊背上,每个阵面长 8.0m,高 0.6m,有 192×12 个天线单元。2 个阵面之间装有 192 个固态发射/接收组件。天线罩长 9.7m,高 0.8m,前端有冷却系统的冲压空气入口。整个"平衡木"重 900kg。雷达对战斗机大小目标的探测距离约为 300km,对巡航导弹探测距离约为 100km,可同时跟踪 300 个目标。机上没有引导能力,机组除驾驶员和副驾驶员以外只有一名雷达操纵员。近年瑞典空军增装数据链设备,增设空中引导军官席位,使其成为指挥通信网络的空中节点。

"平衡木"布局最大缺点是方位覆盖只包括机身两侧各 120°左右,飞机前后方向各存在60°盲区。瑞典空军认为它可以执行雷达补盲和"站岗放哨"的警戒任务,盲区目标数据可由地面雷达网弥补。由于"平衡木"布局较好地解决了小型飞机获得较远探测距离的问题,价格也可接受(2000年英国航展Saab 340B预警机的参考报价为每架7500万美元),受到中小国家关注。

首先响应的是巴西。巴西政府为了增强防空力量,支持亚马逊河流域的经济开发,保护其宝贵的热带雨林资源,1994年8月投资建设由卫星、预警机、对地监视飞机和地面雷达网及通信系统组成的空间、空中和地面一体化监视系统,称为亚马逊监视系统(SIVAM)。经过反复论证比较,空中预警部分决定选用国产的ERJ-145支线客机配备瑞典PS-890相控阵雷达,构成EMB-145SA预警机(图2.1.21)。1997年3月签订5架飞机合同,1999年3月首飞,2002年开始交付,巴西空军将其命名为R-99A。

图2.1.21　巴西空军的EMB-145SA预警机(2002年至今)

R-99A与S-100B预警机的区别包括动力装置是推力更大的涡轮风扇发动机(后者是涡轮螺旋桨发动机),提高了飞行速度和巡航速度,增大了巡逻范围;配备了雷达频段和通信频段电子支援设备(ESM/CSM)、由短波与超短波电台和加密数据链等组成的通信系统、4个操纵员显控台及箔条/红外弹干扰投放器,在地面指挥系统支持下有一定的指挥引导能力。R-99A预警机已在巴西亚马逊地区禁毒行动中发挥作用。

1998年12月希腊宣布采购EMB-145预警机。1999年7月签订5亿美元合同订购4架,2008年正式交付,型号为EMB-145H。系统配置中的敌我识别、电子支援、通信电台和加密数据链等设备由希腊提供并在其国内组装试飞,与北约E-3等装备互通。2001年初墨西哥政府也购买1架EMB-145SA预警机用于边境巡逻和打击毒品走私,系统配置与R-99A预警机基本相同。据悉,委内瑞拉、新加坡和马来西亚等也曾对EMB-145预警机感兴趣,并考虑采购。

6)中国

从1951年3月开始,中国大陆多次遭到美国策划的夜间飞机入侵,其中有大量低空窜扰的侦察机。为尽早发现低空目标,中国在20世纪60年代后期组织了

"空警"1 号预警机的研制工作,多家空军和地方科研院所参与研制和试验试飞(图 2.1.22)。载机为俄罗斯图 – 4 飞机,配装的是由某型测高雷达改进的机载雷达。雷达试飞测试结果显示,对空探测效果尚可,但不能很好抑制地面杂波,虚警率较高。在青海湖上空试验时,水面波浪不大时可探测到 320km 距离内的船只,后研究工作中止。目前该飞机在位于北京小汤山的航空博物馆保存展出。

图 2.1.22　"空警"1 号样机

2005 年 11 月的《简氏防务周刊(Jane's International Defense Review)》报道了中国研制的两型技术体制先进的预警机,空警 – 2000(载机为伊尔 – 76)采用圆盘形天线罩,雷达的关键设备是三阵面有源相控阵天线,与以色列出售给印度的大型预警机体制相同(图 2.1.23);另一中型预警机空警 – 200(载机为运 – 8)采用"平衡木"式背负天线罩,与瑞典"爱立眼"(Erieye)具有相似的雷达体制(图 2.1.24)。

图 2.1.23　空警 – 2000 预警机　　　　图 2.1.24　空警 – 200 预警机

3. 21 世纪的换代时期

冷战结束后,国际政治军事多极化趋势明显,以意识形态和社会制度为中心的国际斗争形式发生了明显转变,以民族矛盾、领土争端、海洋资源争夺为重点的战争和冲突日益增多。近年来,局部战争的战场更多地出现在海洋和国土边境地区,非接触式战争、远程精确打击的进攻模式对拓展预警探测的地域范围提出了更高的要求。对边境地区和海洋上空实施探测,在高危时刻具有机动力量,增强预警探测能力成为许多国家需要解决的现实问题,各国的迫切需求使得预警机装备的数量、航程和航时不断攀升,技术也得到进一步发展,特别是机载雷达技术不断取得突破。

近年来,预警机发展的一个新趋势是采用有源相控阵雷达技术,它为机载预警雷达的发展注入新的活力,也为雷达天线布局提供了新的思路。传统机载预警雷达是针对 20 世纪七八十年代的空中目标设计。大多数雷达天线在旋罩内发射扇形波束,用机械方式旋转圆罩使雷达波束能扫描覆盖 360°,称为机械扫描。雷达检测到目标后,必须等待雷达天线旋转一周或完成一个扫描周期,才能对同一个目标实施连续的跟踪。机载预警雷达转速一般是$(5 \sim 6)$r/min,也就是一个扫描周期$10s \sim 12s$。雷达扫描速度、多目标跟踪能力都受到限制。随着有源相控阵雷达技术日臻成熟,一些国家开始研究在预警机上运用这种新技术。

机载有源相控阵雷达通常由上千个独立的发射/接收模块组成,每个发射/接收模块连接一个天线辐射单元,利用移相器在数微秒内控制波束方向的改变,也称为电子扫描。扫描过程中雷达一旦搜索到可疑信号,可立即控制波束以很高的速率进行回扫确认,不像机械扫描那样需要等待一个扫描周期,因而显著提升了目标数据更新率和多目标跟踪能力;在 360°全方位搜索的同时,可对重点目标进行“全跟踪”,增大雷达波束对重点目标的照射时间,可以提高对快速机动目标的跟踪能力和测量精度;对重点区域可以进行慢扫描以增大探测距离;还可将雷达波束的能量高度聚集,增强探测小目标和隐身目标的能力。

单个平面相控阵天线通常方位覆盖只有 120°左右,要 360°全向覆盖必须使用 3 个 ~4 个天线阵面。基于这个特点,目前相控阵天线在飞机上的布局分“背鳍”(“平衡木”)方式(如“萨博”)、贴附在机身上的共形阵方式(如“费尔康”系列)、背负圆罩的单面相控阵(如 E - 2D)方式。这 3 种方式在载机气动性能、雷达覆盖范围和技术实现难度等方面各有利弊。背负圆罩还有两种,一种是旋罩,如传统的 E - 2 和 E - 3 预警机,罩内是一个机械旋转的天线;另一种是固定罩,如以色列为印度设计的预警机(图 2.1.25)的圆罩内部为 3 个天线,呈等边三角形布置,并不旋转,三角形一边与机身纵轴方向垂直,顶角指向机尾。3 部天线在计算机控制下以电子扫描方式实现 360°全方位覆盖。

为了解决背负“平衡木”式雷达天线在前后方向存在盲区的问题,波音公司在为澳大利亚皇家空军研制波音 737“楔尾”预警机时发展了“平衡木”布局,设计出“顶帽”方式(图 2.1.26)。这是一种改进的背鳍式布局,被称作 MESA(Multirole Electronically Scanning Array)天线。天线安装在机背后上方长 10.7m、高 2.35m、

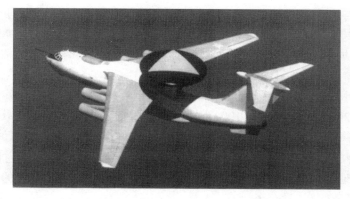

图 2.1.25　以色列研制的以伊尔 - 76 为载机的预警机(2009 年起服役)

宽 1.5m 的"T"形截面的长条形整流罩内,两个侧面各有一个天线阵面,覆盖飞机两侧各 120°;"顶帽"上前后端各有一个天线阵面覆盖 60°。此种相控阵布局方式用 4 个天线阵面解决了方位覆盖 360°的问题(飞机前后方向探测能力稍弱),并保持了气动阻力小的优点,显然优于"大蘑菇"方式和"平衡木"方式。雷达工作于 L 波段,对战斗机目标的探测距离为 370km,可同时跟踪 3000 个目标。2000 年 12 月澳大利亚与波音公司签署 16.5 亿美元合同订购 4 架,2004 年 5 月又以 2.3 亿美元增购 2 架。2006 年 9 月澳大利亚可接收第一架飞机。继澳大利亚之后,土耳其政府 2002 年 5 月以近 20 亿美元订购 4 架 E - 737"和平鹰"预警机,其系统配置略有差别,ESM 和通信等设备由土耳其本国生产和安装。澳大利亚和土耳其都想通过对外合作来提高本国的研制能力,因此合同明确规定第一架飞机在美国进行改装和试飞,后续飞机均在澳、土国内改装和试飞,由波音公司提供技术支持。

图 2.1.26　澳大利亚皇家空军 E - 737"楔尾"预警机(2007 年开始服役)

从飞机气动性能和操稳性能角度看,雷达天线贴附在机身上的共形阵是最佳的布局方式。以色列埃尔塔公司在 20 世纪 80 年代中期研制出"费尔康"相控阵雷达,开创了机载共形相控阵雷达研制的先河,"费尔康"(PHALCON)是"相位控制 L 波段共形阵"(Phased Array L - band CONformal)的缩写。它的方案是在波音

707 机身两侧前后各加装两个长方形相控阵天线阵面,外加天线罩保护,天线罩与机身基本"共形"。机头加装一个圆形天线阵,外加一个圆球形罩。1989 年智利空军选择这个方案,由以色列为其研制了波音 707"神鹰"预警机(图 2.1.27),1995年交付使用。这是世界上第一架装备相控阵雷达的预警机。"神鹰"预警机机身两侧各有一个 12m×2m 的天线阵面,机头有一个直径 2.9m 的天线阵。3 个天线阵方位覆盖 260°,机尾方向有 100°盲区。雷达对战斗机目标探测距离为 250km,不能测高,可同时跟踪 100 个目标。机上配备有雷达频段和通信频段电子侦察系统,机组 10 人(飞行机组 4 人,任务机组 6 人),有一定的引导能力。通信系统配备了 C 波段空地数据链,远离雷达工作的 L 波段,以减轻机上电磁兼容的压力。

图 2.1.27　智利空军波音 707"神鹰"预警机(1995 年至今)

以色列埃尔塔(ELTA)公司为以色列空军研制的"湾流"G550 预警机(也称"海雕")是应用"费尔康"雷达技术的又一佳作(图 2.1.28)。类似于"猎迷"布局的机头机尾天线阵加上机身两侧的天线阵实现 360°方位覆盖。卫星通信终端装在垂尾顶上。新加坡空军欣赏这一方案,认为性价比较高,已经采购并装备。

图 2.1.28　以色列空军以"湾流"G550 为载机的预警机

20 世纪 70 年代起,以高速、远程、超低空和视距外打击为特征的各种战斗机、弹道导弹和导弹形成对地面雷达的挑战。90 年代开始,巡航导弹技术在全球迅速扩展,除美、俄之外,英国、法国、印度等国家和地区都在大力发展巡航导弹。巡航导弹射程远、精度高,以掠海(地)水平飞行为主要方式,采用飞行航路规划、地形跟踪等技术,可有效规避防空预警探测和地面火力打击,并在 10m ~ 100m 的高度上实施超低空突防,未来巡航导弹还将向高空、高速、隐身方向发展,对防空预警探测系统的有效性提出新的挑战。

战场环境和作战要求的变化与科学技术的进步为预警机的发展提供了动力和条件,同时预警机的出现也改变了战争的样式,"在现代战争中要是没有现代预警机提供信息,美国军队就不进入战斗状态,这已经成为现实"[4]。随着微电子技术、微波技术和信号处理技术的迅速发展,机载预警雷达通过采用动目标显示或脉冲多普勒体制具有了良好的下视能力。同时,在目标探测威力、精度和情报处理能力,以及导航、通信性能等方面均有长足进步。

研制、生产或采购预警机成为军事强国装备发展的重点之一。全世界已有美国、俄罗斯、英国、法国、澳大利亚、沙特阿拉伯、埃及、以色列、日本、新加坡、北约诸国和我国台湾等十多个国家和地区的军队装备空中预警机约 300 架,已经成为许多国家的主战装备,其中 E-3 预警机约 80 架,E-2C 预警机约 120 架。预警机也随之进入大众的视野,在影视作品中,预警机时常亮相,如 2007 年和 2009 年上映的美国系列影片"变形金刚"(英文原名"Transformers")中,出现不明空情后,美国空军 E-3 预警机迅速升空,探测到空中来袭目标(外星人),并指挥战斗机升空作战,影片中还能看到任务电子系统操纵员紧张的工作状态和空地信息传输过程。

预警机的任务电子系统也日益多样,从早期简单的预警、通信发展到目标识别、战场侦察和指挥控制,以至于预警机本身的称呼开始过时了,人们对其功能和定位也是意见不一,但辩证法告诉我们,同任何事物一样,预警机的发展也将是永恒的,军事需求的变化导致预警机的功能也在不断变化和增强。

时至今日,预警机的成本已有所下降,越来越多的国家具备研制和购买预警机的实力[5-8]。由于大型预警机价格太高,许多领土不大的国家使用大型预警机难免大材小用,而且大型预警机技术复杂,维护与使用困难,中小型预警机价格低廉、性能适中,便于维护。各国通常根据自己的经济实力、地理位置和周边环境等国情,决定装备何种预警机。例如,法国为了与北约防空系统特别是空中预警机系统配套,放弃自主研制预警机计划,从美国采购 E-3 预警机。沙特阿拉伯国土面积较大,财力雄厚,选购了世界上最先进的 E-3 预警机。新加坡周围都是海洋,因此选择了海上探测能力强的 E-2C 预警机。瑞典国土面积小,故而研制了覆盖240°角度范围的机载预警雷达"爱立眼"。

西班牙、法国和以色列联合研制的以空中客车公司的 C-295 为平台的预警机,中国研制并已经出口到巴基斯坦的"波斯眼",均选择了中等规模的载机,加装雷达为机械扫描方式工作的波导裂缝天线,对常规战机的探测距离为 300km 左右,可以作为防空预警,特别是低空预警的一种低成本装备。以 C-295 运输机为平台的预警机,于2011年上半年开始试飞,并在巴黎航展展出。该机加装的机载预警雷达由以色列的埃尔塔公司研制,工作在S波段,天线罩直径接近6m,天线以机械扫描工作模式为主,因天线具有二维电子扫描功能,故而可以提供扇区模式,在雷达天线静止时更仔细地观察某个区域,并可以进行电扫来跟踪高速机动目标。此外,该机机身下方还加装了EL/M-2022多模式雷达,可以用于对地监视,还可能具有逆合成孔径工作模式,不过两部雷达如何在飞行过程中协同完成任务似乎比较困难。中国研制了以运-8飞机为平台的预警机,并出口到巴基斯坦,背负圆盘形天线罩内为方位机械扫描的天线,可能还可以俯仰相扫,与E-3预警机的机载预警雷达相近。这两型预警机均采用中型载机,但天线规模较小,属于经济型装备。

总之,预警机已经成为世界各国国土防空和现代局部战争不可缺少的重要武器装备。

美军吸取多次局部战争的经验教训,按照网络中心战思想提出设计多传感器指挥与控制飞机(Multiple Sensors Command and Control Airplane, MC^2A),也称为E-10。美国空军希望其成为下一代情报、监视与侦察(ISR)的综合平台。

近年来,弹道导弹成为日益严重的威胁,美国和欧洲多国开始尝试利用无人机加装红外探测设备用于弹道导弹的早期预警。欧洲的德国和法国正在研究联合研制以"欧洲鹰"("全球鹰"的衍生机)加装红外传感器用于战术弹道导弹探测。美国导弹防御局在2010年选定了MQ-9"捕食者"无人机为载机,加装红外传感器用于弹道导弹探测,并明确提出无人机前置到弹道导弹威胁区域巡逻,建立一个检测主动段和中段导弹的"前沿栅栏"。可以预见,随着无人机载荷水平的提高和电子设备的小型化,预警雷达也会加装至无人机,并且会逐渐普及,替代部分有人预警机。

2.1.3　预警机系统发展的关键因素

1. 提升低空预警和机动预警能力

对预警机的迫切需求最早来自海军有其必然性,地面雷达有可能借助高山来提升雷达高度并且把雷达架设在数百米乃至上千米的高度,但是在海岛和军舰上,升高雷达就不是一件容易的事。桅杆或雷达天线过高,会影响军舰航行的稳定性。让雷达升空,适应海上作战是解决舰队预警探测的重要手段。

最早的机载预警雷达相当于把普通的地面脉冲雷达搬到预警机上。雷达升空后最突出的是两个问题:一是反杂波。雷达的波束往斜下方照射,存在强烈的地面和海面杂波散射,对于主要向上探测的地面雷达来说,在远距离一般不存在这种强杂波。二是运动平台的运动补偿问题。地面雷达因为自身和地物相对静止,利用

MTI(动目标显示)和 MTD(动目标检测)可以有效地区分运动目标和地面杂波,但升空以后载机也是运动的,加大了雷达区分运动目标的难度。AMTI(机载动目标显示)技术在预警机上的应用始于美国海军的 WF-2 与 E-1B 预警机,虽然经过不断的发展和改进,仍然不能很好地解决杂波抑制的难题。自 E-2C 的 AN/APS-125 雷达开始,机载预警监视雷达开始采用脉冲多普勒技术,在完成目标的距离、方位和仰角测量的同时,也能对运动目标进行速度测量;更重要的是,通过与超低副瓣天线相配合,脉冲多普勒技术体制在各种雷达体制中也是反杂波效果最好的。E-3A 预警机的预警雷达第一次实现了平均主副瓣功率达到 60dB 的超低副瓣。脉冲多普勒技术和超低副瓣天线技术使得预警雷达基本解决了雷达升空后所带来的两大难题,具备了较强的有源探测能力。

美国空军使用预警机起步稍晚一些。1955 年才开始装备由海军研发的 WV-2 预警机,并改称 EC-121(早先也曾被称为 RC-121)。其中的原因可以从作战需求和技术基础两方面来分析。首先,空军为解决对地面低空目标的观测问题,相对于海军,可以更容易地选择更多的地点,架设更高的雷达天线。因此,空军对预警机的需求在一段时期内没有海军那样迫切。其次,雷达升空后,地面后向散射所带来的地杂波要比海面后向散射所带来的海杂波严重得多。而从技术的实现上来说,陆地下视杂波明显比海面下视杂波复杂,解决起来也更困难。从雷达的发展历程看,的确是先解决了海面下视问题,然后才逐步具有陆地下视能力。自雷达诞生之日(20 世纪 30 年代末期)起,到雷达升空后能够在海杂波背景下较好地探测低飞的飞机,差不多经过了 20 年技术改进时间;此后,又经过了十余年,才初步解决了应对强地杂波的问题。

早期的预警机都是海军装备的,一般都要考虑在航空母舰上停放的问题,即舰载方式,载机大多是鱼雷轰炸机、反潜机或海面巡逻机等海军用的中小型机种,相对于后来选用的大型运输机或客机来说,外形尺寸要小得多,主要原因是平台相对有限,载机规模不可能很大,所能承载的任务系统操纵员和设备均较少,加上早期电子设备的体积重量难以缩减,这就给预警机的功能带来了很大限制。而陆基的飞机受限制较少,机体可以大一些,乘员人数也较多,于是,海军也追求陆基形式的预警机,从而导致了后来预警机载机在选型上的变化。以美国为例,最早的 TBM-3W 预警机的载机为鱼雷轰炸机;后来的 AF-2W"卫士"(Guardian)预警机的载机为舰载大型反潜机,"空中袭击者"(Skyrider)预警机的载机则是攻击机。而与 AF-2W 和"空中袭击者"同时代的 PB-1W 则是陆基的 B-17 轰炸机,后来海军以 C-121 运输机为载机的陆基预警机其机体则更大。此外,海军即使在舰载预警机方面,也追求了更大的载机。例如,20 世纪 60 年代末新的 Forrestal 级航母问世,为采用更大的载机提供了条件。为与新的大型航母相配合,海军开始研发更大航空母舰更重的飞机,这就是 E-2C 预警机的载机 W2F-1。这是迄今为止唯一的一款专为预警机研制的载机,而其他预警机都是对现有的载机平台加以改装而成。再到后来,空军开始装备预警机之后,机体更是越来越大,例如,美国空军的E-3A预警机采用了波音707客机,美国为日本研制的E-767预警机则采用了波音767客机,苏联空军使用的A-50预警机和中国的空警-2000则是以伊尔-76(IL-76)大型运输机为载机。

除了基地配属形式对平台的影响之外,任务系统的平台选择还有其他的因素,从而使得预警机的载机经历了从固定翼飞机到旋翼飞机,如英国"海王"和俄罗斯卡-31(Ka-31)和意大利EH101预警直升机。预警机采用旋翼平台,其可能原因有3个:一是为解决在缺乏大型航空母舰,无法使用舰载固定翼预警机时,预警直升机可以作为一种应急措施。二是由于其成本较低,研制周期短,可以装备较多数量,可以与本国功能较完善的大型固定翼预警飞机构成高低搭配的体系,同时也使经费有限的国家有了负担得起的选择。例如,卡-31预警直升机售价仅2000万美元,而沙特从美国购进的5架E-3A预警机共花费58亿美元。三是预警直升机可以作为海上常规舰艇编队的主要预警力量。直升机可垂直起降,滞空能力强,大型固定翼预警机望尘莫及。虽然直升机存在续航时间短、航程近、飞行高度较低、自身防护能力较差等缺陷,但它轻便灵活,研制、维修和保养技术难度低,并且不需要专门起降场地,这足以为中小国家海军保护200n mile专属经济区提供良好保障。此外,预警直升机的研制难度要比大型预警机小得多,也为国防科技水平不高,又急需预警机的国家提供了自行研制的可能性。综合上述因素,可以预测,预警直升机在未来会有较好的国际市场。

至于系留气球和飞艇等空中预警系统的诞生,则是基于将雷达高度提升,以增加探测范围,除了使用飞机外,使用系留气球、飞艇等运载工具也可达到相同的目的。其中,系留气球以固定式配置为主,而飞艇飞行速度慢(时速最快大约为80km/h~150km/h)。比较而言,预警机仍有机动性强、升限高、恶劣气候下的适应能力较好与使用灵活性强的优势,且目前大型飞机的有效载荷能力仍比气球高出许多,故可搭载较重较复杂的任务系统。一定程度上系留气球与预警机间的关系可以比喻为固定哨与流动哨。而载人飞艇则介于两者间的尴尬位置;为了搭载人员,飞艇多了许多人员生活与安全设备等,使复杂程度大幅度提高,不如由地面站台以线缆控制的系留气球简单,且搭载人员后飞艇的续航力与装备的载荷量又不如飞机,故载人飞艇在军事上的应用不如系留气球广泛,而平流层无人飞艇的升空高度和续航时间则颇具吸引力。

2. 应用先进技术

预警机的发展还有一条线索,即任务系统的体制演变。

在预警雷达方面,相控阵体制雷达的研制可追溯到1977年开始服役的E-3A预警机。E-3A预警机的AN/APY-1雷达在俯仰方向的扫描上利用了相控阵体制,但在方位上仍是机械扫描。1993 年,以色列飞机工业公司(IAI)推出了"费尔康"预警机,开创了预警机采用有源相控阵雷达的时代。其后推出的两款新型的预警机,瑞典空军的萨博 - 340(Saab - 340)和巴西空军的 EMB - 145,雷达都是瑞典爱立信(Erisson)公司开发的 PS - 890 有源相控阵雷达。

从相控阵雷达天线的安装形式看,目前已出现了 3 种。一是以 Phalcon 系统为代表的共形相控阵;二是以萨博 - 340、EMB - 145 和 E - 737 为代表的背鳍式;三是以 A - 310 为代表的背负三面阵圆罩式。相比于其他安装形式,共形天线对载机的气动性能影响最小,因此有可能获得更大的天线面积,这对于提高雷达的探测能力是大有益处的,共形相控阵被认为是未来雷达天线的一种理想形式。

E - 2C 预警机加装 AN/ALR - 59 系列的电子侦察设备,标志着预警机在探测手段上开始更为丰富多样。无源探测设备本身不发射电磁波,不会像雷达那样成为一个辐射源从而有可能被敌方发现。无源探测设备的应用,既提高了预警机的探测能力,也提高了预警机的生存能力。无源探测设备有两个最基本的功能:测频和测向。当今先进的 ESM 已采用瞬时测频(如 E - 2C 预警机的 AN/ALR - 73)和时差测向体制。瞬时测频技术在时域利用微波相关器对信号进行自相关和频率—相位变换,通过测量相位实现测频,能够较好地解决瞬时测频范围和测频精度的矛盾,可避免时域重叠信号的干扰,增强对同时到达信号的处理能力,并提高测频灵敏度和动态范围,又把多波道接收机和超外差接收机结合起来,实现了信道化接收机。时差测向技术则利用载机纵向的长度或翼展作为基线,测量截获的辐射源到达载机基线两端的时间差,从而确定方位。与传统的比幅测向相比,时差测向提高了精度和抗干扰能力。

在询问探测设备方面,由于其天线常常与雷达共用,且原理与雷达有相近之处,因此,其体制已能做到与雷达相同,如天线采用有源或无源相控阵;而在角度的测量方面,也普遍采用雷达上早已应用较多的单脉冲体制。单脉冲利用一个脉冲的到达便可测得该脉冲的到达方向。通过用多个脉冲测量平均后,可提高测量方位的精度。而传统的滑窗检测,必须由数个回答脉冲的中间值才能确定目标的方位。当某一个回答脉冲或几个脉冲由于某种原因造成丢失,则测得的方位值的偏差较大,不能代表目标的真实方位,所以常常需要多个脉冲。

在通信设备方面,除了能进行话音和数据传输的电台之外,预警机已能利用卫星通信、通用或专用数字化数据链路进行数据交换。就通信电台来说,视距内的通信,一般采用 U/VHF 频段(超短波)电台;而视距外的通信,一般采用 HF(短波)电台。由于短波传输的信道会随时间或气候等原因变化,因此,现有的 HF 电台广泛采用了自适应选频的技术体制,以自适应地根据时间和环境变化选择最适宜传输的短波工作频点。此外,先进的预警机通信系统还采用扩跳频等抗干扰技术体制。通过应用多种先进技术,可实现预警机内部机组成员之间、预警机与外界海陆空各协同作战单元之间的明密话、文电、数据等多种方式的命令传递和信息交换。例如,E-3 预警机的通信系统是以通信自动管理为核心,由抗干扰电台组(HF、VHF 和 UHF 频段)、保密机组、数据链、卫星通信终端机、机内通话器、程控交换机以及多路数据总线等构成的一个综合化系统。其视距通信由 VHF/UHF 电台组完成,超视距通信由 HF 电台组和卫星通信终端机完成。HF、VHF 和 UHF 电台中一部分用来传输话音,另一部分与数据链配合用来传输数据。HF、VHF 和 UHF 电台组及数据链将预警机与各种飞机、舰艇指挥中心和地面指挥中心联结起来。卫星终端将预警机与航天平台(卫星)联结起来。抗干扰电台采用了跳频体制,安装了多部"Have Quick"跳频模块,其跳频达 200 跳/s 以上。

在导航设备方面,现代预警机的任务导航系统普遍采用组合导航体制,实现自主式导航系统(惯导)与无线电导航系统的组合。惯导设备能够提供位置、速度和姿态等多种信息,且具有无源、不被干扰的优点,但其最大的缺点是位置误差随时间积累,需要利用无线电导航系统对惯导位置误差进行校正。早期的组合导航普遍采用惯导与多普勒导航系统、罗兰系统或导航系统等无线电导航系统的组合,如早期的 E-3A 预警机;现代预警机则更多地采用惯导与卫星导航系统(如 GPS)的组合,E-3 系列预警机在 1995 年—2000 年间的 Block 30/35 改进计划中,采用了惯性导航和全球定位组合导航系统 LN-100G,将定位精度提高了约 2 个数量级。同时,还可以利用 GPS 时间作为预警机各分系统的对时基准。载机的定位精度和时间精度得到提高,也就提高对目标的各项参数的探测精度。

3. 提升信息化和网络化水平

预警机在指挥控制能力方面的发展,经历了从话音到数据链路的过程。因为要进行指挥控制,必须完成信息的传递。而早期的预警机的情报传递,是通过话音电台来进行的。话音传送的优点是清楚易懂,但传送信息的种类单一,且速度相对较慢,抗干扰能力较差,舱内操纵员人数较多时也会互相干扰。而数据链路除了能传送话音以外,也可以传送图像(包括图片、文字、图表和符号)和数据(指用离散的数据信号代表的文字、符号和数码等)等多种信息,并且容量大、速度快,抗干扰性和保密性也更好。到了 1955 年,美国海军研究局根据作战需要提出要发展"海军战术数据系统"(Navy Tactical Data System,NTDS),1956 年获得海军作战主任办公室的支持并列入计划。NTDS 计划将海军的战舰、飞机以及海军陆战队联结起来,以便交换数据和协调指挥控制。1964 年,能够通过数据链进行情报传输,从而具备更强的指挥控制能力的新型 E-2A 预警机诞生了。但这时的数据链,还只是海军专用的。对于 E-3 系列预警机,除了短波和超短波电台以外,它还配有 Link 4A、Link 11 和 Link 16 等多种数据链,以完成空空、空地情报交换,引导友机并传递雷达情报。E-3 系列又称"机载预警与控制系统"(AWACS),它的出现标志着预警机在功能上由"情报探测"为主向"情报探测和指挥控制"并重的转变,真正确立了"指挥控制"功能在预警机中的地位。在此过程中预警机的信息化和网络化水平迅速提升。

2.1.4　预警机的常见任务

1. 空中警戒

空中警戒是指使用预警机进行警戒巡逻的行动,是预警机的基本功能,可以分成连续警戒和视情警戒两类形式。

连续警戒是指在一段时间内预警机连续升空保持昼夜不间断的空中预警巡逻,通常在形势紧张时期或战争期间实施。在近几场局部战争中,美军一般同时派出 5 架~6 架 E-3 预警机在战区保持 24h 警戒巡逻。连续警戒时间的长短视实际需要而定,少则几天,多则几十天,甚至数月或更长时间。

视情警戒主要用于和平时期对周边国家的预警监视,以及在发生异常情况、危险征候时对敌方进行警戒监视,或是为了对某一地区、某一方向加强监控临时派出预警机。视情警戒持续时间短、可间断,又分为定期巡逻和不定期巡逻。

2. 控制引导

控制引导是指使用空中预警机引导己方战斗机对发现的敌方空中目标进行拦截的行动。空中预警机的引导方式一般分精确引导、概略引导以及态势广播。

精确引导时,预警机连续向战斗机编队通报敌机的方位、距离和高度等战术诸元,引导攻击机抵达目标区,不断协调各种作战飞机的行动,并统一指挥各攻击编队对不同目标实施准确打击,直至战斗机完成攻击任务并退出战斗。在指挥小机群作战时,通常采用这种方式。

概略引导又称"靶心引导",是控制执行要地防空任务战斗机的一种引导方法。实施引导时,预警机只负责向战斗机编队通报敌机距"靶心"(要保卫的目标)的方位和距离,而不进行具体引导。战斗机根据预警机提供的敌机距"靶心"的方位和距离,依靠自身的机载火控雷达搜索发现敌机,并根据敌机的位置和自身所处位置之间的关系,在长机指挥下自行组织空战,这种方式又称为战斗机自行引导拦截。在指挥大机群作战时,通常采用这种方式。引导时要不断协调战斗机各编队的行动,并统一指挥各战斗机编队对不同目标实施攻击。美国空军在韩国进行防空拦截训练时,就经常采用"靶心引导"方式,地面台或 E-3 预警机只负责向战斗机编队通报"敌机"距"靶心"的方位和距离,不进行具体引导。战斗机编队长机根据"敌机"距目标的位置和编队自身在空中的位置关系,自行组织空战。

态势广播是指当实施多架次大规模指挥引导任务时,使用战术数据链将目标态势信息以广播方式发送给战场范围内的战斗机,战斗机可以根据需要自行选择目标和战术方案。利用数据链,引导人员可以为作战飞机广播战场态势,使得作战飞机在火控雷达开机前就已掌握周边战场态势情报。此时引导人员可根据战场综合态势,采用任务分配或概略引导方式,组织己方战机进行空中拦截,战机飞行员也可以根据战场态势进行自主配批或编队长机对僚机进行目标分配。

3. 作战指挥与战场管理

作战指挥与战场管理是指预警机指挥己方参战飞机实施空战拦截、近距离空中支援、地面防空作战、空中加油等各种作战任务。

1) 空战拦截

预警机引导战斗机实施拦截作战的程序如下:预警机与己方参战的战斗机同时出动或先于战斗机出动,使用机载雷达和电子设备搜索敌机;己方拦截机抵阵位后,预警机向其通报敌机的方位、航向、高度、速度等,并不间断通报目标距拦截机的相对距离,实现较为精确的引导,下达拦截应取的航向、高度、速度、拦截攻击方式和退出航向等指令,到拦截机雷达或目视发现目标并拦截成功为止。完成任务后,预警机指挥引导拦截机退出任务区,并将其移交给地面雷达站。

2) 近距离空中支援

美国空军近距离空中支援申请通常由地面部队指挥官和战术空中控制组提出,经过审查和批准后转送空中支援作战中心,空中支援作战中心(一般与陆军战术作战中心协同工作)将收到的所有申请进行比较,根据申请的紧急程度和指挥员的整体作战计划,排定近距离空中支援的实施顺序,然后将空中支援的申请交给空中预警指挥中心。空中预警指挥中心统一指挥其控制区域中可调度的作战飞机前往需要支援的地区。如果空中预警指挥中心控制区域内一时没有可用的作战飞机,可向战术空中控制中心呼叫,请求他们提供支援。战术空中控制中心则立即命令空中待命的战机前往或命令地面值班飞机起飞前往空中预警指挥中心所在区域执行支援任务。

3) 地面防空作战

预警机可直接向防空部队传送空情。例如,当来袭敌机离导弹较近,接近导弹射程时,预警机就可向导弹连指示来袭敌机的方位、数量、高度等情况,这时导弹连的武器制导雷达可暂不开机,待敌机飞至导弹射程之内时,迅速开机发射导弹。此外,在地面指挥系统不能工作时,预警机也可接替对防空导弹部队的指挥。

4) 空中加油

一般情况下,空中作战计划应包括空中加油机与需要加油的作战飞机相互配合的详尽内容。但当攻击目标临时改变或起飞时间变化时,加油计划往往会被打乱,因此需要对加油计划进行修改。在这种情况下,空中预警机可通过其机载雷达和通信设备与作战飞机保持联络,并随时指挥其根据变化了的情况进行空中加油。当加油机起飞后,美空军机场空中管制部门即可将加油机交给预警机控制。预警机负责协调加油机工作区域内飞机的活动,指挥引导受油机到加油机处加油,并对敌机进行预警,直至加油结束。

4. 无源探测与电子侦察

现代预警机普遍装有无源探测系统和敌我识别系统。无源探测系统可以探测预警雷达覆盖距离以外的电子辐射源,具有快速时间响应和高精度测频能力,在密集电磁环境中具有很高的截获率,能迅速测定敌方电子信号的方位和电子参数,除专用的侦察设备,其他设备也兼有电子侦察功能。E－3 预警机配备的 AN/APY－2 脉冲多普勒监视雷达,可用多频道同时侦收电磁信号的参数及方位,并与储存在任务计算机中的特征数据库进行比对分析。E－3 装备的敌我识别系统与情报处理机联用,每次扫描可询问 200 个装有应答机的目标,并将目标的应答机编码信号与计算机储存数据对照,识别敌我,并获取目标的距离、方位等信息。

5. 通信中继与信息传输

预警机通常装有大功率高频、甚高频、特高频语音通信系统,以及数据链和联合战术信息分发系统,可作为空中战术通信中心使用,在预警机与其他飞机之间、预警机与地面指挥中心和作战平台之间建立语音和数字通信联系。联合战术信息分发系统是一种三军通用的通信网络,可在几秒内把大量信息分发给多个用户,而且不易被敌方干扰和窃听。美国空军的 E－3 预警机通过全球指挥通信网等系统,能同美国总统、空军首脑保持联系,也可通过保密语音通信系统和数据链传输系统,为空中和地面的各种军事力量提供通信和信息传输。

2.1.5 预警机应用战例

近几十年的几次局部战争中预警机发挥了重要的作战效能,在很多情况下,它甚至成为决定局部战争胜负的关键因素。

1981 年,在装备 E－2C 的航空母舰空中预警中队指挥下,美国空军利用其提供的探测信息,在苏拉比湾指挥 F－14 共击落 3 架利比亚空军战机,1 架苏－22 和 2 架米格－23。

1982 年 6 月的以叙贝卡谷之战中,以色列派出 E－2C 预警机飞临黎巴嫩西海岸 9km 上空,并首先出动无人机到贝卡谷上空飞行,诱使叙利亚萨姆导弹开机,E－2C 预警机则在战区外侦察导弹制导雷达参数,并监视叙利亚机场,叙机起飞后立即被 E－2C 预警机发现,机型和各种参数不断地传给以色列的攻击机。1982 年 6 月 9 日凌晨,以色列发动了"加利利和平行动"。E－2C 预警机的帮助下,以空军 F－15 和 F－16 等战斗机近百架,携带激光制导炸弹等武器,超低空通过叙利亚雷达盲区,突袭设在黎巴嫩贝卡谷地的防空导弹阵地。同时,以军 4 架 E－2C 预警机在战区西部的地中海上空巡逻,监视叙利亚的动静。当以色列飞机猛袭叙利亚的导弹阵地时,叙利亚命令 60 架米格－21 和米格－23 战机起飞为地面部队提供支援,这是越南战争以来规模最大的一次空战。叙军飞机刚从大马士革附近的机场起飞,即被以色列的 E－2C 预警机发现。E－2C 预警机监视空战的同时,还指挥以方的战机对萨姆－6导弹阵地进行了有效的攻击。由于以军对叙利亚地面雷达和地空通信实施了电子干扰,叙利亚战斗机进入战区后听不到己方的指挥引导命令,成为E－2C预警机的引导下以军战机的靶子。在战斗持续了两天后,叙空军79架飞机被击落,19个导弹阵地无一幸存,大量坦克被摧毁,而以军只损失了1架战机,高下悬殊,可见一斑。

在两伊(伊朗、伊拉克)战争期间的1982年3月15日,前苏联暂借1架"苔藓"预警机给伊朗。12天后的一次战斗中,在该机的帮助下,伊朗部队将伊拉克部队一举击退24英里。有西方军事分析家认为,"战争耗时一年半后,预警机改变了战场的态势"。

1985年秋,美国在地中海部署的E－2C预警机成功引导F－14战机找到了恐怖分子劫持的波音737客机,并使其迫降,将恐怖分子抓获。1986年4月,在E－2C预警机的引导下,从英国某机场起飞的18架美国空军F－111和EF－111战机用精确制导炸药和炸弹对利比亚境内5个目标进行了有效的攻击。

1990年8月至1991年3月进行的海湾战争中,以美国为首的多国部队实施了以空中打击为主的作战方式。45天的战争期间空中打击持续了40天,地面部队为主的作战仅用了5天。在多国部队发动攻击前,海湾地区共部署了大约50架E－2和E－3系列预警机担任日常值勤。在对伊拉克实施空中打击的"沙漠风暴"行动中,美军的E－3预警机对执行进攻作战和巡逻防御的航空兵活动进行监视、指挥和引导,同时还执行空中加油管理和通信中继。E－2C预警机则主要为各自的航母编队提供空中预警和中继通信,同时对航母上出动的战斗机进行引导和协调。在最后的地面进攻期间,E－3和E－2预警机还时常深入伊拉克领土上空,对伊军纵深区域目标提供更有效的雷达覆盖。战争期间E－3出动448架次,共飞行5546h;E－2C预警机出动1184架次,共飞行4790h。随时保持至少有3架～5架E－3预警机在空中巡逻,为多国部队12万架次飞行任务提供空中态势情报。盲目迎战的伊军战机几乎全军覆没,虽然伊军拥有米格－29和幻影F－1等先进战机,却连对方的一架飞机都没有击中。

另外,从20世纪70年代开始,E－3A预警机多次成功侦察到毒贩驾驶的轻型飞机,帮助美国海关完成缉毒任务。

1998年的科索沃战争中,预警机同样在战场监管方面发挥了举足轻重的作用,对参战的13个国家陆海空三军的各型飞机实施指挥。参加这次行动的E－3预警机达到了33架,在亚得里亚海上空进行24h不间断巡逻。空中同时保持3架预警机值勤,指挥引导来自欧洲十多个空军基地的600多架次飞机。

2001年的伊拉克战争中,美国又构建了由19架E－3、20架E－2、8架E－8、9架RC－135、15架U－2高空侦察机、30架P－3和50多颗军用卫星组成的空天一体预警监视、指挥引导和侦察体系。除探测和侦察空情,实现空域管制任务外,预警机还指挥战斗机对"时敏目标"实施攻击。通常,侦察机或其他来源提供的目标情报会经预警机综合分析处理,并实时传递给附近待战的战斗机,从而最大限度地捕获战机。

2011 年 3 月开始的利比亚动乱和内战期间,北约组织派出 E–3 预警机在地中海上空飞行,监视利比亚境内空情,最初每天监视时间为 10h,交战期间发展到全天 24h 连续监视,为反政府武装提供支持,确保利比亚政府军无法利用空军实现作战,并成为北约开展对地攻击的重要情报来源。后期在利比亚和地中海战场上,共有 8 架预警机负责轮流指挥盟军空军飞机,其中 3 架北约 E–3A"哨兵"预警机和 2 架英国皇家空军的 E–3D 预警机以意大利西西里岛的特拉帕尼为前沿阵地;2 架美国空军 E–3B/C 预警机从意大利克里特岛的苏达湾起飞;还有 1 架法国空军 E–3F 预警机直接从法国中部的阿沃尔空军基地起飞。

3 月 19 日起,多国联军以执行禁飞区的名义发动了对利比亚政府军的"奥德赛黎明"军事打击行动。美国、法国、英国、希腊和西班牙等国出动了 E–3A、E–3B/C、E–3F、E–3D 和 E–2C 预警机,与加油机、侦察机、电子战飞机等协同完成禁飞和对地打击任务,为打击行动成功提供了有力的作战支援保障。

3 月 24 日,法国空军 20 余架飞机在利比亚领空执行任务。美军预警机发现 1 架利比亚空军 G–2"海鸥"教练/攻击机在米苏拉塔上空飞行后,立即将信息传输给法国空军。之后,法国空军派战斗机前往截击,1 架法国空军"阵风"C 战斗机发射"阿斯姆"空地导弹,将已经降落机场的 G–2 飞机炸毁。

5 月底,北约 1 架 E–3A 预警机执行了长达 7h 的夜间持续飞行任务,一直围绕锡德拉湾上空一个 12 英里的轨道飞行。E–3A 预警机上共有 18 名来自北约各国的机组人员,其中一半都来自美国。在执行飞行任务期间,该架预警机负责指挥大约 50 架战斗机对多个目标发起直接攻击,并且配合 28 架飞机完成空中加油任务,加油总量共计 29 万磅。

2.2 浮空器载预警探测系统的发展历程

2.2.1 气球和飞艇平台军事应用起源

自 1783 年世界上第一个有人驾驶的气球在法国飞行以来,浮空器逐步显示出军事应用潜力。1794 年法国建立了第一个陆军航空兵,将气球用于侦察,并在拿破仑战争时期得到广泛使用,到 19 世纪中期,英国、俄国、奥地利和丹麦也将气球用于军事用途。

1849 年奥地利第一次使用了 200 个无人驾驶的热空气气球对威尼斯人进行了空中轰炸。但这次行动却损失惨重,有些定时器引爆炸药的气球被风吹回到了奥地利。奥地利的经验表明气球用作轰炸机并不适合,气球不能控制,并且只能靠风行进,而且当时的普鲁士人已经开发了防空火炮,可在气球接近前将其击落。

在解决气球存在问题的过程中孕育催生了飞艇。1898 年巴西的 Alberto Santos – Dumont 将气球与用内燃机拖动的螺旋桨组合在一起,他们可称为"飞艇之父"。第一次世界大战期间德国建造的齐柏林(Zeppelin)飞艇是由一个铝骨架和铝蒙皮组成的轻型结构,使飞艇在各种气候条件下保持刚性。战时齐伯林硬式飞艇颇具传奇色彩,使敌方感到可怕,而对将它们送到高空的德国人是很大的鼓舞。德国海军应用这种飞艇搜索英国的巡洋舰。此时飞机尚处于幼年时期,齐柏林飞艇要比飞机安全,比巡洋舰经济。1914 年齐柏林在一年内推出了 3 种飞艇。与不断改进的飞机相比,齐柏林飞艇存在过于笨重、安全性不过关等问题,作战效能不高。

20 世纪 20 年代和 30 年代初,美国海军对飞艇发生了兴趣。第二次世界大战时,美国海军是唯一使用飞艇飞行部队的军队。在攻击珀尔海港后,美国国会批准建造约 200 个飞艇,海军用于照相侦察、搜索、扫雷、反潜巡逻、搜寻、营救以及护航。在战时约有 89000 艘舰船用飞艇护航,没有一个损失。尽管它们比飞机慢,但气球能在高空逗留长达 60h,且无须补给燃料。

美国海军直到 1962 年才继续实施气球计划,企图在 20 世纪 80 年代重新发挥作用,但是美国国会在 1989 年削减了经费。尽管如此,气球和飞艇对于监视的有效性还是得到广泛肯定的。

2.2.2　系留浮空器载雷达系统的发展和装备情况

美国是研制气球载雷达最早的国家,从 20 世纪六、七十年代开始,美国研制了多型气球载雷达。早期的球载雷达多是对现有较先进的地面雷达或机载火控雷达进行改进,然后装载在气球上。

美国空军的系留浮空器雷达系统(Tethered Aerostat Radar System, TARS)源于 20 世纪 80 年代初。1980 年 12 月美国空军开始在佛罗里达州的一个叫做 Cudjoe Key 岛屿上使用系留浮空器雷达,该浮空器体积 $7000m^3$(约 250000 立方英尺),用于监视古巴。另一个站于 1983 年建在佛罗里达州的 Cape Canaveral,由美国空军建造和操作,这个站工作了几年后退役。

由于美国政府严禁毒品交易,交易者便试图利用美国政府在加勒比海,沿着 Gulf Coast 和西南广大的美国边界上在监视能力上的弱点,开始通过低空飞行的私人飞机输入违法的毒品。为了对抗非法的毒品威胁,美国政府采用了 TARS,用雷达系统沿着边界进行低空监视。1984 年开始,美国海关总署开始在美国的南部边界建造浮空器网以探测违法的毒品运输。海岸警卫队沿着墨西哥海湾部署了系留浮空器系统。第一个站于 1984 年建在 High Rock，Grand Bahamas 岛。第二个站于 1986 年建在亚利桑那州的 Fort Huachuca。1992 年之前，有 3 个部门掌管着 TARS 网，包括美国空军、美国海关总署和美国海军陆战队。为了更有效地操作所有的浮空器站，美国国会于 1992 年决定这项工程作为一个整体由国防部管理。国防部又指定美国空军作为边界监视浮空器的执行部门。一个时期总共有 11 个站在运行，到 2003 年有 8 个仍在工作。该系统的主要任务仍是低空监视，协助其他政府部门探测和拦截毒品交易。

起初，TARS 站使用 General Electric 公司制造的球体，但这些球体有严重的可靠性问题。因为过多的氦泄漏，使其不能在空中保持预计的时间。这些浮空器在 20 世纪 90 年代初由美国 TCOM 公司建造的 71M LASS（低空监视系统）浮空器替代。71M 浮空器长 71m（233 英尺），装有 AN/TPS-63 监视雷达（图 2.2.1）。

在 20 世纪 90 年代后期开始，洛克希德·马丁（Lockheed Martin）Tactical Defense Systems（TDS）公司建造的性能更好的"420K"浮空器（图 2.2.2），该浮空器携带 Lockheed-Martin 公司的 L-88A 监视雷达。420K 浮空器长 63.5m（208 英尺 6 英寸），在体积上比 71M 浮空器约大 50%。浮空高度 3000m～4500m（约 10000 英尺～15000 英尺）。420K 的壳体形状、尾翼设计和绳缆连接点对高空气动力稳定性更佳，并容易进行地面操纵。洛克希德·马丁公司是 420K 浮空器的主承包商，壳体由 ILC Dover 公司建造。

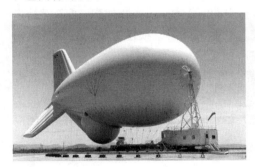 

图 2.2.1　美国 TCOM 公司的 71M 浮空器　　图 2.2.2　美国洛克希德·马丁
公司的 420K 浮空器

到 2004 年，除 Cudjoe Key 站外，其他的 TARS 站都装备了 420K 浮空器。2002 年洛克希德·马丁公司赢得美国空军作战司令部价值 7900 万美元的合同，为 TARS 提供 L-88（V）3 雷达。采购 L-88（V）3 雷达标志着这项计划已经步入下一阶段，开始努力改善 TARS 网络的有效性。L-88 系列雷达结合洛克希德·马丁公司的 420K 浮空器，构成了空军 TARS 站点的标准系统配置。

TARS 几乎提供了美国南部海岸和波多黎各与加州之间内陆疆界的连续监视

（图 2.2.3）。浮空器的雷达数据可为北美防空司令部和美国海关总署利用。另外，这种信息可用于掩体中的地面站，那里有飞行控制器和电视屏，监视气球的性能。所有的雷达数据都被传送到地面站，然后被数字化并传到各种控制中心显示。在所有站上都安装有多普勒气象雷达。各站还可从空军气象局获得最新的天气预报和气象警报。

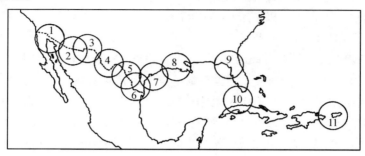

图 2.2.3　美国南部 2000 年前后 TARS 站的位置

1—Yuma, Arizona；2—Fort Huachuca, Arizona；3—Deming, New Mexico；

4—Marfa, Texas；5—Eagle Pass, Texas；6—Rio Grande, Texas；

7—Matagorda, Texas；8—Morgan City, Louisiana；9—Horseshoe Beach, Florida；

10—Cudjoe Key, Florida；11—Lajas, Puerto Rico。

　　TARS 的主要任务是提供低空雷达监视数据支援在国家禁毒计划中包括的各部门。来自 TARS 的信息提供给海关总署空中和海上禁毒组以跟踪和了解毒品走私。这就阻止了数百万美元的非法毒品进入到美国。第二项任务是为北美防天司令部对佛罗里特海峡的空中主权提供低空监视覆盖。

　　美国空军指定洛克希德·马丁公司操作和维护 TARS，要求该公司提供高度熟练的工作人员操作和维护跨越美国和 Puerto Rico 的 TARS。要维持浮空器的工作和进行修理的能力以保证在每个站的最大运转时间。要使 TARS 部件标准化以在合同期内达到计划范围的效率和费用节省。空军估计，TARS 的运行时间全系统平均超过 98%。

　　洛克希德·马丁 Maritime Systems and Sensors（$LMMS^2$）公司已经生产了一系列空中预警和监视浮空器，名称有 8K、56K、275K、420K 和 595K，数字是表示以英尺计量的特定的浮空器外壳容量。这样的浮空器采用上载的电源，其中 420K 及其同类产品 LMMS2 - Akron 浮空器是 20 世纪 70 年代中期开始服役的装备 General Electric AN/DPS - 5 雷达的"Seek Skyhook"监视浮空器的改型。8K 浮空器是可移动监视装置，能降低并装入 11m（36 英尺）长的拖车内，可在 8h 内运输到下一个站。

　　1999 年到 2005 年间，洛克希德·马丁公司改进 6 个 TARS 站（Deming（新墨西哥州）、Fort Huachuca（亚利桑那州）、Horseshoe Beach（佛罗里达州）、Matagorda（德克萨斯州）、Morgan City（路易斯安那州）和 Yuma（亚利桑那州）），最主要的是用 420K 浮空器/L – 88 雷达组合代替现有的 TCOM 公司 71M 浮空器/E – LASS 雷达组合。所有改进的 TARS 站将使用由洛克希德·马丁 Naval Electronics & Surveillance Systems 公司研制的 L – 88 雷达,当 420K 浮空器在 4500m(15000 英尺)高空时,L – 88 雷达能探测 370km(200n mile)的常规空气动力目标。浮空器监视电子设备有效载荷包括红外、光电和其他在任何给定的位置需要传送这种类型数据的传感器。

由于浮空器雷达系统的固有特点,尤其是对低空目标的远距离探测和广域覆盖,以及高成本效益这一特殊的优点,引起了各国的关注。美国 TCOM 公司浮空器的国外用户就有英国、法国、德国、意大利、加拿大、印度、以色列、埃及、伊朗、约旦、韩国、科威特、尼日利亚、沙特阿拉伯、阿拉伯联合酋长国等。

（1）印度。在 2002 年,印军采购 2 个 71M 型浮空器用于"同时扩展空中和地面监视",装备以色列 Elta 公司的 APR 雷达作主要的传感器。印度已于 2004 年获得了 2 个可编程浮空器雷达(APR)装备的 TCOM 71M 浮空器,用作沿巴基斯坦边界的监视工具。以色列承包商 Rafael 公司是这项工程的系统总成商。根据有效载荷的不同,系留气球能升到 3000m ~ 4800m(10000 英尺 ~ 16000 英尺)的高度。该系统能提供连续的雷达覆盖 300km 以上。

（2）以色列。以色列已经获得了装备 APR 雷达的 TCOM 71M 浮空器承担沿北部边界的监视工作。在 1980 年和 1983 年间 TCOM 提供给以色列 365H(基本 365 设计的高空型)和 71M 监视浮空器的混合型,用于低空监视系统(LASS),能探测和跟踪小型低空飞行的空中目标和地面动目标。特别是 365H LASS 采用双通道雷达。在该系统中使用的其他有效载荷包括地面控制的拦截(GCI)设备和摄像机系统。到 1999 年 9 月,原先的 LASS 系统由以色列空军使用。

2005 年起以色列开始使用 15M/17M 型系统和可运输的 32M 型装置。其中,15M 型系统(由 1 个备份浮空器和 2 个主浮空器组成)装有摄像机系统,具有焦距可变的透镜及昼夜和红外能力,获得的传感器图像经嵌入在系绳内的光纤链路传到地面。2005 年 3 月,以色列空军证实它使用的 71M 型浮空器/APR 雷达监视装置命名为 Airstar 系统。Airstar 用于以色列的"敏感"地区探测小型慢速飞行的空中飞行器。

以色列空军采用携带以色列 Elta 公司浮空器可编程雷达(APR)系统的 71m 长的 TCOM 浮空器加强该国北部边界的防御,APR 雷达系统由该公司为 Arrow(箭)反弹道导弹系统开发的 EL/M – 2080 Green Pine 相控阵雷达改进而成,替代早期浮空器载的美国诺斯罗普·格鲁曼公司的 AN/TPS – 63 雷达。

（3）意大利。意大利开发了使用 TCOM 32M 的南亚得利亚海浮空器海岸监视(SAACS)装置。1997 年 7 月,海军在意南部 San Cataldo 安装了南亚得利亚海浮空器海岸监视（South Adriatic Aerostat Coastal Surveillance, SAACS）系统（图2.2.4），以监视从巴尔干半岛越过奥特朗托海峡（Otranto Strait）违法的外国移民流和走私。SAACS 由可运输的 32M 浮空器组成，携带的有效载荷包括诺斯罗普·格鲁曼公司的 APG-66SR 多模监视雷达（图2.2.5）、L-3 公司的 Wescam 14 陀螺稳定三重摄像机（Tri-camera）系统（多传感器光电监视系统）和 General Dynamics（以前的 Motorola）公司 115MHz ~ 399.9950MHz URC-200 VHF/UHF 通信收发机。SAACS 系统于 1998 年 1 月开始运转。

图 2.2.4　SAACS 系统使用
TCOM 公司的 32M 浮空器

图 2.2.5　SAACS 系统装备
的 APG-66SR 雷达

（4）科威特。浮空器系统作为科威特预警系统的一部分，用以监视地面交通和沿着边界的低空飞行的飞机。1990 年 7 月，在伊拉克入侵和占领科威特前 6 天，TCOM 公司完成了 71M 型 LASS 监视浮空器在科威特的安装。伊拉克入侵后该系统被破坏。科威特从伊拉克的占领下解放后，于 1993 年与 TCOM 公司签订合同，用装备 L-88 雷达的浮空器替代该系统。科威特的 71M 浮空器可连续留空超过 30 天，设计的抗风指标是能经受住 185km/h（51m/s）的高空风。

2002 年，TCOM 被科威特空军选中提供改进的 71M 系统，装备有 ATLASS 雷达和附加的有效载荷，是一种新的浮空器/雷达组合，连续留空时间超过 30 天。

2003 年科威特开始采购装备 AN/TPS-63 雷达的 TCOM 71M 浮空器监视系统。

（5）阿拉伯联合酋长国。TCOM LASS（使用 71M 型浮空器）已经安装在阿拉伯联合酋长国。由于环境限制，必须使用大体积的浮空器才能在波斯湾湿热的气候中保持工作高度，该系统中使用的雷达是诺斯罗普·格鲁曼公司的 ATLASS。

（6）巴基斯坦。2002 年 7 月美国防御安全合作局（DSCA）通报美国国会可能要销售给巴基斯坦 6 个浮空器监视系统，装备 L-88 监视雷达，并包括备份件/修理零件、辅助结构/支架、技术文件、训练设备和人员培训。系统主要用于监视西部边境。

（7）韩国。20 世纪 80 年代，TCOM 公司提供给美国陆军小型浮空器监视系统（SASS），使用诺斯罗普·格鲁曼公司的 AN/APG – 66 机载多模雷达的改型 AN/APG – 66SR。按照原计划，SASS 系统使用 31M 型浮空器，后来采用更大的 32M 型代替，提升了该系统在海上或热带气候下工作时的安全性。韩国已经将浮空雷达系统并入了自己的防空探测网，平时进行边海防值班，战时担负对巡航导弹等低空目标的预警任务。

"知已知彼，百战不殆；不知彼，不知已，每战必殆"

——《孙子·谋攻篇》

第3章 现代战场对空基预警探测的需求

20世纪末的海湾战争及之后的几场局部战争充分表明,现代信息化条件下战争的核心是及时准确获取各种情报,若没有地面、空中和空间预警探测系统提供及时有效的预警信息,没有制空权和制海权,不管进攻还是防卫,都无法掌握战争的主动权。

传统预警探测体系以地基装备为主,主要完成国土防空任务,覆盖范围和目标种类有限,特别是低空和境外周边覆盖能力差,无法有效应对高速巡航导弹、弹道导弹和隐身飞机等新型威胁目标,高原和山脉等复杂地形也限制了地面预警探测装备的使用,迫切需要空基预警探测系统协同完成探测任务。鉴于空基预警探测系统具有预警探测、对地/海监视和情报传输等多种功能,已成为夺取战场信息优势,协同远程联合作战的重要手段,特别是对于地面预警探测系统难以企及的远程作战中,空基预警探测系统将成为战场态势感知的主要信息源。空基预警探测系统在得到广泛应用的同时,也受到来自平台和外界环境的多种限制,包括电源功率限制、电子设备的体积和重量限制和强地/海杂波等问题,这导致其与地面系统明显不同的技术特征、功能特征和作战使用方式。"不谋全局者不足以谋一域,不谋万世者不足以谋一时",研究装备发展的军事需求十分必要,本章论述了现代战场空基预警探测系统面临的作战环境、对空基预警探测系统的能力需求,以及预警探测系统的能力特征。

3.1 空基预警探测系统面临的作战环境

3.1.1 特性鲜明的目标

现代战场的军事目标种类繁多,用途各异,从太空、临近空间、空中、地面、水面到水下均有军事装备出现。现代先进军事目标的一些基本特点可以概况为"三多",即"目标类型多、目标数量多、目标用途多"。

"目标类型多"是显而易见的,空中目标有歼击机、强击机、轰炸机、侦察机、干扰机、运输机和预警指挥机等飞机类目标,有主动段和再入段的弹道导弹、巡航导弹等单纯的进攻性武器,也有无人机、飞艇、各种军用气球类目标,水面上下有各种舰船(包括潜艇),地面常规武器装备如坦克、火炮等种类更多,还有临近空间特种飞行器、太空中的弹道导弹、空间卫星和卫星碎片等目标。

"目标数量多"主要体现在世界范围内的军备发展仍然没有减速的迹象,陆、海、空、天各种高技术装备的数量不断增加,表现出不同的作战效能,目前搭载核战斗部的各种目标仍是最具杀伤力的武器。

"目标用途多"则体现在现代战场装备分工明确,完全依据目标的使命任务而定,有的目标具有多种使命任务,有进攻性为主的,也有防御性为主和攻防兼顾的,具体的用途则包括探测、侦察、干扰、攻击、指挥、通信等,不胜枚举。其中攻击武器的打击距离不断增加,从视距内打击发展到视距外打击,再拓展到上千千米外的远程打击。精确打击弹药比例和打击精确程度迅速提升,在1991年的海湾战争中,精确制导弹药只占投掷弹药数量的8%,到十余年后的伊拉克战争期间则提升到70%左右。

对于预警探测体系而言,面临的主要挑战来自目标和干扰两个方面。当今和未来空中军事目标的典型特征可以简单地概括为"三高:高空、高速、高机动;三低:低空、低速和低散射/辐射(也可称为低可探测目标)",多数目标具备其中一种或几种特征。

1. 高空、高速和高机动特性

常规空气动力目标的飞行高度普遍在数千米到10km左右,一般不超过20km,据此设计的地面预警探测雷达也普遍将最大探测高度设计在20km以下。为避开地面雷达的检测和跟踪,各种新型战机和巡航导弹均提升了飞行高度和飞行速度,普遍实现超声速飞行,甚至超过马赫数5,飞行高度也有显著提升。新型战机的爬升率、盘旋半径和加速性能等机动性能也较过去有明显提升,个别无人机的加速度可以超过$15g$。除加速度外,战机围绕俯仰、方位和横滚轴的机动能力也不断提升。

新研各型巡航导弹类目标的飞行高度和速度更是提升显著,美国空军正在支持研制超声速巡航导弹RATTLS,其最大设计速度达到马赫数4,射程为1500km。美国空军支持研制的"乘波"(Ride Wave)(也称为X–51)飞行器能以马赫数5以上的速度(高超音速)持续飞行,装有卫星定位系统(GPS)装置和通信设备,特别适合用作巡航导弹的载机、高空侦察机和远程攻击机。采用此类飞行器技术研发的巡航导弹X–51A速度达马赫数6,比现在同级别的武器快10倍左右,能够在几分钟内摧毁几百英里外目标。印度2010年开始在陆海空三军陆续装备超过500枚布拉莫斯巡航导弹,速度达马赫数2.8;韩国和我国台湾地区也在研制超声速巡航导弹。目前预警探测系统中使用的雷达主要采用脉冲体制,对目标的发现概率与单位时间内目标回波积累的数量有关,高速和高机动目标使得雷达回波有效积累数量减少,对完成目标检测和跟踪造成了困难。高超声速飞行器的过载设计指标较低,但仍有一定的机动能力,未来性能更优的高超声速兼高机动目标会逐渐成熟推广。

作战使用的警戒线可以按照传统设置的 10min、20min 等沿边境和沿海划出，随着目标飞行速度不断增加，相同时间的警戒线不断外移，对预警机的探测距离也提出了更高的要求。对于亚声速的目标通常 300km 左右的距离覆盖能力，可以保证 20min 左右的预警时间，而对于两倍声速的目标，同样的距离覆盖情况下，预警时间被压缩到不足 10min。此外，高速目标对雷达信号检测设备正常实现信号积累造成了困难，对实现跟踪的数据处理也提出了更高要求。

临近空间连接航空空间与航天空间，高度处于 20km ~ 100km，也称近太空。近年来，位于临近空间内的运动目标也成为一类潜在的威胁目标。常规空气动力目标无法飞到这一高度，而卫星类轨道目标也不能在这一高度保持稳定的运行轨迹，因而形成了"低的上不来，高的下不去"，长期以来，临近空间一直是军事目标没有涉足的"无人区"，随着飞行技术的进步，临近空间目标呈现出的独特优势，既能像空气动力目标那样保持高空飞行，还可以像轨道目标那样具有宽广的视野，这成为开展监视、侦察和攻击等军事行动的有利条件。从目前公开的资料看，当前世界上还没有一个国家能够有效控制临近空间。临近空间飞行器主要有浮空器、低速飞艇、高速或高超声速飞行器 3 类，目前技术离实战化部署还有一定差距。为加强临近空间信息支援和力量运用能力，美军在临近空间的开发利用方面将以无人机装备为主，以浮空器为补充，积极探索运用新型高速飞行器的可行性，高空长航时无人机将成为在临近空间领域进行持续过顶侦察、情报搜集和通信中继的最优选择。以 X - 51 为代表的一批临近空间高速飞行器普遍采用碳氢燃料超燃冲压发动机，速度为马赫数 4 ~ 马赫数 8，高度为 30km ~ 50km，飞行距离均在 1000km以上。俄罗斯、欧洲、日本国家都投入大量的财力对临近空间飞行器进行论证和研发。

使用地面雷达在边境周边可以搜索截获在临近空间内运动的高速目标和慢速目标，包括超高速巡航导弹、高速无人机和临近空间飞艇。但由于受地平线限制，只能在距离边境线约 580km（目标高度 20km）~ 920km（目标高度 50km）距离上发现目标。若目标飞行速度为马赫数 6，则预警时间只有 5min ~ 8min，显然预警时间不足。使用基于空基平台雷达探测此类目标将有效拓展探测距离，增加预警时间。

此外，大多数临近空间目标在稀薄大气中高速运动带来的机体温度（尤其是飞行器前缘的气动加热）非常显著，且在全程均不可消散，故红外探测手段可能是未来探测这类飞行器的重要手段之一。

弹道导弹也是一类重要的高速飞行目标。进入 20 世纪下半叶以来，弹道导弹成为现代战争最快速、最难防御的远程进攻武器。若将其作为核武器的载体，则具有毁灭性杀伤力。1972 年，美、苏两国签署了《反弹道导弹条约》，试图限制弹道导弹在别国的发展。然而，事与愿违，掌握弹道导弹技术和试图采购弹道导弹的国家迅速增加。迄今,至少有 40 多个国家和地区拥有弹道导弹,许多非军事强国更是将弹道导弹视为战争中的"撒手锏"、日常国际政治角力中的"筹码"和"本钱"。目前,全世界现役弹道导弹数量超过 1 万枚,并呈不断扩散的态势,特别是多弹头、多诱饵和弹体机动等突防技术的发展,更增加了弹道导弹防御的难度。弹道导弹防御也随之成为军事强国必须发展的军事防御能力,1993 年到 2005 年期间,仅美国就投入超过 500 亿美元用于弹道导弹探测和拦截方面的研究和试验,初步构建了国家导弹防御系统(NMD)和战区导弹防御系统(TMD),其中红外预警卫星、反导预警雷达和跟踪识别雷达是导弹探测中获取目标信息的骨干装备,成为弹道导弹中段和末段防御力量的基础。

多年的研究表明,弹道导弹中段和末段防御困难重重,而探测和跟踪助推火箭(导弹)较容易,因此弹道导弹助推段(也称主动段)防御格外受到关注。助推段飞行导弹目标体积大,一次攻击可摧毁全部有效载荷(单弹头或多弹头以及中段飞行补给),而且和中段飞行弹道导弹相比,导弹助推段运动速度较慢,攻击更容易。此外,助推结束前几秒进行拦截,拦截后的碎片与毁伤弹头不可避免对某些地区造成伤害,但很少落在目标区域内。在距导弹发射阵地约五六百千米或更近的情况下,空基预警雷达和空基红外探测设备在万米左右高空即可对弹道导弹进行更早的探测。困难是目标只有飞行到一定高度时才能进入地基和海基雷达视野范围,而这需要花费较多时间,并且地基和海基雷达通常难以靠近导弹发射区域布置。通常,对于探测距离 600km 的地基雷达,目标飞行大约用去 70s ~ 110s 后才可能进入雷达探测视野。当然,这也取决于导弹类型、导弹轨道以及雷达相对位置,但无论如何,地面探测系统均难以实时作出反应,利用空天基平台完成探测必不可少。

红外传感系统能够发现数千千米外的导弹尾焰,从高轨到地球同步轨道均适宜部署红外传感器,可以探测全球发射的弹道导弹。天基红外传感器的全球覆盖性及机载红外传感器的较高精度,两者都值得关注。由于无法获得距离信息,红外传感器常需要利用多个传感器位置上的几何关系,如三角关系,进而实现精确跟踪。利用机载平台上的雷达或红外传感器对目标进行综合探测和跟踪,还可以降低虚警率,提升预警探测的情报质量。

还有一类融合弹道导弹和巡航导弹特性的特殊目标,可称为"弹道—巡航"组合式导弹,它由助推火箭将超高声速巡航导弹助推到一定高度后,巡航导弹与助推段分离,下滑进入巡航高度时,超燃冲压发动机开始工作,在临近空间内进行超高声速巡航飞行抵达目标区域。此类导弹同时具有弹道导弹射程较远、飞行速度快,和巡航导弹大升阻比、高机动性的特点,能有效突破导弹防御系统的拦截,完成对远距离目标的精确打击。为了对抗美国多层导弹防御系统,俄罗斯已将此类导弹作为今后发展突防技术的一种重要途径。2001 年,SS – 25"白杨"弹道导弹与高声速巡航导弹技术相结合的飞行器首次进行飞行试验,在主动段结束后,助推器与

SS-25 导弹分离后,即向下滑行,在约 33km 的高度进行超高声速巡航飞行,再伺机进行后续攻击。

2. 低空和低速特性

低空和超低空容易成为地面预警探测的盲区,探测低空目标成为空基预警探测系统一项很重要的任务。早在 1987 年 5 月 28 日,德国青年马蒂亚斯·鲁斯特驾驶着单引擎运动飞机"塞斯纳 172"降落到莫斯科红场,而苏军没有任何反应。"红场飞机事件"令苏联震惊,也引起了全世界的关注。1982 年 5 月,英、阿马岛战争期间,阿根廷战机以 50m 高度低空突防,在接近英国最先进的"谢菲尔德"号导弹驱逐舰 46km 处突然爬升,并发射 2 枚"飞鱼"导弹,将该舰击毁,对英军造成极大打击。以巡航导弹、小型有人机和无人机为代表的低空突防武器再次促使各国重视预警机装备的发展。低空飞行巡航导弹数量和种类众多,其中美国的"战斧"式巡航导弹在近几场美军策划的局部战争中的大量使用。近年,美军 18 艘装备弹道导弹的"俄亥俄"级潜艇中又有 4 艘改为装备"战斧"式巡航导弹。值得注意,低空高速巡航导弹的型号和数量也会越来越多。

随着低空航空管制逐步推进,低空空域日益开放,大量私人飞机、无人机和滑翔翼之类飞行器会导致低空的目标密度持续增加。

伴随着无人机技术的进步,各军事强国均将无人机加装侦察预警设备和进攻武器作为重点方向。伊拉克战争期间就有十余种型号的无人机参战,完成侦察、引导和攻击等多种作战任务。无人机和有人机相比,其飞行高度可以达到更高,航程更远。从目前无人机常见飞行高度为数千米,逐步发展为高于常规战机飞行高度,达到两万米左右,甚至进入临近空间,成为"空天飞机"。同时,无人机的飞行速度范围大,高速低速并行发展。低速可以达到 100km/h 以下,为雷达检测造成了困难。目前尚无对"低速"定义的统一描述,考虑到机载预警雷达和气球载雷达速度检测的下限一般在 15m/s ~ 50m/s,可以将小于 50m/s(180km/h)的运动速度定义为低速。

3. 低散射/辐射(隐身)特性

常规战机和导弹的雷达散射截面(Radar Cross Section, RCS)迎头方向附近(鼻锥向 ±45°)多在数个平方米到数十个平方米之间,大型运输机可能达到上百平方米,舰船的 RCS 一般也在数百个平方米以上。以 F-16 战机为例,其迎头方向附近在不同波段的 RCS 数值如下:在 VHF 波段约为 $6m^2$ ~ $40m^2$,在 UHF 波段约为 $4m^2$ ~ $6m^2$,在 L 波段约为 $0.4m^2$ ~ $1.2m^2$,在 S 波段、C 波段和 X 波段均为 $0.4m^2$ 左右。巡航导弹类目标外形尺寸较小,通常 RCS 数值也不大。美军"战斧"巡航导弹迎头方向附近(鼻锥向 ±45°)的微波波段 RCS 参考值在 $0.2m^2$ ~ $0.6m^2$。

随着预警探测技术的成熟,常规目标对雷达探测而言较为容易。目前具有低散射特性的隐身目标被公认为是预警探测系统面临的最大挑战[9]。一般认为,隐身飞机的 RCS 在微波波段小于 $0.1m^2$,目标的红外特征经过技术处理也得到明显抑制,使雷达和光电探测设备难以发现和连续掌握目标。以隐身、超声速巡航、高机动和视距外打击为基本特征的第四代战机,正在成为以美国为首的西方国家未来的主战飞机。除美国装备 F-22 和 F-35 战机,俄罗斯装备 T-50 战机之外,隐身战机还在不断扩散,F-35 战机可能将在 2025 年前装备日本、韩国和澳大利亚等国的军队。有报道声称隐身飞机的 RCS 可以达到 $0.001m^2$,甚至小于 1 个高尔夫球的 RCS,是否隐身飞机真有如此神奇呢?

已知 F-22 战机隐身的主要技术途径包括外形结构赋形、涂覆吸波材料(RAM)或复合材料和设置"频率选择表面"(FSS)结构等措施,具体分析如下:

1)外形隐身

F-22 的外形明显采用了隐身赋形(图 3.1.1),具体措施如下:

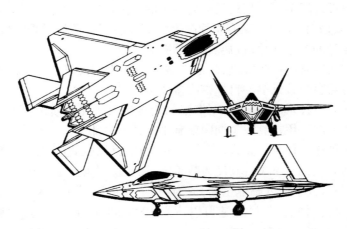

图 3.1.1　F-22 隐身战机外形示意图

机身整体设计:机身采用了明显的外形融合技术,整个机身上部与机翼融合,座舱(表面金属化)也和机身融为一体,消除了曲面接合部的棱角对雷达波的强反射。外倾的双垂尾,平尾前缘内侧切入主翼后缘内侧,后缘延伸到尾喷管后方,与机翼一起对后机身提供了最大限度的遮蔽作用。

机翼优化:主翼前缘、平尾前缘、平尾后缘具有相同的掠角,这种平行设计可把散射波峰合并到偏离迎头及尾后两个重要方向,尽管这会增加其他方向的散射功率,但减少头尾散射波峰数量确实能给隐身带来很大的好处。

开口与缝隙处理:F-22 战机的发动机为 S 形进气道,将发动机叶片完全遮住,武器都装配在机舱内,无外挂武器。机身蒙皮和座舱盖的侧面均是倾斜的。舱盖的接缝处、舱门以及其他的交界面处(如雷达罩与机身蒙皮的对缝、起落架舱门的前后缘、武器舱门的前后缘等)均设计成锯齿形,并且锯齿边与主翼前缘或后缘平行。这种锯齿形设计可以减少在头/尾方向对雷达波的散射,而且还可以增加在其他方向上的角闪烁,以保证战机逃避非正向的探测和跟踪。F-22 战机各舱门的口盖所采用的密封装置可保证 95% 以上的维修活动结束后,不必对口盖进行低可探测性复原处理。机体表面的通气口都采用精密加工的钛合金隔栅加以屏蔽。

2）吸波材料

吸波材料使得入射波最大限度地进入材料内部而不在其表面反射,即材料具有阻抗匹配特性,并且进入材料内部的电磁波迅速衰减,即材料具有能量衰减特性。实用吸波材料的一个重要特征是具有频率选择特性,无法实现全频段的良好吸收。初步了解,机身采用聚合复合材料的比例(按重量)达 20% ~30% 。

3）频率选择表面

为防止机头部分火控雷达天线成为强散射源,F-22 战机设计了"频率选择表面",它是由成百上千个相同的单元组成的周期性空间结构,能保证对其自身 X 波段的机载火控雷达工作频率有较好的透波作用,对工作频段以外的信号起到阻挡作用,避免火控雷达天线阵面产生强散射回波,被对方雷达截获。

4）有源和无源电磁波对消

对消技术的基本原理是通过等频率和等振幅,而相位相反的二次信号来消除电磁波散射信号。

事实上,无论何种目标,其电磁散射特性均服从经典麦克斯韦方程的规律,可以据此分析。

首先,考虑外形方面。复杂目标的电磁散射一般可根据目标的尺寸与雷达波长的关系大致分成 3 种:低频区散射、谐振区散射和高频区散射。F-22 战机的翼展 13.56m,机身 18.92m,机高 5.00m。对于工作频率较低的电磁波而言,飞机存在多个谐振特征尺寸,如飞机外形纵向尺寸(立尾)、飞机机翼的横向尺寸、机身的横向尺寸和机身的长度尺寸等。对于 VHF 波段而言,雷达回波中的谐振散射和近似谐振散射占重要成分,雷达波长较长,以致无法区别那些很小的形状细节,针对微波在飞机表面反射和沿表面传播规律设计的独特外形无法在低频波段发挥 RCS 缩减效果。已经测量的某型国产化小型战机迎头 RCS 在微波波段为 $3m^2$ ~ $5m^2$,在米波段达到 $6m^2$,即为这一道理。

其次,考虑吸波材料和复合材料。复合吸波材料的作用效果与材料厚度密切相关,雷达波的波长越长,要求材料的厚度越大,重量亦随之增加。目前各研究机构普遍选择吸收性能优异的磁性材料作为吸波介质,该类材料重量较大,一般而言,面积 $1m^2$,厚度 2mm 左右的一块材料重量可能达到 5kg 左右,不可能全机均使用表面涂覆材料。

已知实用性能最好的高水平涂覆吸波材料是 X 波段吸波介质涂层,厚度 1mm ~2mm 的材料可以在整个波段实现 10dB 的 RCS 减缩效果。F-22 类隐身战机的涂层材料应主要针对微波波段的高端,如 X 波段,由于吸波涂层有频段特性,一般认为无法实现从 X 波段到 VHF 波段如此之宽的雷达工作频带范围内均能高效吸收电磁波。

再次,有源和无源对消技术不容易在大范围应用,可能使用的部位主要是强散射点,但通常仅在特定的波段发挥对消效果,难以在多个波段范围同时收到良好的效果。

此外,为确保飞机具有较好的飞行性能和操控性能,隐身飞机并不能将全部隐身技术发挥到极致,实际上是在不断折衷的过程中完成隐身设计的,并不是完美的隐身。

美国兰德公司《空战的过去、现在与未来》研究报告中所述:"隐身飞机并不是看不见的飞机,它只是难以被特定频率的雷达探测到而已"。隐身飞机不可能在全频段、全方位均实现理想的隐身性能,尽管如此,隐身目标仍是预警探测系统面临的巨大挑战。

借鉴隐身战机的设计,俄罗斯和美国在研的多个型号巡航导弹均采用了隐身设计手段。海面目标除传统海面商船及各类战舰外,各类隐身舰船及航母均将投入使用,海面目标种类和数量不断增加,分布的海域更加广阔,军民混杂,目标属性复杂,同样会增加预警探测系统目标识别的难度。

由于没有容纳飞行员的座舱,无人机的外形设计更加灵活,这一特点使无人机更容易引入隐身设计,加之无人机外形通常较小,可降低执行任务中被雷达发现和受到攻击的概率。美国研制的 X - 47B 和 RQ - 170 无人机集中体现了上述特点,外形上明显具有隐身设计,像是"迷你"型的 B - 2 隐身轰炸机。RQ - 170 无人机飞行速度和常规亚声速战机相当,巡航时间达到 30h,持续作战时间长。该机可以搭载各种侦察设备,也可加装武器,用于对地攻击。

低辐射也包括目标有电磁静默、定向通信、红外特征遮蔽和消隐等功能。特别需要指出,无源探测具有隐蔽性好、探测距离远、具备属性识别等优势,但随着雷达技术的发展,采用特殊设计的多功能相控阵雷达系统已大量应用,具有发射波束窄、超低副瓣、频率波束扫描和带宽较宽等低截获(Low Probability of Intercept,LPI)特点,使无源探测系统难以截获雷达信号。

上述各种目标具有的特性代表了未来一段时期战场目标发展的趋势。弹道导弹、"低慢小"目标、超低空快速飞行器,以及未来临近空间目标和空间飞行器的潜在威胁都将对预警探测系统的探测能力带来严峻考验,特别是没有地面预警探测系统支撑的条件下,单靠空中手段完成对上述目标的探测将是十分困难的。

3.1.2　多种形式的电子干扰

现代战场的电磁环境十分复杂,电磁辐射源的数量成倍增长,预计在未来战场中同时会有上百万个电磁辐射源存在,美军 2008 年已将复杂电磁环境的标准定义从 100 万脉冲/s 调整为 200 万脉冲/s,确保与时俱进。随着电子干扰技术的迅速发展,干扰模式不断花样翻新,电子干扰频谱不断拓展,使预警探测系统难以发挥应有的探测效能,甚至可能成为摆设和任由敌方攻击的靶子。在战争全过程使用强烈、持续不断的电子干扰来压制对方电子探测系统,除传统的噪声干扰和欺骗干扰等手段外,新型电子干扰呈现宽频带、高强度、自适应能力强的特点。特别是大量智能化假目标欺骗使对方雷达探测系统难辨真伪,降低甚至丧失功效,已成为现代高技术战争重要的"软"攻击手段。

美军十分重视机载干扰装备研制和使用,作为一种进攻手段,将其称为"机载电子进攻"(Airborne Electronic Attack,AEA)。美军目前装备了多种先进电子干扰装备,其空中电子战分成 3 部分:防区外干扰、随队干扰和近程自卫干扰。防区外干扰是指干扰飞机在敌防空火力的射程之外施放干扰,支援攻击机群突防,目前使用的干扰机主要采用 B - 52 和 B - 1B 飞机改装;随队干扰是指干扰飞机与攻击机群伴随飞行,施放干扰掩护攻击机群,EA - 6B 的改进型 EA - 18G 是新型的电子干扰飞机,由于飞行性能与作战飞机类似,故而可用于随队干扰;近程干扰指干扰飞机在攻击机群之前抵近目标进行干扰,掩护后续的攻击机群,这种情况较少使用,通常美军的 F - 16J、F/A - 18E/F 和 F - 22 等飞机自身带有有源相控阵天线的战机在遇到危险时会开启自卫干扰功能。

美军在战场施放干扰的典型配置方式如图 3.1.2 所示,各型具有干扰功能的战机分别完成不同的干扰任务,SAM(Surface - to - Air Missile)指导弹具有攻击能力的防区。从美军对 EA - 6B 和 B - 52 等干扰飞机使用的情况看,战争中基本上不采用单机出动的方式,而是多种型号、多个架次组合编队,共同实施干扰,实现干扰效果倍增,让敌方的探测和通信装备失效,同时为己方进攻的战机和武器形成安全的空中走廊。

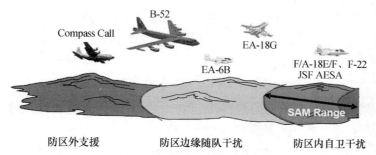

图 3.1.2　美军典型空中干扰实施方式

EA - 18G 电子干扰机可以携带 3 个 ~ 5 个 ALQ - 99 干扰舱,覆盖 0.06GHz ~ 18GHz 超宽范围,包括了所有预警探测雷达的常用频段,并且能够在密集电磁信号环境中干扰预警机在内的多个威胁信号,单个干扰机的有效辐射功率大于100kW,产生的连续波功率为1kW～2kW,可以分别向飞机的前方和后方辐射,方位范围达到300°左右。自适应干扰能力保证干扰能量有效集中在特定的雷达频率上,能够有效对抗频率捷变雷达。"长基线干涉测量法"可以对辐射源进行更精确的定位,以实现"跟踪—瞄准式干扰",完成电磁频谱领域的"精确打击"。

3.1.3　复杂多样的地理环境

空基预警探测系统作战需要应对各种各样的地理环境,在国家边境地区、领海上空和其他敏感区域执行任务是基本的要求。陆地和海洋上空的杂波特性差异显著,而陆地和海洋交界附近的杂波的特性更为复杂。若预警机跨境执行任务,还要适应境外的地理条件。

在地形起伏剧烈的山区和人口密集的城市均容易出现较强的地杂波;在高原地区载机相对飞行高度下降,这也会导致地杂波增强。研究表明,在山脉和城镇区域机载雷达主瓣杂波强度杂噪比(C/N)达到90dB以上,为了不影响雷达检测性能,这就要求雷达天线双程平均副瓣应要达到 – 100dB 左右,且不存在突出的峰值副瓣电平,才会使得机载雷达在复杂地形环境下的性能不至于明显下降。随着城市化进程加速,预警机在人口稠密的城市周围执行任务已经成为常态。同时探测过程中还需要克服地面铁路列车、公路汽车的不利影响,正确识别空中飞行目标。

在海洋上空执行任务期间,预警探测系统可能会遇到高海情,海面浪高可达数米,不仅影响对海面船舶目标的探测,而且需要探测设备从大量海面船只中甄别出需要探测的对象,强的海杂波也会影响对空中飞行目标的探测,雷达必须具有很大的动态范围和很强的杂波抑制能力。

为获得不同地理条件下地/海杂波的强度,人们进行了大量的测试工作。

地面杂波的实际情况十分复杂,因为它具有空间上的显著不均性,且随时间变化(随季节变化、随气候变化等),或称时间上的不稳定性。为了简化计算,通常用大面积空间上、时间上的平均 σ^0 来表示,其与地面反射系数的关系为

$$\sigma^0 = \gamma \sin\psi \qquad (3.1.1)$$

式中:ψ 为雷达波束照射地面的俯角,称为擦地角;γ 为杂波后向散射系数。

实测表明,在 ψ 的很大范围内(约5°～70°),γ 值变化较小。

表 3.1.1～表 3.1.5 中的数据是 Nathanson 归纳了 50 位研究人员的测量报告。表中每一频段的值 σ^0 是雷达波为垂直极化与水平极化时的平均,同时在时间上是各季节的平均。因为季节与植被情况关系密切,影响地面后向散射强度,这些 σ^0 值的误差可能达到5dB,总体上呈瑞利分布。

表 3.1.1　擦地角 $\psi = 0° \sim 1.5°$，σ^0 平均值/dBm^2

	L 波段	S 波段	C 波段	X 波段
平坦沙漠	−45	−46	−40	−40
乡村农田	−36	−34	−33	−23
起伏密林	−28	−28	−27	−26
城市	−25	−23	−21	−20

表 3.1.2　擦地角 $\psi = 3°$，σ^0 平均值/dBm^2

	L 波段	S 波段	C 波段	X 波段
平坦沙漠	−43	−38	−35	−32
乡村农田	−32	−31	−30	−28
起伏密林	−24	−25	−25	−24
城市	−20	−19	−19	−18

表 3.1.3　擦地角 $\psi = 10°$，σ^0 平均值/dBm^2

	L 波段	S 波段	C 波段	X 波段
平坦沙漠	−38	−36	−33	−30
乡村农田	−30	−28	−26	−26
起伏密林	−26	−24	−23	−23
城市	−18	−18	−18	−16

表 3.1.4　擦地角 $\psi = 30°$，σ^0 平均值/dBm^2

	L 波段	S 波段	C 波段	X 波段
平坦沙漠	−28	−25	−23	−21
乡村农田	−20	−18	−16	−16
起伏密林	−18	−16	−16	−14
城市	−15	−13	−11	−10

表 3.1.5　擦地角 $\psi = 60°$，σ^0 平均值/dBm^2

	L 波段	S 波段	C 波段	X 波段
平坦沙漠	−21	−17	−16	−14
乡村农田	−15	−16	−15	−14
起伏密林	−19	−15	−15	−14
城市	−12	−11	−10	−10

综合上面地杂波测试数据及其他一些实测报告数据,可归纳出以下初步结论:

（1）在大多数地面类型上,σ^0 平均值随载频而增加,但达不到线性的增加率。对城市地区由于大量房屋等垂直或有一定角度的散射面,载频对 σ^0 基本无影响。

（2）随擦地角的增大,σ^0 平均值几乎是随 $\sin\psi$ 线性增加,验证了"等 γ"模型。

（3）σ^0 对极化的依赖不明显,表中 σ^0 是不同极化的平均值。在进行雷达系统论证时,考虑目标本身、雨杂波等对极化的依赖比地面杂波更重要。

海杂波是由海浪、水花产生,因此它的幅度与风速有直接关联。风浪较大时,σ^0 也随之增大。表 3.1.6 ~ 表 3.1.10 是 Nathanson 从 60 个实验结果综合出来的 σ^0 值。由于海面杂波功率对垂直极化与水平极化有明显差异,因此表中将两种极化分开。表中数值有一定误差,风级是蒲福氏（Beaufort）风级。

表 3.1.6　擦地角 $\psi = 1°$,σ^0 平均值/dBm^2

海情级 风级	极化	载频/GHz				
		0.5	1.25	3.0	5.6	9.3
0/ <2	V		−68			−60
	H	−86	−80	−75	−70	−60
1/2 ~3	V	−70	−65	−56	−53	−50
	H	−84	−73	−66	−56	−51
2/3	V	−63	−58	−53	−47	−44
	H	−82	−65	−55	−48	−46
3/3 ~4	V	−58	−54	−48	−43	−30
	H	−72	−60	−48	−43	−40
4/4 ~5	V	−58	−45	−42	−39	−37
	H	−63	−56	−45	−39	−36
5/5	V		−43	−38	−35	−33
	H	−60	−50	−42	−36	−34
6/6	V			−33		−31
	H			−41		−32

表 3.1.7　擦地角 $\psi = 3°$,σ^0 平均值/dBm^2

海情级 风级	极化	载频/GHz				
		0.5	1.25	3.0	5.6	9.3
0/ <2	V				−60	
	H	−75	−72	−68	−53	−75
1/2 ~3	V	−60	−53	−52	−49	−60
	H					

（续）

海情级/风级	极化	载频/GHz				
		0.5	1.25	3.0	5.6	9.3
2/3	V	−53	−50	−49	−45	−53
	H	−66	−59	−53	−48	−66
3/3～4	V	−43	−43	−43	−40	−43
	H	−61	−55	−46	−42	−61
4/4～5	V	−38	−38	−38	−36	−38
	H	−54	−48	−41	−38	−54
5/5	V	−40	−38	−35	−35	−40
	H	−58	−46	−40	−36	−58
6/6	V					
	H		−37			

表 3.1.8　擦地角 $\psi = 10°$，σ^0 平均值/dBm^2

海情级/风级	极化	载频/GHz				
		0.5	1.25	3.0	5.6	9.3
0/＜2	V		−45		−44	＞−47
	H		−60			＞−56
1/2～3	V	−38	−39	−40	−41	−42
	H		−56		−53	−51
2/3	V	−35	−37	−38	−39	−36
	H	54	−53	−51	−48	−43
3/3～4	V	−34	−34	−34	−34	−32
	H	−50	−48	−46	−40	−37
4/4～5	V	−32	−31	−31	−32	−29
	H	−48	−45	−40	−36	−34
5/5	V	−30	−30	−28	−28	−25
	H	−46	−43	−38	−36	−30
6/6	V	−30	−29	−28	−27	−22
	H	−44	−40	−37	−35	−27

表 3.1.9　擦地角 $\psi = 30°$，σ^0 平均值/dBm^2

海情级\风级	极化	载频/GHz				
		0.5	1.25	3.0	5.6	9.3
0/ <2	V		−42	−42	−42	−57
	H		−50	−50	−50	−48
1/2 ~3	V	−38	−38	−40	−42	−36
	H		−46		−48	−44
2/3	V	−30	−31	−32	−34	−32
	H	−42	−41	−40	−42	−38
3/3 ~4	V	−28	−30	−29	−28	−26
	H	−40	−39	−38	−37	−34
4/4 ~5	V	−28	−28	−27	−25	−24
	H	−38	−37	−37	−35	29
5/5	V	−28	−24	−23	−22	−24
	H	−35	−34	−32	−30	−26
6/6	V	−25	−23	−22	−21	−17
	H	−33	−32	−30	−29	−21

表 3.1.10　擦地角 $\psi = 60°$，σ^0 平均值/dBm^2

海情级\风级	极化	载频/GHz				
		0.5	1.25	3.0	5.6	9.3
0/ <2	V	−32	−33	−34	−26	−23
	H	−32	−32	−32	−27	−25
1/2 ~3	V	−23	−22	−24	−24	−24
	H	−22	−24	−25	−26	−24
2/3	V	−20	−21	−21	−23	−18
	H	−22	−21	−21	−22	−23
3/3 ~4	V	−18	−18	−19	−18	−16
	H	−21	−20	−20	−20	−21
4/4 ~5	V	−14	−15	−15	−15	−14
	H	−21	−18	−17	−16	−15
5/5	V	−18	−15	−15	−15	−13
	H	21	−18	−17	−17	−14
6/6	V	−18	−17	−15	−14	−11
	H	−20	−19	−17	−16	−12

对上述表格的补充说明如下：

（1）表中的 σ^0 平均值包含了对海面有顺风、逆风与侧风 3 种情况的平均。实际上逆风方向作雷达观察产生最大的后向散射,这可能是由于群浪的反射斜面在逆风时最陡;顺风时后向散射低些,侧风时则最低。概略统计,各自相差 3dB。

（2）垂直极化的后向散射高于水平极化,在较低频率、较低海情及较小擦地角时更明显。

（3）σ^0 随频率而上升,上升率在低 ψ 角、低海情与低频率范围内较大。随 ψ 角、海情与频率提高而减少。

（4）在低海情与低频率时,σ^0 随海情等级而迅速增长,增长率可达 10dB/级,但更高海情与频率时,增长率逐步减少。

事实上,测量数据只能反应电磁波反射的大致趋势,无法满足使用要求,还要研究杂波谱和极化等多种特征。

对陆地杂波而言,各地地理环境千差万别,而且随着季节变化也会出现较大的不同。从中国地理环境情况看,国土边境线长达 $3.2 \times 10^4 \mathrm{km}$,海岸线长超过 $2 \times 10^4 \mathrm{km}$,共有海岛 5000 多个。大陆国土北部边境大部分地区地形较为平缓,西部和东部则多是典型的复杂地形。西部边境高山林立,且有大片高原,后向散射系数平均值很高。东部地区城市密集,高大建筑、火车和汽车等数量众多,均可能成为强散射点,容易产生虚警,影响目标探测,特别是对于机载预警雷达经常采用的中重频脉冲多普勒体制尤其严重。上述地理环境对雷达反杂波能力提出了很高的要求。

地杂波随空间的起伏变化大于海杂波,而海杂波随时间变化的起伏大于地杂波,同时海杂波还与海情紧密相关,海洋中分布的岛屿也影响海杂波的特征。

实际测试获得的杂波数据经常存在方差大, 不够精确的问题, 只有达到较小的方差, 数据才可靠。建立与实际情况相符合的杂波模型有利于优化雷达系统设计和使用。当然, 实际使用的杂波模型不能过于复杂, 应以满足使用需求为条件。

3.2　现代战争的主要作战样式

当今世界的局部战争多是非对称战争,强国占有明显的实力优势,呈现出的作战样式和以往有较大不同,主要有以下几种典型作战样式：

（1）海、空军联合作战。

由于海、空军具有快速反应、持续作战和远程征战的能力,能够适应进攻和防御的各种需求。在兵力部署上,海、空军能够多层次、多方向灵活调整,空基预警平台是其中重要组成部分,往往接近战场前沿。美军提出了"空海一体战"理论,并将"延长战线,分散部署,远程进攻"作为未来主流作战指导思想。

（2）空袭和反空袭作战。

空袭和反空袭已经主宰战场,远程精确打击可以从陆地、海洋和空中发动,未来还可能从空间发动,武器平台飞行高度可从海平面或地面上空 10m 左右直到数百千米高空,且飞行速度和机动性多种多样。袭击突然性对预警探测的覆盖范围和预警时间提出了更高的要求。

（3）电子战。

电子战是敌对双方争夺电磁频谱的使用权和控制权的军事斗争,包括电子侦察与反侦察、电子干扰与反干扰、电子欺骗和反欺骗、电子隐身和反隐身和电子摧毁和反摧毁。作为高技术条件下对抗的主要形式,电子战已经贯穿战争始终,遍及战场每个角落。预警机和浮空器等空中作战平台目标明显,且运动速度较慢,甚至长时间静止在同一地域,十分容易受到电子进攻。

（4）信息战。

现代战争中,信息成为重要的作战领域,战争前的信息先导作用和战争中的信息保障作用格外受到重视。

（5）近海和近岸作战。

近海和近岸地区多是人口聚集区,资源开发和争夺引发的矛盾也常发生于此类地区。美国、英国和北约近年来发动了几场局部战争,其战场均处于近海和近岸地区,预警机作为空中预警探测和指挥的核心平台,其出动架次和持续工作时间均呈现不断提升的趋势。

上述作战样式均与空基预警探测系统密切相关,该类系统已经成为攻防双方倚重的重要装备。

3.3 现代战争对空基预警探测系统的能力要求

空基预警探测系统最初的战术功能是弥补地面和舰载预警探测网的不足,重点是低空和超低空补盲探测。伴随作战样式和作战需求的发展,空基预警探测系统的作战功能和作战对象也不断发展,除飞机和巡航导弹等各种空气动力目标外,还需要实现对弹道导弹的有效探测。需要说明的是,对于弹道导弹探测而言,目前的主要探测装备仍为空间的红外预警卫星和地面大型相控阵雷达,对于射程数千千米,最大高度数百千米,甚至上千千米的中远程弹道导弹而言,空基平台升空仅万米左右,这一高度与导弹飞行高度相比确实显得微乎其微,与地面装备相比无明显优势,不能发挥"登高望远"的作用。另一方面,对于射程 1000km 以内的近程导弹而言（数量占导弹总数的 80% 以上）,空基平台通过雷达和红外等手段实施前置探测,发现和跟踪主动段导弹的作战效能不容忽视。

通过分析空基预警探测系统面临的作战环境,可以得出现代战争对装备性能的一些基本要求,主要包括以下几点:

(1)拓展预警探测距离范围。

对于高速、高机动目标实现早期发现,为后续军事行动提供足够的预警时间,防止出现措不及防、被动挨打的局面。要提升预警探测的距离,除增加传感器自身的能力外,为防止出现远程低空盲区,需要进一步提升平台高度。

(2)拓展预警探测高度覆盖范围。

对于活动空间处于对流层顶端,甚至是临近空间的高空目标实现有效覆盖,同时对于处于低空和超低空的目标也能有效探测和跟踪。

(3)拓展速度覆盖范围。

通过雷达或红外探测装备对高速和低速目标信号实现有效的积累检测,同时确保针对高速目标的探测能够跟得上,针对低速目标的探测不漏情。

(4)增强反杂波和抗干扰能力。

为有效对抗战场高强度、多样式和智能化的干扰,确保复杂电磁环境下的探测能力。特别是预警探测雷达站由于长年担负国土防空站岗放哨任务,其电磁辐射信号全天基本上均暴露在环境中,很难做到不泄密。与其他军用雷达相比,预警探测雷达整体上如果没有很强的抗电子干扰能力,难以完成任务。

(5)增强对隐身目标的探测能力。

通过补充多种探测手段,综合利用雷达、红外和无源探测等的情报信息,实现对隐身目标和小目标的有效探测。

(6)增强目标分类识别能力。

通过研发多种目标分类识别手段,通过综合利用本站和外部各种预警探测传感器的信息,实现对目标,特别是敌方目标的分类识别,提供更为丰富的战场态势信息。

(7)提高探测精度。

预警探测为武器平台提供威胁目标的位置参数和运动参数时,精度十分重要。担负警戒巡逻任务的预警机在发现有入侵的空中目标后,对目标进行确认和识别,并且在尽可能短的时间内将目标信息传输给巡逻的战斗机,对目标进行拦截。通常战斗机装配有火控雷达,美国空军战斗机目前典型的机载武器是 AIM – 120C 先进中距离空空导弹,预警机提供的目标精度越高,武器平台成功拦截的概率越高。

(8)实现持久探测能力。

一般认为,平台的长航时为 24h,超长航时为 5 天(美军定义),目前的预警机在不具备授油条件的情况下,一般都无法实现长航时,发展长航时无人机和浮空器载预警探测系统势在必行。

(9)缩短信息处理和传输时间。

现代战场形势瞬息万变,对高速、高机动以及重要威胁目标,对敌方实施的电子干扰等需要实现快速反应,特别是对敌方目标需要实现"发现即摧毁",加快探测信息的处理,缩短传输到武器系统需要的时间是克敌制胜的关键。

事实上,空基平台为预警探测系统提供一定的升空高度和良好机动能力的同时,也对预警探测系统发挥战术性能带来了明显的不利因素,导致系统设计和使用面临特殊的困难,具体如下:

(1)平台自身的限制。

① 空间和载荷资源有限。飞机和无人机平台内部空间较为狭小,尤其是无人机的载荷通常十分有限,对电子设备的体积、重量有严格要求,供电和冷却也明显受到限制。气球和飞艇等浮空器安装天线较为困难,平台的载荷也十分有限。

② 工作环境恶劣。机载平台夏天地面温度可以达到零上五十摄氏度,冬天高空温度又可能下降到零下五十摄氏度,而且高空气压很低,对天线等舱外设备有很高的环境适应性要求。在湿度、压力、振动、冲击、加速度、防静电、防冰雪等方面均对设备提出苛刻要求。

③ 气动外形有限制。在飞机和无人机外部加装天线(罩)改变了平台的外形,影响气动特性,因此机载预警雷达的外形和尺寸受到限制。

④ 机体对天线有遮挡。机体外形,特别是机头、机翼和尾翼等可能对雷达发射和接收的天线波瓣图产生遮挡,对雷达探测精度和威力产生不利的影响。对电子侦察和通信设备也有类似的影响。

⑤ 电磁兼容性设计困难。飞机本身航空电子设备众多,又加装雷达、通信、导航、敌我识别、二次雷达和电子侦察等任务电子设备,大功率发射设备和高灵敏度接收设备集中于一体,对电磁兼容设计水平要求较高。

⑥ 维护保障不便。机载雷达工作期间平台伴有不规则的振动,维修困难,因而对可靠性要求很高。

(2)下视和运动使杂波处理困难[10,11]。

空基平台在空中下视工作时地海杂波严重,有时较目标回波强度高出上百万倍。机载雷达对空探测时采用脉冲多普勒体制,对海探测采用常规脉冲压缩体制,均是在强杂波中检测目标,这是机载预警雷达探测中最困难的问题。平台高速运动还会导致杂波谱展宽、时变,且出现空时耦合。目标的电磁散射可以分解为多个散射中心回波的叠加,呈现为正态分布、瑞利分布等多种杂波幅度统计模型,但都不能对回波中的杂波成分进行精确描述。杂波还存在速度谱,通常地/海面条件下小于1m/s,它产生的原因是地/海面的微动和雷达天线扫描过程中的相对运动,海浪运动明显,因而海杂波的速度谱较地杂波速度谱更宽,这也使得杂波处理更加困难。

(3)平台运动使得情报数据处理更为复杂。

地面预警探测装备的探测数据一般仅涉及从极坐标转换到经纬度坐标,较少涉及到其他的坐标系。与稳定平台相比,空中运动平台涉及到一系列的坐标转换,包括天线坐标系到飞机机身坐标系,考虑飞机姿态信息后再变换到平台坐标系,再根据飞机位置信息转换到惯性坐标系(以地面某一点为原点的地球坐标系),通常最后还要转换到经纬度坐标系,才成为可用情报。

为满足现代战争对空基预警探测系统的作战需求,并克服不同空基平台的限制因素,必须发展多种空基预警探测系统。常规机载预警探测系统机动能力强,主要解决防空预警,尤其是低空补盲、机动作战和空中指挥控制的使用亟需;气球载雷达主要解决重点防区的日常低空补盲,并以较高的效费比实现长期留空探测,同时气球载雷达平台稳定,探测低速目标能力更强;飞艇载预警探测系统因平台升空高度较飞机更高,便于实现远程防空预警和弹道导弹早期预警,缺点是机动能力较差;无人机载预警探测系统不仅可以实现长航时,而且因为不会直接造成人员伤亡,便于前出敌方的防区,实现抵近探测,同时使用效费比较低,利于组网使用,可以有效充实空基预警探测系统的规模数量,但目前缺点是载荷能力和供电能力有限。一般认为,综合费效比最佳的预警探测系统是多种装备共同构成的优化组合系统。

雷达是预警探测系统的主体,空基预警探测雷达的技术特征决定了它在战术使用当中所具有的优势和局限。表3.3.1简要描述了空基雷达对不同目标的探测能力。

表 3.3.1　地基和空基雷达对不同目标的探测能力

目标类型	地面雷达	机载预警雷达	气球载雷达	飞艇载雷达	无人机载雷达
高空战机	●	●	○	●	●
低空战机	○	●	◎	●	●
高空无人机	●	◎	○	●	◎
低空无人机	○	●	●	●	●
直升机	◎	●	●	●	●
低空巡航导弹	○	●	●	●	●
中末段弹道导弹	●	○	○	●	○
主动段弹道导弹	○	◎	○	●	●
舰船	○	●	●	●	●
低空慢速目标	○	◎	●	●	◎
注:●表示探测能力普遍强;◎表示探测能力普遍较强;○表示探测能力普遍较弱或无探测能力					

"居高声自远，非是藉秋风"

——唐　虞世南

第4章 机载预警探测系统

机载预警探测系统是目前应用最广泛、功能最强大的空基预警探测系统。本章首先简要论述运输机类平台的类型、功能特点和改装设计内容,然后介绍机载预警雷达、敌我识别/二次雷达、红外与激光探测设备和电子支援探测设备的主要战术功能、战术技术基本要求和主要技术问题。机载预警雷达是预警机执行探测任务的核心传感器,直接决定着预警探测性能的优劣,是本章的重点内容。

4.1 预警机平台

4.1.1 预警机平台的基本要求

现役预警机的平台通常不是为任务电子系统专门研制,而是以军用或民用运输机为基础平台,经过适当改装后再加装任务电子系统,构成预警机。军用运输机的优势是环境适应能力强,但民用运输机通常油耗低、舱内噪声小,对改善机组人员的工作环境具有明显好处,厨房和休息室等均容易满足用户要求,因此有条件的国家基本选择民用运输机作为预警机平台。

要将运输机改装成为预警机,则要对平台的飞行性能作出新的要求,主要包括如下方面:

(1) 有足够的载荷能力。

飞机需能够承载雷达、通信、导航、电子对抗和指挥控制等多种任务电子系统硬件及必要的操纵人员,总重量可达 10t ~ 20t。

(2) 有足够的舱内容积。

飞机机舱要能够容纳任务电子系统及操纵人员。同时还要能提供较为舒适的工作环境,保留必要的活动和休息的空间,以及紧急救生设备和逃生路线需要的空间。

(3) 有足够的续航能力。

预警机要能够从基地飞到一定距离外的巡逻区,并有较长的留空时间以执行任务。

（4）有较好的起降能力。

预警机经常需要在条件较为简陋的野外机场起降,有时甚至要在舰船上完成起飞和降落,因此对预警机飞机起降能力的要求通常高于普通民用运输机。

舰载预警机的平台还要求具有尺寸小、重量轻、滑跑距离短等特点,以适应军舰上有限的空间。

预警机平台进行改装之后,将引起重心、气动性、操稳性改变,因此必须重新进行理论分析和风洞试验、气动特性分析、操稳特性计算、飞行性能计算、载荷设计、强度设计等保证飞行安全的设计工作,为保证任务系统天线的探测精度,还须进行雷达天线罩、罩体支架、通信天线安装支架等飞机结构的刚度设计,结构上须能承受飞行的气动、惯性载荷及任务系统设备的静载荷。

（5）升空高度适当。

对于加装远程雷达的空中平台而言,其最佳高度在 10km 以上;对于加装中近程雷达的平台,其最佳高度约为 8km,这主要是为了充分发挥雷达对低空目标的探测能力。如果平台高度过低,则雷达波束受到地平线遮挡,无法探测到远距离处的低空目标;如果平台高度过高,则可能造成低空盲区过大。在确定平台的最佳活动高度时,还要考虑雷达探测距离和天线波束宽度等因素。

（6）速度适宜。

飞机平台的速度和姿态必须较为平稳,才能够保持雷达回波中的杂波是平稳的,从而有利于后续的信号处理和数据处理。此外,如果飞机平台速度较慢,则雷达回波中的主杂波宽度较窄,会降低检测慢速目标的难度,提高雷达的工作性能。最优的速度设计是速度范围大,能够以高速奔赴任务区域,同时可以低速巡航执行预警监视任务,保持预警监视范围的稳定,同时较好地控制雷达杂波在频谱上的扩展。

预警机的飞机平台对预警机最大载荷、飞行性能和战术性能具有重要影响,按照平台大小不同,可将其分为大、中、小三个档次,如表 4.1.1 所列[12]。

表 4.1.1　预警机平台的大致分类

	最大起飞重量/t	空载重量/t	任务电子系统重量/t	其他重量（含人员）/t	载油量/t
大型	>140	>60	>15	>6	>30
中型	50~70	30~40	10~20	3~4	10~15
小型	10~25	8~20	2~4	<1	2~6

中、小型预警机主要用于探测空中,特别是超低空入侵目标,指挥引导己方空中和防空力量,它的续航力较弱,控制功能较小,造价和使用费用较低,如 E-2C、"萨博"和"湾流（海雕）预警机";大型预警机通常能够实现远距离探测,同时具有

较强的空中指挥和控制能力,续航时间长,造价和使用费用也较高,如 E - 3 系列和 A - 50 预警机。

4.1.2　现役预警机的主要平台类型

按照发动机类型不同,预警机平台可以分为螺旋桨发动机和喷气式发动机两种,螺旋桨发动机多用于中小型平台,推力有限,造成平台飞行速度较慢,机动能力差,但油耗少,经济性好;喷气式发动机适用于不同规模的平台,推力大于螺旋桨,但油耗较多。事实上,预警机主要用于在固定的短航线巡逻,螺旋桨飞机的优势是低速飞行所带来的影响,低速形成的雷达天线副瓣杂波范围较高速飞行范围窄一些,目标落入杂波区的概率也相应降低,因此有利于目标探测,特别是对中速和高速目标检测更有好处。此外,若平台飞行航线相对固定,同样的续航时间内,慢速飞行的平台转弯次数更少,而平台转弯又是雷达性能容易下降的一个阶段,螺旋桨飞机的另一个优势是平台转弯次数相对较少。

E - 2 系列预警机的平台由美国格鲁门公司专门研制,采用涡轮螺旋桨发动机,平均功率 3360kW,其最大平飞速度 626km/h。平台燃油约为 5.6t,空重 18.36t,起飞重量 24.689t,续航时间 6h ~ 7h。作为一种小型预警机,E - 2 预警机主要为远洋舰队提供空中预警,能够在航母上起降。E - 2C 预警机略向上翘起的水平尾翼上安装了 4 个垂直尾翼,外侧的两个延伸到平尾以下,内侧的两个固定在平尾上部,以提高飞机的横向稳定性。为了降低机尾对天线波瓣的影响,4 个垂尾都采用透波性能良好的玻璃钢材料。为了方便舰上使用,E - 2C 预警机的主翼可以折叠放置。

E - 3 系列预警机为大型平台波音 707 改装的预警机,采用喷气式发动机,空重为 78t,最大起飞重量 147.55t;最大平飞速度 853km/h,实用升限 12200m,起飞距离 3350m,值勤巡航速度 562km/h,值勤巡航高度 9140m;值勤持续时间为 11.5h(无空中加油,值勤站在起飞点)。

20 世纪 90 年代初,日本空中自卫队提出向美国波音公司购买 E - 3 预警机,但位于西雅图市的平台波音 707 生产线已关闭。波音公司与日本方面共同研究了数种可能的替代方案之后,认为波音 767 - 200ER 作为替代平台比较合适。波音 767 - 200ER 的机体比波音 707 更宽,使机舱底面积增加了 50%,而舱内容积几乎增加了 2 倍,可以容纳更多的设备和人员,也留有发展余地。波音 767 - 200ER 的动力装置是通用公司的 CF6 - 80C2 双喷气引擎,比 E - 3 更强大而且更省油,可以增加航程和续航时间,也能减少日常运行费用。1992 年起,波音公司开始研制以波音 767 为平台的 E - 767 预警机。

飞机改装期间,波音公司对机体进行了多项改变,包括安装承重圆顶梁、加固舱门以及增加两块安放旋转天线罩部件的隔板等。雷达天线与波音 767 机体的结合是一个新的难题,很可能带来安全隐患,因此合同规定 E-767 预警机必须通过美国联邦航空局(FAA)的适航性认证。为此,波音公司进行了 130 次飞行测试和 290h 的地面测试,才获得了美国联邦航空局颁发的适航证书。E-767 预警机平台空重为 83.2t,最大起飞重量 175t,平台最大飞行速度 805km/h 以上,升限 10360m~12223m,最大续航距离 10370km(空中不加油),空中值勤时间 9.25h(1000n mile 半径)/13h(300n mile 半径)。老型 E-3A 和 E-3B 只能续航 6h。同时,E-767 预警机的升限高达 13100m,比 707 的 10600m 还高出 20% 以上。

俄罗斯空军的 A-50 预警机以伊尔-76 运输机作为平台。A-50 预警机的两侧机翼下方分别安装 4 个动力吊舱,内装 D-30KP 型涡扇发动机,起飞状态下总推力达到 49t,能够确保 190t 的最大起飞重量,最大着陆重量超过 150t。最大飞行速度 850km/h,巡航速度 700km/h~750km/h,升限 12km,最大航程 5500km,值勤时间内在 9km~10km 高度上巡逻 7.5h,在离基地 1000km 的地方可以巡逻 4h,经空中加油可以延长其滞空时间,弥补设备多、体积大造成的问题。为减少天线罩位置对雷达的影响和垂尾对天线机身向后扫描的干扰,A-50 预警机在设计中使天线罩的平面明显高出机身而低于平尾。A-50 预警机的尾翼为"T"形,由于受到天线罩尾流的影响,飞机的气动稳定性差,以至于影响到作战任务的完成,为此专门加装了两个大型腹鳍以提高飞机的横向气动稳定性,也有猜测是为了降低地面杂波对雷达目标检测的不利影响。

以色列在 20 世纪 80 年代完成的"费尔康"采用一架改装的波音 707 进行集成系统的飞行试验,1993 年 5 月通过了首飞测试,6 月便在巴黎航空展中亮相。随后智利空军订购了一架以波音 707 为平台的"费尔康"系统,并于 1995 年 5 月接收了该型预警机(通过飞行测试的试验机),智利空军将该预警机命名为"神鹰"。以色列和新加坡均接收"湾流"G550 公务喷气机为平台的新型预警机(海雕),新飞机将为空军提供比波音 707 特种任务飞机更高的效率。

此外,还有"海王"和卡-31 等多种直升机为平台的小型预警机。

4.1.3 平台改装设计

预警机平台改装设计是一项复杂的系统工程,主要工作包括以下 3 项。

1. 气动布局更改

为适应任务电子系统专门研制飞机显然最为理想,但实际情况通常是在有限的机型中进行选择。预警机的飞机选择要考虑多方面因素,包括原载荷、航程、航时和飞行高度,以及改装后对上述技术参数的影响等,特别是对于飞机操稳性和气动安全性的影响应该重点关注。新增部分包括机载预警雷达天线罩(含内部天线)和支架、ESM 天线罩和通信天线等。除加装任务电子系统设备外,还要根据用户需求对登机门、货仓门、应急出口、照明设施等进行全新设计。

改装的平台和任务电子系统之间存在着互相影响。一方面,雷达天线和通信天线的布局直接影响飞机强度和操纵性、稳定性等气动性能。传统的预警机一般采用背驮圆盘形或平衡木形天线罩,不仅降低了平台的有效升阻比,而且对平台的操纵性和稳定性有不良影响,最典型的是天线罩在飞行中形成的尾流对平台的尾翼,特别是垂尾的抖振起着决定性作用。这一影响可通过特殊的尾翼或尾鳍设计等方法来解决,如 E-2 的尾部采用了特殊的形状,在略为上翘的水平尾翼上有 4 个垂尾翼。天线罩在机身上面的高度也要仔细设计,罩体竖得较高,机身对雷达电磁波辐射的影响小,但重心上移,对飞机的操稳性不利。通常罩体支架会选择一个折衷高度,E-3 预警雷达天线罩高度为 3.35m,"楔尾"的雷达天线罩高 2.35m。

为改善平台飞行品质,今后的预警机必将更多地考虑采用共形或准共形设计。以色列研制的"湾流"预警机取消了传统的背负式天线罩,在平台的机身两侧和头部各安装一个天线阵面,形成共形天线,这种设计对平台的飞行性能影响很小。美国设想中的 E-X 预警机的共形天线布置在机翼上,也有利于改善平台的飞行性能。"猎迷"机身首尾加装天线的方案对平台气动外形改变有限,广义上说,也算是一种准共形设计。此外,平台增装任务电子系统必然引起结构的更改,如机身局部结构的补强、增加机载设备安装支架及其固定等。

另一方面,飞机外形也对任务电子系统的性能产生影响。飞机机身结构复杂且距离雷达天线非常接近,对天线阵面不同扫描角度均可能产生作用。这种影响有时是有利的,如以色列"海雕"预警机的平台为下单翼,天线阵面位于机翼上方,阵面辐射到机翼的能量大部分被反射到空中方向,没有到达地面,不形成杂波(图 4.1.1)。实际上大部分情况下平台结构外形对雷达性能产生的是不利影响。为避免飞机机身和机翼等结构对雷达辐射和接收的信号产生遮挡,设计师普遍希望能够将飞机的小部分材料更改为"透波"的复合材料,需要更改的一些典型结构,可能包括机翼和尾翼等部分,理想的复合材料其波阻抗应该和自由空间的波阻抗(377Ω)接近,可以较好地避免电磁散射。有一种观念是采用吸波材料解决机身和机翼遮挡,事实上,吸波材料会损耗雷达信号的能量,并破坏雷达设计要实现的天线近场和远场的电磁波分布,不利于雷达天线波瓣图形成和后续处理,并不是最佳的方法。

图 4.1.1　"海雕"下单翼向上反射天线辐射电磁波

2. 平台系统适应性更改

为适应任务系统加装,要更改环控系统、供电系统和导航系统等。

机载预警雷达是用电大户,通常需要上百千伏安,甚至数百千伏安电源。一般运输机主要供电来源是由发动机带动的发电机。总功率几十千瓦到几百千瓦,能满足飞机上飞行保障设备的需要。另外,还可装备一套辅助电力单元(Auxiliary Power United,APU)。APU是一个独立的燃气轮机—发电机系统,能提供几十千瓦功率。在飞机起飞前或着陆后,由APU提供照明、空调与电子设备的电源。有的APU还用作飞行中的备用电源。

预警机的任务电子系统需要大量电力供应,飞机原有的供电系统经常不能满足需要。对这一问题有两种解决方法:一是在改装飞机时,增大发动机带动的发电机功率容量,例如波音707 – 320B改装为E – 3A飞机时,发电机的总功率从$4 \times 40 kV \cdot A$增大到$4 \times 150 kV \cdot A$(或180kV · A),增加的电力满足了任务电子系统的需要。E – 767飞机改装为预警机后用4台150kV · A发电机代替了原有的2台90kV · A发电机。这一方法的可行条件是发动机有足够的剩余动力,发动机舱又允许加装发电机,有时则必须更换发动机型号才能满足这些条件。E – 3A飞机就是将原707 – 320B机的发动机PWJT3D – 7改为TF – 33 – PW100/100A。二是在机上加装一个由燃气轮机驱动的大功率APU,专门用来供电给任务电子系统。俄罗斯A – 50预警机就是在机身侧面加装一个APU,其发电总功率为$4 \times 120 kV \cdot A$。一般APU的燃气轮机是为在地面上短时间工作设计的,而这种APU则须能在高空长时间连续供电,因此需采用不同的燃气轮机。A – 50飞机的APU采用了AN – 24飞机的发动机,任务电子系统供电由机身左侧携带的APU给出。该APU有强大的供电能力($4 \times 120 kW$),其缺点是噪声较大。如瑞典"萨博"预警机的电源吊舱(APU T – 62T)输出功率为60kV · A;英国"海王"预警直升机电源为120V AC(28V DC)。

除了功率容量外,另一个供电上要考虑的问题是电源品质的影响,即如何避免任务电子系统中强功率发射机通过电源线路对灵敏的低功率系统(接收机、信号处理与数据处理机等)的干扰和电源电压起伏影响。在配电线路上可设法分开,例如,对雷达发射机可由一个发电机单独供电。机载发电机提供的电源通常为400Hz、115V/200V的三相交流电。电子设备中有些控制电路需要低压直流电源,因此供电系统中要有整流装置,提供额定电压28V直流。

军事电子设备热控(冷却)水平直接影响到电子设备的工作性能和使用寿命。随着电子、微电子技术的迅猛发展,电子器件和系统的组装密度越来越高,给热设计师们带来的压力越来越大,目前已经增加约$200 W/cm^2$。另外,由于军事电子设备的特殊状况,其外部环境非常苛刻,可靠性要求也非常高,所以亟待对电子设备冷却技术进行深入系统的研究。发达国家对电子设备特别是军事电子设备冷却技术的研发非常重视,如美国海军已经将近期 T/R 模块的冷却目标定为 1000 W/cm^2,而远期目标达到 $8000W/cm^2$,已进入超高热流密度范围。

预警机飞机平台原有的冷却系统通常不能满足任务电子系统的需要,需另外设计和安装冷却设备。任务电子系统中最大的热源是雷达发射机和天线阵面等高功率设备。按照目前的技术水平,整个天线阵的效率大约为 20%,即仅有 20% 的能量辐射出去,其他的 80% 转化为热量。如果按天线阵平均辐射功率为 20kW 计算,就有 80kW 热量需要散发,因而天线阵面的冷却问题极具挑战性。接收机、信号处理器等低功率系统产生热量较小,但它们往往对温度的容限较严格,也要注意其散热问题。

冷却设计技术包括热传导技术、风冷技术、液冷技术等。

风冷技术具有设计简单、使用方便、可靠性高、成本低等优点,是最常用的一种冷却方式。对于低功率机载设备一般是用管道送入冷却了的空气到设备机柜内,吸收柜内热量后排放到机舱中。当风速达到一定值后(进入渐进态以后),进一步提高风速对换热性能的改进效果并不明显。此外,风冷会增加噪声。

随着芯片热流密度和集成度的不断提高,传统的风冷技术已经不能满足电子设备冷却要求,液冷技术具有高效、紧凑、噪声小等特点。由于大部分航空电子设备的使用环境条件非常苛刻,可靠性要求非常高,局部热流密度和总功率要求也很高,所以风冷技术的使用受到很大限制。一般来说,液冷是目前高功率密度和大功率器件最常用的系统级冷却方法,在预警机系统中有广泛应用。

液冷可分为直接液冷和间接液冷方式。最常用的冷却液是水和乙二醇的混合物,因为它有较好的传热能力,而且成本低又无毒。直接液冷就是冷却液与发热的电子元器件直接接触进行热交换。热源将热量直接传给冷却液,再由冷却液将热量带走,流体的对流和相变是流体与热源间的主要换热方式。常用的直接冷却方式包括如浸没式冷却,直接冲击射流冷却以及喷淋冷却等方式。由于直接液体冷却技术有严格的要求,考虑到系统的密封性和可维护性,其运用场合非常有限,大部分情况采用的是间接液体冷却方式。

间接液体冷却是指电子元器件不与冷却对象直接接触,一般采用冷板等模式,热量通过热传导的方式传递给冷板,再由冷却液从冷板中将热量带走。大部分的冷却技术既可以用于直接冷却也可以用于间接冷却。对雷达发射机冷却液必须有高绝缘性,以防止高压部件打火。冷却液泵入发射机的散热部件,带走热量,然后进入热交换器降温,再循环使用。热交换器排放热量的方法有两种:一是直接散耗在机外大气中;二是进入飞机燃油中,由燃油把热量耗散在机翼表面。大型喷气机载有多吨燃油,允许采用后一种方法。

采用有源相控阵的机载预警雷达常选择液冷方式,冷却系统的性能表现为冷却效率和不同部位温度的均匀性,后者还会影响器件电性能的一致性,这涉及冷却管道流量的分配和冷却液的转换效率。

对预警机供电系统与冷却系统的另一共同要求是减轻重量以降低飞机载荷。目前供电设备达到的先进水平是发电机连同恒速驱动器每 $1kV \cdot A$，对应重量是 $0.4kg \sim 0.6kg$，APU 燃气机输出每马力重量 $0.16kg \sim 0.2kg$（发电额定量每马力 $0.5kV \cdot A \sim 0.7kV \cdot A$）。例如，为任务电子系统要供电增容 $400kV \cdot A$，则用飞机发动机直接交连发电机需增加发电机重量 $160kg \sim 240kg$。如用加装 APU 则再需增加 $100kg \sim 160kg$。冷却系统的较先进重量比是散热每千瓦 $1.4kg \sim 1.5kg$，如因任务电子增耗散热量 $200kW$，则要增加冷却设备重量 $280kg \sim 300kg$。

在原型机上增装庞大的机载预警系统，机载设备的布置是改装的重要环节。一般将机舱分为设备舱、任务舱和休息舱。在不得已的情况下，还要增加额外的配重物品以保持飞机的重心分布。

3. 空中受油能力

与其他军用运输机相似，预警机平台若具有空中受油装置，能增加航时，提升高原作战能力。预警机系统的额定载油量需要满足任务值勤持续时间要求。飞机的额定最大起飞重量指机场处于海平面高度，气温为 15℃时的最大起飞重量。如果气温较高，或机场的海拔较高，则机场空气密度下降，使飞行发动机的输出功率与飞机滑跑中的升力都相应下降，从而使最大起飞重量低于额定值。以某型运输机为例，额定最大起飞重量为 61t，但在气温 30℃时，起飞最大起飞重将降至 59t 左右。如机场海拔高度上升到 $3000m \sim 3500m$，则即使延长起飞滑跑距离 1 倍，最大起飞重量也将下降到 52t 左右。预警机系统的任务电子系统与乘员载荷是不能减少的，在这种条件下只能减少载油量，从而缩短了续航时间。采用空中加油措施，可克服这一因机场条件带来的困难。此外，在特殊情况下，例如，不能及时指派替换机时，空中加油可延长预警机在任务岗位的巡逻时间，避免因此而出现的预警空隙。

4.1.4　任务电子系统的舱内布置要求

除天线等小部分装备安放在飞机机舱之外，大量的任务电子系统设备布置在舱内，为实现优化部署，应遵循以下原则：

（1）安全第一。

设计和人员席位的布局必须符合飞机重心位置与舱面载荷分布的设计范围要求。同时，任务电子系统的设备不能干扰飞机电子和通信设备的正常工作，以免影响飞行安全。另外，为保障突发事故后的人员安全，应该留有人员逃生的道路和出口，并加装必要的救生设备。

（2）以人为本。

人员操纵席位与主要电子设备应尽可能隔离在不同的舱室，主要原因是设备噪声通常在 110dB 以上，而操纵人员很难在 90dB 以上噪声环境中长期工作。一般希望人员工作环境的噪声水平在 85dB 以下,最好能够低于 80dB,但至少应该达到相应的环境标准规定。此外,雷达和短波电台的发射机可能产生电磁能量泄漏,长期对人员照射,将会危害健康。多数大型预警机任务飞行时间超过 5h,要考虑操纵人员的换班和休息。根据具体条件,可以设计一个到两个舒服的座位,或者配置卧铺用于休息。

（3）统筹兼顾。

由于设备类型众多,布置一定要统筹兼顾,既考虑到飞机前后配重平衡,不影响飞机气动特性,又要便于测试、维修和拆装,以及今后使用中持续改进。对振动敏感的设备,如雷达频率综合器与发射机,应尽可能安装在飞机的低振区,并增加减振措施。对干扰敏感的设备,如高灵敏接收机与驾驶舱内设备,可以增加电磁屏蔽措施。

（4）环境适宜。

高温和高湿对电子设备长期运行的可靠性非常不利。如在高湿条件下霉菌和孢子非常容易生长。雷达天线罩内设备环境不易控制,为保证天线罩内设备长期高可靠工作,天线阵面周围的环境条件非常重要,通过控制天线罩内的环控系统,限定罩内的温度、湿度和洁净度等指标,以保证整个阵面的可靠性。当相对湿度低于 65%,除个别菌种外,多数霉菌不会生长,孢子停止萌发。

4.2　机载预警雷达

4.2.1　机载预警雷达的组成和技术特点

机载预警雷达的典型组成如图 4.2.1 所示,其中机械扫描天线的组成与相控阵天线最大的不同之处是具有伺服驱动设备,实现阵面在方位和仰角上的转动。

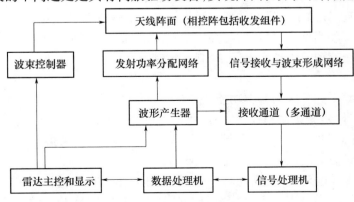

图 4.2.1　机载预警雷达的基本组成

1. 发射机

发射机本质上是一个功率放大器,除要产生大功率、高稳定的波形外,还常常需要在很宽的频率范围内高效率、长时间无故障工作。

发射机在雷达系统的成本、体积、重量、设计投入等方面占有较大的比重,也是对系统电源能量以及维护要求最多的部分。机载预警雷达的平均功率大约是几千瓦到几十千瓦。预警机的飞机空间和载荷能力有限,在满足战术技术指标要求的前提下,首先要求尽量减小发射机的体积和重量。

常用发射机分为3种类型:集中式真空管发射机、集中式固态发射机和分布式固态发射机。

集中式发射机主要由发射管、电源、脉冲调制器和发射机控制保护电路组成。发射管的作用是把输入的低功率无失真放大;电源为发射管及其脉冲调制器提供各种高品质电流;脉冲调制器在外界定时脉冲的控制下实现对输入信号的脉冲调制;控制保护电路完成对发射机的自检、控制保护和监测等。

发射机的输出功率直接影响雷达的威力。脉冲雷达发射机的输出功率又可分为峰值功率和平均功率。考虑到耐压和高功率击穿等问题,从发射机的角度来看,首选提高平均功率而不希望过分增大峰值功率。

信号的稳定度是指信号的各项参数,例如,信号的振幅、频率(或相位)、脉冲宽度及脉冲重复频率(PRF)等是否随时间作不应有的变化。相位噪声和杂散是描述信号稳定性和频谱纯度的重要指标。由于机载预警雷达多采用脉冲多普勒体制,频谱纯度指标十分重要。

伴随半导体技术和工艺的发展,出现了采用T/R组件代替真空管的固态发射机。在有源相控阵雷达系统中,每个天线单元与有源收发组件直接连接,能消除真空管中放大器与天线阵列表面之间的射频分配损耗。另外,用于波束控制的移相可在有源阵列单元的输入馈电端以低电平方式实现;这样就避免了辐射单元移相器高功率损耗,提高了整机的效率。因为输出功率是在空间合成的,所以任一点的峰值射频功率相当低,对器件的耐高压水平要求也相应降低。幅相分布可通过关断或减弱单个有源放大器来实现,控制起来较为容易。

2. 天线

机载预警雷达天线的基本功能是在系统要求的探测空域内将发射机送出的大功率微波信号(对于机械扫描天线)或将发射机产生的低功率微波信号放大后(对于有源相控阵天线),向雷达系统指定的方向辐射出去,波束指向多为下视方向,再接收来自该方向的回波信号,送到接收机。

机载预警雷达天线共分为机械扫描、电子扫描(相控阵)和机相扫描结合3类。

早期的机载预警雷达多采用机械扫描体制,典型的是E-2C预警机系列雷达。此类天线要解决稳定旋转设计问题,在E-2C预警机改进期间,曾经出现过天线在某些方位转速降低的情况,在排除导航和天线伺服设备等方面的原因后,最终发现是天线转台机械加工精度不足,导致摩擦力与设计指标不一致,影响了天线的稳定旋转。

伴随相控阵技术的成熟与发展,形式多样的相控阵天线已经成为机载预警雷达的必然发展趋势。相控阵雷达分为无源相控阵("雄蜂"、APY – 1/2)和有源相控阵("费尔康"、"爱立眼")。目前的机载相控阵天线多数为有源相控阵,通过完全的电子扫描实现天线波束在方位维和俯仰维的覆盖。由于固定的阵面扫描范围有限,经常需要多个阵面共同完成空间覆盖,如以色列出售给印度的预警机圆形天线罩内利用三面阵实现 360°范围扫描,瑞典的"爱立眼"预警机"平衡木"天线能以对称形式覆盖机身两侧各 120°空间范围。"海雕"和"楔尾"预警机则用 4 个阵面完成 360°全方位覆盖。图 4.2.2 为不同形式的机载预警雷达天线。

"楔尾"雷达的"顶帽"(Top Hat)式天线较好地解决了飞机首尾向的同时覆盖问题,并维持了较低的阻力剖面(图 4.2.2(d))。

机相扫天线代表是 E – 2D 预警机的天线(图 4.2.2(b)),具有工作方式灵活的特点,可以较好地兼顾机械扫描和相位扫描的优点。

天线阵面包括 T/R 组件、辐射单元、馈电网络、波控器、阵面电源、监测和校正电路等部分,具体情况如下:

1) T/R 组件

T/R 组件是有源相控阵的核心部件。T/R 组件既可以工作在发射状态,也可以工作在接收状态,收、发状态的转换由 T/R 开关及相应的定时脉冲控制。当 T/R 组件工作在发射状态时,由馈电网络送来的低功率信号经过环流器后经辐射单元向空间辐射。当 T/R 组件工作在接收状态时,辐射单元接收的回波信号经处理后送到接收馈电网络,如图 4.2.3 所示。

T/R 组件由微电路板上的几个单片微波集成电路(Microwave Monolithic Integrated Circuit,MMIC)共同构成。在 T/R 组件中,移相器的作用是使微波信号依照波控器指定的相移量进行移相,从而实现天线波束的扫描和波束形状的控制;T/R 开关完成发射和接收转换;功率放大器一般由 2 级 ~3 级组成,其作用是把低功率信号放大;环流器也用于实现发射和接收隔离,它比 T/R 开关具有更大的耐功率,因此多用于发射口;隔离器和限幅器用来保护低噪声放大器;低噪声放大器用来放大低功率信号;数字衰减器用来对回波信号加权,最主要的用途是实现接收天线的低副瓣。理想的 T/R 组件应该能够较好地满足下列项目的要求:输出功率、瞬时带宽、发射通道增益、脉冲宽度和占空比、输入与输出驻波比、效率、接收通道的噪声系数、动态范围和移相器位数,以及体积、尺寸与重量等。

天线阵中的移相器等器件存在加工时出现的差异,同时长期使用和环境条件(温度和湿度等)的影响也导致器件性能的下降,为了获得较好的相控阵天线性

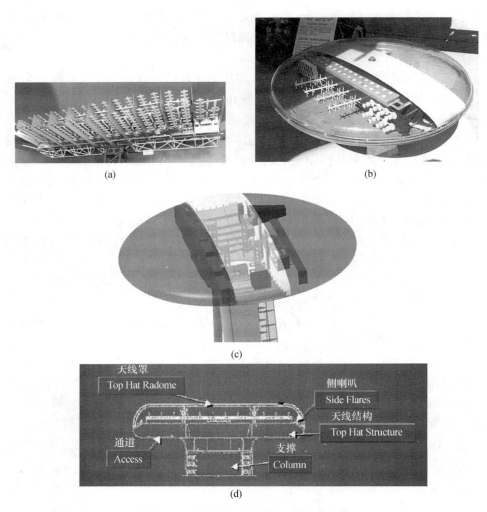

图 4.2.2 不同形式的机载预警雷达天线

（a）E-2C 预警机的雷达旋转天线 ADS-18S（由八木—宇田天线构成）；（b）E-2D 预警机的天线罩内布局；

（c）E-3 预警机的天线罩内布局；（d）"楔尾"雷达天线剖面示意图。

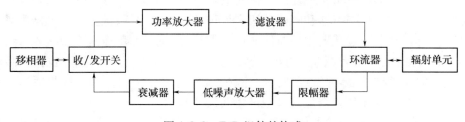

图 4.2.3 T/R 组件的构成

能,需要对天线阵面的监测与校正。监测和校正的方法分为"外监测"和"内监测"两类。当采用外监测时,测试用信号源被放置在天线阵外面,它的位置既可以在近场,也可以在远场(对于机载平台难以组织实施);当采用内监测时,测试信号源在天线阵内部。幅度和相位测试设备既可以利用专用的幅相测试仪,也可以直接利用雷达系统自身的接收通道和信号处理机来提取信号的幅度与相位。后者的优势是不增加硬件设备即可完成测试,这对机载设备是很方便的。

2) 辐射单元

阵列天线由大量相同辐射元(例如,波导开缝、微带天线或偶极子)组成的孔径,通过控制各个单元的相位和幅度,实现需要的辐射波瓣图、波束指向和接收波瓣图。相控阵天线要求辐射单元在工作频率带宽内有足够的单元波瓣宽度,一般要求单元波瓣的 3dB 宽度与单个天线阵面所要扫描的波束范围相当。在机载预警雷达中,对方位方向和俯仰方向的波瓣宽度要求都比较高。在波束扫描的过程中,辐射单元的互耦问题是难点。

天线扫描过程中,波束增益和波束宽度会发生变化。具体来讲,当偏离阵面法线时,增益按照 $\cos\phi$(ϕ 为波束偏离法线的角度)下降,波束宽度则按 $1/\cos\phi$ 增大。解决的办法是当每个阵面扫描离开法线时相应降低扫描角速率,以增加波束对目标的驻留时间,即利用更多回波脉冲的能量积累来挽回天线增益下降带来的损失。

3) 馈电网络

相控阵天线的馈电网络可以设计成收发共用,分为光学馈电系统、串联馈电和并联馈电等多种形式。为了提高发射效率,发射支路一般工作在饱和状态,而接收支路工作在线性状态。

4) 波控器

在相控阵天线中,波控器实现波束控制,主要依靠移相器来产生单元阵面内相位差,从而实现波瓣图的波束扫描、监测和幅度、相位校正。

5) 天线罩

天线罩是解决雷达天线与飞机气动外形要求之间矛盾的必要组件。对天线罩通常有严格的要求:具有良好的气动外形;在结构强度上能够满足飞行中经受鸟撞、气流冲击与振动;在电性能上有很高的"透明度",不仅电磁损耗要小,而且对雷达信号的相位调制要保持一致性,降低对天线的增益和副瓣电平的影响;有防雷击措施;整体的重量要轻;还要飞机的操纵性能和空气动力特性保持良好。雷达天线罩通常有 3 种基本类型:薄壳型、半波长厚度实心型和夹心型。常见的是夹心型,内部会包含 2 层 ~3 层的蕊层,介质材料和厚度在设计上有两方面的考虑:一是尽量减少天线罩对天线副瓣电平抬高的影响。二是使向下半球面的副瓣能量能够有部分向上反射后再辐射出去,提高能量的利用效率,同时正是下半球的副瓣产生妨碍检测目标的地杂波,这样恰好可以抑制下半球面杂波。

　　机载预警雷达的天线罩最早位于载机的机身腹部,而后又转移至机身背部,近年来出现了与机身融合的(准)共形天线罩。

　　机载预警雷达的天线罩可分为固定罩和旋罩,各种天线罩又有多种不同的外形设计。为满足空气动力学设计对天线罩外形的要求,扁圆形天线罩成为较好的一种选择,美国的 E-2 和 E-3 系列、俄罗斯的 A-50、空警-2000 等多种机载预警雷达均采用此类天线罩。扁圆形天线罩对飞机的气动影响有两个主要方面:一是罩体产生的阻力的影响。为减少罩体的阻力,需要严格限制扁圆形天线罩的直径。E-2 预警机的罩体直径达到飞机翼展的 30% 左右,据称已经接近极值,在飞行规程对飞机的正攻角有严格的限制。E-3 预警机的罩体直径约占翼展的20% ,因而在巡航中允许有小的正攻角。二是罩体引起紊流对飞机平衡和尾翼的影响。为保持飞机的稳定平衡,必须将巨大的罩体安装在机身靠后的部分。当偶然因素导致飞机正攻角增大时,罩体上增加的升力自动使机身下俯,减少正攻角,恢复飞机的纵向平衡。遗憾的是,这一设计明显增大了机头方向下视时的阻挡面积,影响了探测性能。此外,天线罩引起的气流扰动也影响尾翼实现稳定和操纵飞机的作用,因此需要适当改动尾翼,如增大垂直尾翼的面积等。

　　天线波束在罩内扫描期间,其观测角可能从阵面法向至偏离法向达 70°～80°的变化范围。当观测角远离阵面法向时,天线波瓣图的增益和角分辨力降低,副瓣抬高,进而天线性能下降,特别是对副瓣电平的影响,将导致雷达反杂波和抗干扰能力明显下降。为发挥平面相控阵阵列天线最优性能,最理想天线罩外形是与天线阵面严格平行的平板状天线罩,天线在不同角度对应的插入相移和能量损耗基本一致,对天线副瓣电平影响较小。反之,如果平面相控阵天线采用表面弯曲的天线罩,如"猎迷"和"楔尾"的流线形天线罩,则对天线副瓣特性会有较为不利的影响。对于平面相控阵天线,扁圆形天线罩(如 E-2 和 E-3 预警机)的表面弯曲程度最大,要保持天线自身的副瓣特性设计难度也最大,同时对内部天线阵的布置限制较大。具体讲,天线罩采用介质材料,通常介质中波长与真空中有一定差异,若真空中电磁波波长为 λ_0,天线罩材料的介电常数为 ε_r,天线罩内的电磁波波长为 λ_r,则

$$\lambda_r = \lambda_0 / \sqrt{\varepsilon_r} \qquad (4.2.1)$$

　　天线罩内部介质中的波长与外部自由空间中波长不同,入射到不同厚度天线罩之后,电磁波的传播相移也不同。此外,天线罩表面弯曲,电磁波在不同位置入射到天线罩表面时,入射角度不同,折射角度也不同,图 4.2.4(a)中平面波在两个不同位置的入射角 α 和 β 相同,图 4.2.4(b)中两个位置的角度则有差异,即入射角 α 和 β 不再相同。上述差异若不能进行精确评估和补偿,则会造成天线波束形成时的性能损失。

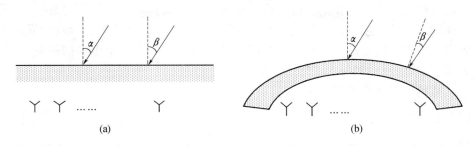

图 4.2.4　不同天线罩外形对电磁波的影响

从上述分析可见,具有较高介电常数的天线罩蒙皮是导致电磁波空间不连续的主要因素,较低的介电常数会适当降低空间不连续性。石英玻璃钢和玻璃纤维是常用的两种天线罩材料,前者的介电常数为 3.65,后者的介电常数 4.2。在强度允许的范围内最大程度降低厚度,不仅有利于提升透波性能,也有利于提高宽角适应性。

在天线罩设计时还需要准确计算分析天线罩导致的传输能量损耗、交叉极化和主瓣展宽等效应,已开发出不少电磁场仿真计算方法,可以用来计算出天线罩外相位和振幅分布。当然,最好能够采用实际测试方法进行验证。

需补充说明,E-2 和 E-3 的预警雷达虽然采用了扁圆形天线罩,但由于雷达为方位机械扫描的体制,天线和罩体共同进行机械旋转,波束指向始终为阵面法向,不存在相控阵大扫描角条件下面临的罩子影响这一问题。

3. 接收机

天线收集的回波信号送往接收机,在机载预警雷达系统中,接收机的主要功能包括产生雷达系统所需的各种高稳定频率源和工作波形,以及对天线收到的射频信号经接收通道进行下变频、放大、滤波和 A/D 变换处理,尽可能无失真地转换为数字信号,并送入信号处理机。

接收机主要由信号产生器、频率综合器、接收通道及电源、接口控制电路组成。

信号产生器实时产生所需的各种波形。机载预警雷达的典型工作波形为固定载频的脉冲信号、线性调频脉冲信号、非线性调频脉冲信号和相位编码脉冲信号等。

频率源(波形产生器)是频率综合器的核心,可产生设备所需的各种射频、中频和视频的基准源,并提供其他设备使用的信号,如定时信号和参考信号等。伴随数字技术的发展,出现了数字式直接合成频率源(Direct Digital Synthesize,DDS),它利用 DDS 的相位可控性来实现对相控阵发射波束和接收波束的控制。DDS 具有相位噪声低、调制方便、调频速度快、步进频率间隔小,以及体积小、重量轻、便于集成等优点。

接收机的噪声系数是影响雷达目标检测性能的重要因素,用来衡量接收机使噪声性能变坏的程度。接收机输出端的噪声功率,由接收机输入端接收的噪声和接收机本身产生的附加噪声两部分组成。接收机附加的噪声由电路的损耗、高频放大器、混频器及中频放大器等产生。

接收机的噪声系数可表示为

$$F_n = \frac{S_i/N_i}{S_o/N_o} \qquad (4.2.2)$$

式中:S_i 和 N_i 分别为输入信号功率和噪声功率;S_o 和 N_o 分别是输出信号功率和噪声功率。工程实际中,通常采用分贝(dB)为噪声系数的单位,即

$$F_n(\mathrm{dB}) = 10\log_{10}F_n \qquad (4.2.3)$$

目前,接收机的噪声水平通常在 2dB ~ 3dB,对于多级串联的电路系统而言,噪声系数与第一级电路的噪声系数及放大量密切相关。第一级的噪声功率被整个系统放大,因此对系统的噪声系数起决定性作用,而第一级的放大量将使后续各级电路的噪声作用成比例地降低。

4. 信号处理机

地面雷达通常采用低重复频率的动目标显示(MTI)体制,机载预警雷达对空中目标探测时通常采用中 PRF 和高 PRF 脉冲多普勒体制,在对海面目标探测时采用低 PRF 和简单脉冲非相参积累方式。

在对空探测的中 PRF 脉冲多普勒雷达中,目标距离和速度通常都是模糊的;在高 PRF 的脉冲多普勒雷达中,只有距离是模糊的,而速度是不模糊的;在低 PRF 的脉冲多普勒雷达中,只有速度是模糊的,而距离是不模糊的。一般地面警戒雷达采用动目标显示体制。表 4.2.1 给出了动目标显示和脉冲多普勒雷达的比较。

表 4.2.1 动目标显示雷达和脉冲多普勒雷达的比较

	优点	缺点
MTI	根据距离可区分目标和杂波; 无距离模糊; 对动态范围的要求低	多重盲速,速度模糊严重; 不能测量目标的径向速度
中 PRF 的 PD	迎头和尾追都有较好的探测性能; 测距精度较高; 可以测量目标的径向速度	存在距离模糊; 有时存在速度模糊; 副瓣限制了雷达性能,需要抑制强杂波和大目标引起的副瓣虚警
高 PRF 的 PD	无副瓣杂波区域比例较高,具有优良的迎头方向下视能力; 唯一的多普勒盲区在零速; 目标的径向速度测量精度高	部分副瓣杂波强度较高,限制了雷达性能; 副瓣杂波限制了尾追方向的目标检测能力; 距离遮挡和距离模糊较严重

机载预警雷达大量选择中 PRF 信号形式,究其原因是该方式下具有在高速平台上探测低速目标的能力。

实际上究竟是否为中重频信号是由目标运动速度、信号工作频率和雷达所需完成的探测距离决定的。雷达探测的不模糊速度值大小(用 v_u 表示)和不模糊距离(用 R_u 表示)都是 PRF(用 f_r 表示)的函数($R_u = c/2f_r$,$v_u = \lambda \cdot f_r/2$),$v_u$ 与 R_u 的关系可以表示为

$$R_u v_u = \lambda \cdot c/4 \qquad (4.2.4)$$

显然,信号重频分类与波长(频率)有关,下面以 P 波段、L 波段和 S 波段的典型频率(400MHz、1360MHz 和 3300MHz)为例,给出工作频率一定的情况下,不模糊距离和不模糊速度分布,如图 4.2.5 所示,每根曲线左方和下方为不模糊区。

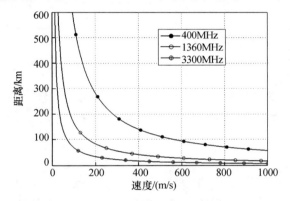

图 4.2.5　距离—速度不模糊图

图 4.2.6 表明了动目标显示体制和脉冲多普勒体制在目标检测上的差异,图中 v_b 为信号波形的盲速。在脉冲多普勒系统中,具有特定速度的目标通过窄带滤波器进行选择,并完成相参积累;在动目标显示中有一个宽带滤波器响应动目标并抑制杂波,再依靠后续的视频积累恢复信号的能量。由于机载雷达的地、海杂波比地面雷达强得多,加之机载雷达平台运动引起杂波频谱扩展,这使得动目标显示的杂波抑制效果不够理想,因此动目标显示在机载雷达上的应用有限。

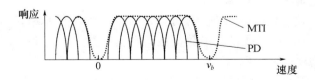

图 4.2.6　脉冲多普勒处理和动目标显示处理的响应

固定目标的接收频谱正比于雷达平台和目标之间视向或径向速度的多普勒频移。电磁波往返的多普勒频移 f_d 可表示为 $f_d = (2v_p/\lambda)\cos\psi_0$，式中 λ 是雷达波长；v_p 是雷达平台的速度；ψ_0 是平台速度矢量和目标视线之间的夹角。

宽度为 $(4v_p/\lambda)$ 的副瓣杂波区包含大量由天线副瓣进入的地/海杂波功率，杂波功率可能低于噪声功率，也可能高于噪声功率。若平台的垂直运动速度为零，则平台正下方垂直处的地面所产生的高度线杂波落在零多普勒频移上。

无杂波区是指那些不存在地物杂波的频谱区，中 PRF 通常多普勒清洁区比例较低，高 PRF 的多普勒清洁区比例较高，如图 4.2.7 所示。

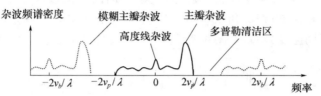

图 4.2.7　脉冲多普勒雷达的杂波分布

PRF 的选择与发射脉冲遮挡、杂波频谱和目标运动特性有关。

如果被观测目标的最大速度为 $\pm v_{\max}$，若确保在速度上不模糊，那么最小的 PRF 值为

$$f_{\min} = 4v_{\max}/\lambda \tag{4.2.5}$$

高 PRF 和中 PRF 之间的选择涉及许多考虑，如发射脉冲占空比限制、脉冲压缩可行性、信号处理能力、目标照射持续时间要求等，但通常取决于目标全方位可检测性的需要。全方位覆盖要求具有良好的尾追性能，此时，目标多普勒频率位于副瓣杂波区，并接近于高度线杂波。当 PRF 足够高，即

$$f_r > 4v_p/\lambda \tag{4.2.6}$$

频谱上将出现杂波清洁区（无杂波区）。盲速位于脉冲重复频率的整数倍处。

接收机输出到信号处理设备的原始数字信号当中含有杂波、噪声、干扰及目标回波等成分。信号处理设备利用上述成分在时域、频域和空域等表现出的差异，提取出目标的有用信息，进而计算出目标的距离、速度、角度等参数，形成目标点迹。经典的信号处理是在做出检测判决的门限检测前完成的。

整个信号处理过程可以划分为预处理、脉冲压缩、动目标显示处理（多普勒滤波）、恒虚警（CFAR）检测和目标参数提取等部分，这些处理过程实际上都是通过驻留在硬件上的软件实现的。

预处理的功能是将 A/D 转换器送来的信号进行低通滤波、脉冲压缩和动目标显示处理，最后形成进行多普勒滤波处理的数组。

脉冲压缩可以在频域或时域进行，但考虑到计算的效率，一般都是利用频域快

速傅里叶变换(FFT)来完成时域卷积计算。衡量脉冲压缩性能与脉压比(发射信号带宽 B 与脉宽 T 的乘积 BT)脉压损失、压缩后时域副瓣及多普勒频移响应等有关。在机载预警雷达中,调频信号脉压中 BT 值达数千,副瓣降至 $-35\mathrm{dB}$ 以下的技术水平已很普及。对副瓣要求严格的主要原因是机载预警雷达观测空域范围广,很有可能在同一个波束内同时出现多个目标,如果脉冲压缩性能不好,则副瓣可能形成虚假目标,也可能将小目标的回波主瓣误认为是大目标的副瓣,导致小目标丢失。

线性调频脉冲(简称 Chirp 信号)对目标的多普勒频移不是很敏感,因此成为最常用的脉冲压缩信号形式。设线性调频的带宽 B 为

$$B = f_2 - f_1 \tag{4.2.7}$$

载频的中心角频率为 ω_0,调频带宽对应的角频率为

$$\Delta\omega = 2\pi B \tag{4.2.8}$$

若脉宽为 T,则带宽内对应的角频率变化率可表示为

$$\mu = \frac{\Delta\omega}{T} = \frac{2\pi B}{T} \tag{4.2.9}$$

若定义 $|t| \leqslant T/2$,则信号的瞬时相位可表示为

$$\phi(t) = \int\omega(t)\mathrm{d}t = \int(\omega_0 + \mu t)\mathrm{d}t = \omega_0 t + \frac{1}{2}\mu t^2 \tag{4.2.10}$$

因此,脉冲压缩信号的表达形式为

$$S(t) = \begin{cases} A\cos\left(\omega_0 t + \dfrac{1}{2}\mu t^2\right) & |t| \leqslant T/2 \\ 0 & |t| > T/2 \end{cases} \tag{4.2.11}$$

线性调频信号通过匹配滤波器实现脉冲压缩,输出包络为输入的自相关函数,输出信号具体为

$$S_o(t) = A\sqrt{D}\,\frac{\sin(\pi Bt)}{\pi Bt}\cos\left(\omega_0 t + \frac{1}{2}\mu t^2 + \frac{\pi}{4}\right) \tag{4.2.12}$$

式中: A 为幅度; $D = BT$(称为时宽带宽积)。

由于输出函数的包络变化为辛格函数形式,即 $\sin(\pi Bt)/\pi Bt$,因此在主瓣之外还有一系列副瓣。第一副瓣为 $-13.2\mathrm{dB}$,其余依次减小 4dB,零点间隔为 $2/B$。过高的副瓣会影响目标检测,需要通过加权来降低脉冲压缩波形的距离副瓣。加权仅在接收时进行,因为发射时为了获得高效率,发射机都工作在饱和状态,无法实现对脉冲的幅度加权。但是在接收时可以进行幅度加权,如泰勒(Taylor)加权和海明窗(Hamming Window)加权等。加权虽然降低副瓣电平,但会使滤波器失配,产生信噪比损失。

线性调频脉冲压缩存在速度与距离耦合的现象。图4.2.8中下方的斜线表示固定目标的回波频率,上方的斜线表示同一距离处运动目标的回波频率,两者之间的差是由目标的径向速度产生的多普勒频移 f_d。脉冲压缩滤波器只对 f_1 和 f_2 之间的信号匹配,即只有 f_1 和 f_2 之间的信号才能进行有效的压缩。

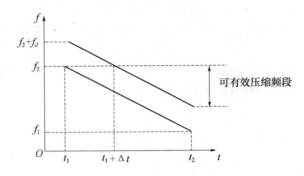

图4.2.8　线性调频脉冲压缩的距离与速度耦合

多普勒频移带来两方面的影响,一是可压缩部分变短了,产生信号功率损失,损失大小用 $\Delta t / (t_2 - t_1) = \Delta t / T$,脉冲能量变为原来的 $(1 - \Delta t / T)$ 倍。二是产生时间延迟 Δt,表示为

$$\Delta t = \frac{f_d}{B} T \qquad (4.2.13)$$

Δt 是由运动目标的多普勒频移造成的时间延迟,它会导致距离误差,即所谓距离与速度耦合。

总的来说,线性调频脉冲压缩对多普勒频移不是很敏感,因而被广泛采用,而相位编码脉冲压缩信号对多普勒频率比较敏感,即多普勒频移造成的相移会使压缩后的脉冲幅度下降,应用难度较大。

值得注意,对于高速运动目标而言,多普勒频率值较大,信号功率损失也较大,甚至可能造成探测距离明显下降,可以通过优化信号波形参数尽量降低此种不利影响。例如,当信号波长0.08m,目标运动速度为马赫数5时,对应的多普勒信号为0.43MHz,这一数值即为有效脉冲压缩宽度变窄的量值,也可以称之为损失带宽。

在机载预警雷达中一般在中频应用动目标显示处理,主要目的是降低主瓣杂波的强度,这样就可以减轻多普勒滤波对副瓣的要求。经过主杂波跟踪电路归一化处理后的主杂波中心多普勒应在零频附近,动目标显示的作用是抑制处在零频处的信号,而让其他信号通过,实际上就是一个高通滤波器。通过简单的双脉冲对消或者三脉冲对消,可以使主杂波强度减小20dB～30dB,同时主杂波通过多普勒滤波器的副瓣泄漏进入有用滤波器的能量也相应地减小。

杂波中可见度(SCV)和杂波改善因子(用 I 表示)是衡量雷达杂波抑制性能的两个重要指标。

改善因子定义为滤波器输出端的信号杂波比除以滤波器输入端的信号杂波比。这里指的信号是所有径向速度上的平均值。根据定义,改善因子可表示为

$$I = \frac{(S/C)_o}{(S/C)_i} = \frac{C_i}{C_o}\frac{S_o}{S_i} \qquad (4.2.14)$$

式中:$(S/C)_o$ 为滤波器输出信杂比;$(S/C)_i$ 为滤波器输入信杂比;C_i 为滤波器输入杂波功率;C_o 为滤波器输出杂波功率;S_i 为滤波器输入信号功率;S_o 为滤波器输出信号功率;C_i/C_o 表示滤波器对杂波的抑制能力;S_o/S_i 表示滤波器对信号产生的增益。滤波器增益是对所有的多普勒频率取平均的结果,即改善因子可表示为杂波抑制度乘以平均滤波器增益。

对于机载脉冲多普勒雷达,改善因子可以表示为

$$I = \frac{P_M}{C_r} = \frac{P_M}{N_0} - \frac{C_r}{N_0} \qquad (\text{单位为 dB}) \qquad (4.2.15)$$

式中:P_M 为主波束杂波功率;N_0 为接收机噪声功率密度;C_r 为杂波剩余功率。若使雷达系统的探测能力与无杂波时大致相同,那么杂波剩余功率要低于接收机噪声。杂波剩余功率包括主杂波边带噪声功率、脉冲多普勒处理后的副瓣功率、A/D 变换位数有限而产生的量化噪声功率及舍入噪声功率。

SCV 定义为在微弱的目标回波信号完全淹没在强杂波之中的情况下,仍然能够在给定的发现概率和虚警概率条件下检测出目标时,杂波功率与目标回波功率的比值。SCV 用于衡量雷达检测杂波中动目标回波信号的能力。例如,若杂波功率比目标功率强 300 倍,则雷达的 SCV 必须大于 15dB,才可能在杂波背景中检测出运动的目标。

SCV 与改善因子的关系可以表示为

$$\text{SCV} = I - D_c \qquad (4.2.16)$$

式中:D_c 为杂波中可检测因子,即满足一定发现概率和虚警概率条件下的信噪比。

SCV 不仅表征对杂波的抑制能力,而且体现了对杂波中目标的检测能力。对于地面雷达而言,雷达工作的地理环境长期固定不变,SCV 也是稳定的,机载预警雷达长期在移动的状态下工作,地理环境实时变化,准确测量天线不同角度的 SCV 难度较大。此外,脉冲多普勒滤波器并不在主杂波中检测,因此 SCV 作为地面情报雷达的杂波抑制能力指标,不适于衡量机载脉冲多普勒雷达的杂波抑制能力。换句话说,主杂波中的目标很难被检测到,对于电线副瓣电平较高的情况,落入高度线杂波附近的目标也很难发现。

5. 数据处理机

数据处理是指采用一定的算法对信号处理机输出的点迹参数进行相关滤波处理,删除虚警的点迹信号,形成目标的航迹,并发送给显示控制系统。点迹处理需要对录取的点迹数据进行野值剔除、滤波和凝聚处理。对不同雷达来说,点迹数据在距离维、方位维和高度上的分裂程度是不同的,凝聚处理的准则也不同。由于机载预警雷达有较为明显的杂波剩余,也容易受到各种干扰,因此需要对点迹的特性有着深入的认识,才能更好地滤除虚假点迹。

机载预警雷达的航迹起始通常需要处理较长的点迹串才能较为可靠地起始航迹,但这会减少预警时间,因此如何能够提早准确发现目标是值得深入研究的。航迹起始算法中首先要判定雷达在一次扫描中检测到的信号是目标回波,而不是噪声。通常判定的规则是在下一次扫描中这一信号是否再次出现在原来位置的附近。而所谓"附近"是指算法中根据目标运动特性预先规定下一次扫描中可能出现的位置范围,也称作"波门"。第二次被检测到的信号在波门中出现,不仅可判定是目标信号,而且可将两次出现信号关联成一个暂时航迹。根据暂时航迹的速度与方向,可推测以后几次扫描中目标信号可能出现的波门。如果在以后规定的几次扫描中,有信号出现在预测的波门中,则认为可判定这一航迹是真实的目标航迹。一个正式航迹起始后,它将被存入计算机文档中,同时开始显示,并可对外传送这一航迹的数据。

航迹起始之后就进行航迹保持。首先对航迹作平滑和预测,可采用传统的维纳滤波法,也可采用卡尔曼滤波法。如果有目标信号出现在预测或外推的波门内,则航迹得以继续。如果在外推波门内出现两个目标信号,则要按预定规则选择其中一个作为本航迹的继续点,通常是选择最靠近波门中心的信号点。另一信号则视为属于另一航迹,可能是新出现的航迹起始点,也可能是另一已有航迹的延续点,将等待进一步关联运算。对直线等速运动的目标航迹保持最简单。外推波门较小时,航迹精度高,跟踪丢失和混批的可能很小。但当目标作大机动时,保持航迹较为困难,为了不丢失目标,须扩大外推波门。多个信号出现在同一波门中的机会增多,误跟踪或混批的可能性随之增大。

航迹中止算法通常是规定在连续若干次扫描中没有信号出现在外推波门中则认为这一目标的航迹中止了。对判定中止的航迹,将给予一个显著标记(例如,全光点闪烁)引起操纵员注意,并将航迹保留一小段时间,以便若该目标再次出现时可再次关联,继续跟踪。

航迹跟踪程序除了进行上述自动跟踪外,还保留操纵员人工跟踪,包括航迹起始、保持和中止,以及对中止航迹的再继续跟踪。在目标数量多,又存在电子干扰时,这种人工干预是很必要的。

实际中有时会出现虚假航迹,虚假航迹的产生既与信号处理机送出的虚假点迹有关,也与数据处理机删除虚假点迹的能力有关,特别是与数据滤波算法、相关波门参数选择有关。当然,缩小相关波门会使虚警航迹率降低,但这也会使正常的航迹不能有效相关,因此需要综合考虑。

机载预警雷达实际采用的滤波算法需要在已有滤波算法的基础上,结合雷达和平台各方面特性进行改进,并需要不断在飞行试验中验证。

4.2.2　主要战术指标要求

1. 工作模式

雷达具有搜索和跟踪两大类基本工作模式(Modes),机载预警雷达通常具有以下基本工作模式:

1) 对空正常搜索(边扫描边跟踪)

通常监视空域没有目标指示数据,雷达需要按照自定搜索程序进行自主搜索,在搜索过程中一旦发现目标,即给出目标存在的标志,并将目标位置参数(距离、方位和仰角等)及录取时间发送至雷达控制计算机。计算机确认是真目标还是接收机噪声或外来干扰引起的虚警。若上级指挥所、友邻雷达或其他传感器提供的目标信息(包括目标类型、进入观察空域的航向、时间及随时间变化的粗略航迹等)进行搜索,则可能提高发现概率及截获概率。

机载预警雷达需要搜索的区域较大,因而所需的搜索时间较长,搜索间隔时间相应也较长,故而搜索数据率较机载火控雷达和地面武器制导雷达偏低。

对于相控阵雷达,搜索方式可以灵活设计。例如,初次发现目标后,可以对目标进行验证、确认或跟踪丢失后在较小的搜索区域内进行重新搜索,即"重照"(Redirect)方式,在原来跟踪预测(外推)位置附近的一个小的搜索区域内进行搜索,以便重新发现该目标,继续维持对该目标的跟踪。为此控制计算机通过给波束控制器提供重照命令,可在目标出现的位置上再进行一次或两次探测照射("重照"),并以发现目标的距离作为中心,形成一个宽度较窄的"搜索确认"波门,只检测在此波门中各个距离单元是否有目标回波即可。

2) 对空增程搜索

为提升重点扇区的雷达威力,特别是针对小目标的探测距离,可采用延长波束驻留时间和增加积累脉冲数等措施。这一模式降低了雷达的数据率,因此通常限制使用在一定的方位扇区内。

需要注意,延长波束驻留时间是有限制条件的,即波束驻留期间,目标运动路径不能超过距离分辨单元的大小(目标跨距离单元),否则传统的相参积累将无法有效积累目标回波能量。

3) 对空全跟踪

实现跟踪的方式主要有边扫描边跟踪(Tracking While Scanning,TWS)和跟踪加扫描(Tracking and Search,TAS)两种方式。TWS 方式的扫描速度和数据率是固定的,通常情况下可以满足使用要求,但有时无法兼顾搜索与跟踪的需要。特别是对于跟踪高速机动目标而言,输出航迹的精度和维持航迹的能力与搜索整个空间所需的时间密切相关,精度很难保证。当采用 TAS 方式时,在搜索指定的空域同时,可以对已经发现的目标按照威胁等级进行跟踪,对威胁等级较高的目标相应采用较高的数据率,不断地在搜索时序中插入所需的跟踪时间,以提高跟踪的稳定性和精度。需要注意的是,跟踪目标过多和跟踪数据率过高都会使雷达系统的计算量和设备量急剧增加,不利于保证搜索数据率,也不利于降低成本。

4)对空高精度探测

为提升对重点目标的测量精度,主要是高度测量精度和方位测量精度,可以增加脉冲积累数量、调整天线波瓣图,提升测量精度。这一模式也会较正常搜索模式消耗更多的时间资源,因此应主要针对重点目标使用。

5)对海探测

大中型海面舰船运动速度较慢,因而目标回波与来自雷达天线主波束的海面回波在频域上基本是重叠的,无法依靠频域处理来实现目标检测,不宜采用脉冲多普勒体制。同时,水面散射杂波较弱,而且舰船的 RCS 较大,回波信号较强,可在时域上用幅度值从较弱杂波中检测出目标回波。为了对水面杂波去相关,以提高积累后目标的信杂比,常采用载频捷变的脉冲雷达体制,E-2C 机载雷达在 UHF 频点有大约 10 个频点供载频捷变选择。通常对海探测采用简单脉冲压缩体制,实现边扫描边跟踪的探测模式,并且数据率较高,不必单独安排跟踪波束。

6)空海交替模式

若需兼顾对空探测和对海探测,则可以采用空海交替模式,这一模式既可以设计为按时间划分不同对空和对海模式的组合,也可以按扇区划分不同对空和对海模式的组合。其中按时间划分可以选择搜索周期为单位,即全方位对空探测和全方位对海探测交替进行,也可以在同一方位交替实现对空探测和对海探测。

7)无源探测与定位

机载预警雷达工作在复杂的电磁环境中,有时需要检测和定位发射各种电磁波的辐射源。利用机载预警雷达高灵敏度的接收系统和高精度的测角系统,可以探测处在雷达工作波段内的辐射源,并给出测角信息,同时利用适当的分析方法,还可能确定其具体位置。此种方式能够提供的辐射源位置信息较普通机载电子支援系统精度更高。

此外,为保障正常工作,雷达还要具有自检和天线监测与校准功能。自检用来检测雷达内部各分系统的工作状态,并把出现故障的单元和功能模块的故障代码显示出来,以便维护。全机自检方式分为 3 种:开机自检、周期自检和维护自检。3种自检方式的总目标是一致的,但程度有所不同,一般维护自检模式最完善,开机自检次之,周期自检模式最简单。

　　天线监测与校准是相控阵雷达独有的特征。在相控阵天线制造和安装过程中,总会出现各种误差,元器件的性能也会随着使用环境(如实际温度和位置)而发生改变,甚至损坏,因此,需要测试相控阵天线单元的幅度和相位特性,并且对测得的幅度、相位参数进行补偿,使相控阵天线始终处于良好的工作状态。根据测试信号源放置的位置,即在天线阵外面和天线阵内部,天线测试与校正被分为"外监测"和"内监测"两类。幅度和相位测试设备既可以利用专门的幅相测试仪器,也可以直接利用雷达系统自身的接收通道和信号处理机来提取信号的幅度和相位。后者的优势是不增加硬件设备就可以完成测试,这使得机载雷达的测试大为简化。

　　事实上,根据工作环境、探测目标等方面的需求,不同机载预警雷达工作模式设计会有所不同。下面简要介绍 E-3 和"楔尾"机载预警雷达的工作模式。

　　E-3 预警机的机载预警雷达 AN/APY-1 和 AN/APY-2 工作模式较为典型,具体包括:

　　(1)对空探测脉冲多普勒无俯仰扫描(Pulse Doppler Nonelevation Scan,PDNES)。

　　适于在雷达视距外进行下视空对空检测,此种模式下雷达不测高,可以和海面警戒模式交替使用(图4.2.9),该模式下利用计算机存储的陆地地图来消掉陆地反射波。

图 4.2.9　脉冲多普勒无俯仰扫描工作模式示意图

　　(2)对空探测脉冲多普勒俯仰扫描(Pulse Doppler Elevation Scan,PDES)。

　　通过电扫描建立俯仰扇区来生成空对空目标的俯仰、距离数据,可以测量目标高度(图4.2.10)。

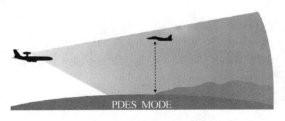

图 4.2.10　脉冲多普勒俯仰扫描工作模式示意图

　　(3)对空探测超视距(Beyond the Horizon,BTH)。

　　利用一个低 PRF 的脉冲压缩和非多普勒波形来扩大距离、方位上的空对空搜索范围,检测不受地/海杂波影响的远距离目标(图 4.2.11)。因为雷达波束位于视线之上,故没有地物杂波,可采用低 PRF 的脉冲信号来得到目标的距离和方位。BTH 模式和 PDES 模式可以交替使用。

图 4.2.11　超视距工作模式示意图

(4) 对海探测(Maritime)。

采用一个低 PRF 的脉冲压缩波形来检测海面上运动和静止的舰船。窄脉冲可减少海杂波,通过自动调节自适应数字处理器以适应海杂波变化,获得检测运动的或停泊在海面的舰船所要求的高分辨力。采用自适应的数字信号处理方法处理海杂波和陆地消隐的实时变化(图 4.2.12)。该模式可与 PDNES 模式和 BTH 模式交替使用。

图 4.2.12　海面警戒工作模式示意图

(5) PDES/BTH 或 PDNES/对海交替探测(Interleaved Mode)。

雷达在工作期间可以选择 PDES 和 BTH 模式交替使用,也可以选择 PDES 和海面警戒模式的交替使用(图 4.2.13)。

图 4.2.13　交替工作模式示意图

(6) 无源探测(Passive Mode)。

雷达发射机关闭,接收机打开并截获外界干扰信号,可用于对干扰方向进行测向和定位,为雷达进行干扰方位的消隐工作或实施其他对抗措施提供依据(图4.2.14)。

图 4.2.14　无源工作模式示意图

　　多模式工作和灵活划分扇区使雷达能够最大限度地合理分配资源,主要能量集中在最需要的扇区和地域。

　　与 E-3 预警雷达的方位机械扫描体制不同,"楔尾"的预警雷达采用相控阵体制,对空和对海探测均有 4 种典型工作模式。

　　(1) 全方位正常搜索(Uniform Coverage)。

　　在 360°范围实现均匀覆盖,也就是边扫描边跟踪的常规工作模式(图 4.2.15)。

图 4.2.15　全方位正常搜索工作模式示意图

　　(2) 平台方位稳定扇区增程搜索(Plateform Stabilized Sector)。

　　在以平台为参考的特定方位范围采用增程搜索,其余方位采用正常搜索方式。在一个扫描周期内 30%的能量用作"重照"波束,可显著缩短新发现目标的录取时间(图 4.2.16)。

　　(3) 地理稳定扇区增程搜索(Ground Stabilized Sector)。

　　在以地理坐标为参考(正北稳定)的特定方位范围采用增程搜索,其余方位采用正常搜索方式。在一个扫描周期内 30%的能量用作"重照"(Redirect)波束,同样可缩短新发现目标的录取时间(图 4.2.17),并保证对威胁区域的连续稳定探测,通过不断调整波束相对于机身的角度,避免重点覆盖扇区随飞机运动而不断变

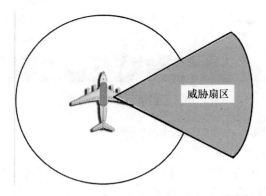

图 4.2.16 平台方位稳定扇区增程搜索工作模式示意图

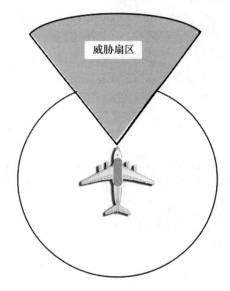

图 4.2.17 正北稳定扇区增程搜索工作模式示意图

化。当增程扇区在机首方向和机尾方向时,波束不需要随载机飞行而改变相对于机身的指向,此时地理稳定扇区增程与平台方位稳定扇区增程搜索无差别。

（4）专注式增程搜索（Dedicated Sector）。

集中所有的能量在指定的方位扇区内搜索,不再搜索其他扇区,从而尽量提升该指定扇区内的探测威力（图 4.2.18）。

2. 工作波段（频率）和极化方式

现役机载预警雷达的主要工作波段为 UHF(P)、L 和 S 波段,C 波段和 X 波段也是可供选择的波段,但更适合制导雷达和机载火控雷达使用。

一般来说,低波段微波功率器件的输出功率较大,成本也相对低廉。波段越

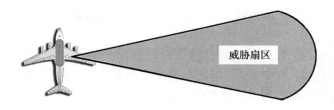

图 4.2.18　专注稳定扇区增程搜索工作模式示意图

高,越不易获得大的输出功率,而且频率越高,损耗越大。机载预警雷达既要用于搜索,也要用于跟踪,需具有覆盖空域大、探测距离远的特点,在精度和分辨力指标满足要求的前提下宜选择较低的工作频率。

在选择工作波段时,目标特性和环境特性也是需要考虑的因素。在微波波段,对于战斗机和巡航导弹等大部分空中目标,其迎头方向的 RCS 与雷达工作频率关系不大,而重型轰炸机等大型目标,RCS 随频率的升高总体上稳定增长。现有研究表明,赋形和涂覆吸波材料等隐身手段对于微波雷达作用效果较好,对低于米波段的雷达隐身效果较差。地面和海面的电磁散射特性较为复杂,相比之下,海面的散射规律较为明显,即雷达工作频率越高,海面的散射强度越大。地面杂波的实测数据也显示对于大多数地面类型,雷达工作频率越高,散射越强,但总体上增加并不显著,对于城市地区,工作频率因素影响非常小。E-2C 预警机的预警雷达有 10 个频点,实际工作中会选择受干扰最少的一个频点工作。

需要注意的是,较低的工作频率除雷达探测精度较差外,地面散射与 L 和 S 等微波波段差别较大,P 波段更容易受到地面多径效应的影响,导致出现波瓣分裂,天线波瓣图会出现许多威力不能覆盖到的凹口,这也是 P 波段应用中必须解决的一个难题。此外,P 波段天线主瓣宽、副瓣电平高,抗干扰能力较差。和平时期,由于大量的广播电视信号工作在 P 波段,预警机雷达升空后也容易受到非故意干扰影响。战争期间,敌方各种压制和欺骗式的干扰很容易从天线主瓣和副瓣进入接收机,影响雷达的探测性能。

电磁波传播特性也是选择波段时需要考虑的因素。首先,大气层会吸收电磁波能量。机载预警雷达的威力一般在数百千米以上,因而大气衰减量是一个不可忽视的问题。其次,大气层的折射会影响雷达的测量精度。

为了获得最佳的综合性能,可采用多频段系统集成。例如,UHF、L 和 S 波段构成多波段雷达,UHF 波段对隐身目标的探测能力优于 L 和 S 波段,而且器件技术也易于满足大功率要求;采用 L 或 S 波段用于相控阵雷达,则不仅易于获得较低的天线副瓣电平,还可以具有较多的空间自由度,从而更有效地利用各种先进的信号处理算法,提高反干扰和抗杂波抑制能力,同时还可得到更高的目标跟踪和定位精度。研制双/多波段雷达关键要解决共用天线孔径技术、阵列耦合修正技术和相应的信号处理技术等。要实现成像识别,则适宜选用 C、X 等波段,可以获得更大的带宽。

在极化方式方面,海面垂直极化的后向散射高于水平极化,在较低海情和较低频率及较小擦地角时更为明显。地面杂波的实测数据结果显示对于大多数地面类型,极化的影响不明显。若机载预警雷达经常工作于海面上空,则应优先选择水平极化方式。当然,理想的极化方式为同时采用双极化或多极化方式,雷达入射到目标后,散射回波会出现退极化现象,多种极化同时接收可以收集尽量多的回波能量。

3. 探测覆盖范围

1)距离覆盖范围

探测距离是预警雷达最重要的战术指标,雷达的探测距离与发现概率、虚警概率、目标特性、杂波特性和平台高度等因素密切相关。在保持较低虚警概率和较高数据率的前提下,机载预警雷达的探测距离当然是越远越好,特别是对于高速目标和远程进攻武器而言更是如此。受到平台和雷达技术水平的限制,早期机载预警雷达对常规目标的探测距离仅为二三百千米,随着技术水平的提升,典型机载预警雷达对常规战机的探测距离均超过 300km。

假设雷达天线的高度为 h_1,空中目标的高度为 h_2,R_{max} 为雷达与目标的连线与等效地球表面相切时,雷达和目标的最大视线距离覆盖范围,目标与雷达之间的视在距离(或通视距离),雷达、目标与地球的几何关系如图 4.2.19 所示。在考虑大气的折射等因素后,可以把地球等效为球形,其中等效半径 R_e 为地理地球半径的 4/3 倍,即理论上的 8493km。R_{max} 具体值为

$$R_{max} = \sqrt{2h_1 R_e + h_1^2} + \sqrt{2h_2 R_e + h_2^2} \qquad (4.2.17)$$

考虑到 $R_e \gg h_1$ 和 h_2,式(4.2.17)可简化为

$$R_{max} = \sqrt{2R_e}(\sqrt{h_1} + \sqrt{h_2}) \qquad (4.2.18)$$

使用中通常可以简单地表示为

$$R_{max} = 4.12(\sqrt{h_1} + \sqrt{h_2})km \quad (h_1 \text{ 和 } h_2 \text{ 的单位为 m}) \qquad (4.2.19)$$

可见,当目标高度一定时,雷达视线距离完全取决于雷达天线的高度。不过,对于空基雷达和地面雷达而言,大气折射对视距的影响稍有不同。具体讲,大气层随高度的增加,基本上是从光密媒质到光疏媒质的一个过程,因此雷达发射出去的电磁波严格意义上讲并不是直线传输的,而是向地面方向弯曲,地面雷达探测高空目标时,这一现象使雷达的视距稍有增加,对于空基雷达探测低空目标而言,这一现象使雷达的视距稍有减少。

图 4.2.20 为目标高度分别是 10m、100m 和 1000m 时,空基预警探测雷达的最大视线距离随飞机飞行高度的变化的情况。

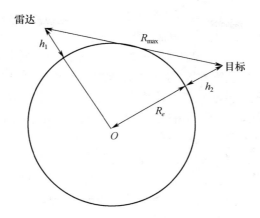

图 4.2.19 雷达、目标与地球的几何关系示意图

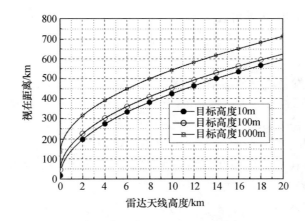

图 4.2.20 雷达探测范围与平台高度的关系

从图 4.2.20 可见,升空平台对于增加雷达覆盖空域具有重要意义,即使高度只有 10m 的目标,当预警机升空到 10000m 时,视线距离也超过 400km。

利用式(4.2.19)可以初步估算空基预警探测雷达与地面情报雷达覆盖范围的关系。例如,对于 100m 高度的目标,若空基雷达的升空高度为 7500m,则在方位 360°的一个扫描周期内覆盖视距范围大致相当于平地架设的 90 部地面雷达。

预警雷达用于提供警戒和引导信息时所需最大探测距离可以表示为[34]:

$$R_{max} = R_w + v_t \cdot \Delta t \tag{4.2.20}$$

式中:R_w 为警戒信息所需边界距离;v_t 为目标机飞向保卫要地的速度;Δt 为雷达信息录取并传送至接收单元所需时间。典型需求为警戒雷达 400km,这与预警机的视距基本相当。

与地面预警雷达类似,机载预警雷达的主要战术指标是在发现概率和虚警概率一定的条件下确定的。雷达的发现概率要求有 50%、80% 和 90% 等多种,预警雷达通常的发现概率要求为 50%,攻击引导通常需要较高的发现概率一般为 80% 或 90%。机载预警雷达存在距离和速度二维遮挡的问题,要在探测范围内全面达到 80% 以上的发现概率是比较困难的,因此机载预警雷达的发现概率通常要求为 50%。

机载雷达除接收机的热噪声可能引起虚警之外,不同方向地杂波也会导致虚警,控制虚警的难度远大于地面雷达。此外,地面的运动物体也会导致虚警,典型的例子是行进的车辆和风力发电机的风车。风车叶片随风摆动会使雷达回波产生多普勒信号,如果风速稳定的情况下,多普勒信号就可能被当作运动目标的雷达回波,成为假目标。不同任务和使用环境有不同的需求,可以将情报处理和显示方式有所调整,例如,可以选择较低的虚警率对航迹进行处理,尽量减少虚警,也可以放宽对虚警率的要求,尽量显示所有潜在航迹。

(1)清洁区对空探测距离。

雷达的最大探测距离可表示为

$$R_{\max}^4 = \frac{P_t G_t A_r \sigma_t}{(4\pi)^2 S_{\min} L_s} \qquad (4.2.21)$$

式中:P_t 为雷达发射机峰值功率;G_t 为雷达发射天线增益;σ_t 为目标 RCS;A_r 为雷达接收天线有效面积;L_s 为雷达系统(包括发射天线馈线)损耗;$S_{\min}$ 为最小可检测信号,表示为

$$S_{\min} = kT_s B_n (S/N) \qquad (4.2.22)$$

式中:$k = 1.38 \times 10^{-23}$ J/K,即玻耳兹曼常数;B_n 为接收机噪声带宽(Hz);T_s 为接收机总的噪声温度(含天线和馈线部分),单位 K;S/N 为信噪比。

按照总的发现概率和虚警概率,考虑 n 个脉冲进行相参积累,在求出单个脉冲发现概率和虚警概率的基础上,便可以确定雷达方程中的 S/N。大致上接收机噪声带宽 B_n 与单个滤波器带宽 B_f 的关系为 $B_n = B_f \cdot n$。峰值功率 P_t 与平均功率 P_{av} 的关系为 $P_{av} = P_t \cdot \tau / T_r$,其中 τ 为脉冲宽度,T_r 为脉冲重复间隔。

通常系统噪声温度 T_s 与标准噪声温度 T_0 和噪声系数 F_n 的关系表示为 $T_s = T_0 F_n$。

脉组综合发现概率 P_{DS} 和虚警概率 P_{FS} 与单个脉组对目标的发现概率 p_{d1} 和虚警概率 p_{f1} 的关系满足下式[11]:

$$P_{FS} = \sum_{i=K}^{N} C_N^i p_{f1}^i (1 - p_{f1})^{N-i}$$

$$(4.2.23a)$$

$$P_{DS} = \sum_{i=K}^{N} C_N^i p_{d1}^i (1 - p_{d1})^{N-i} \qquad (4.2.23b)$$

式(4.2.23a)和式(4.2.23b)中的 N 为脉组中的脉冲个数。

对于机载预警雷达常用的中重频情况,可以绘制 P_{DS} 与 p_{d1} 的关系,如图 4.2.21 所示。

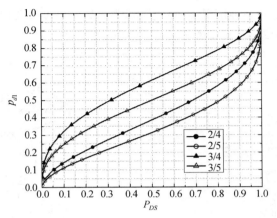

图 4.2.21　P_{DS} 与 p_{d1} 的关系

考虑天线增益与天线面积的关系:

$$G_r = \frac{4\pi}{\lambda^2}A_r, \quad G_t = \frac{4\pi}{\lambda^2}A_t$$

式中:A_r 为雷达接收天线有效面积;A_t 为雷达发射天线有效面积。

当 $S/N = D_0$ 时,式(4.2.21)可改写为

$$R_{\max}^4 = \frac{P_{av}G_tG_r\lambda^2\sigma_r}{(4\pi)^3KT_0B_fD_0F_nL_s} \qquad (4.2.24)$$

(2)杂波区对空探测距离。

事实上机载雷达杂波的影响难以避免,D_0(即 S/N)通常会改为 $S/(N+C)$,C 为杂波功率,则

$$R_{\max}^4 = \frac{P_{av}G_tG_r\lambda^2\sigma_t}{(4\pi)^3KT_0B_fS/(N+C)F_nL_s} \qquad (4.2.25)$$

不同杂波剩余条件下,雷达的探测距离会有所下降。当杂波剩余低于噪声电平 1dB 时,最大探测距离 $R_{\max}$ 约下降 14%,当杂波剩余低于噪声电平 3dB 时,$R_{\max}$ 约下降 10%。

分析副瓣杂波区雷达作用距离可以发现,当回波信号中地海杂波明显高于噪声功率时,单纯依靠增加雷达的发射功率已无法增加雷达的探测距离,这与地面雷达具有明显不同。

(3)对海探测距离。

对海探测时,海面船舰目标运动速度较慢,在多普勒域检测目标困难,一般不

采用脉冲多普勒体制,而是采用低重复频率的简单脉冲体制。此时,影响雷达探测距离的主要因素为目标回波信号与杂波加噪声的比值。

海面杂波强度分两种情况:一种是雷达距离分辨宽度小于波束的照射宽度,即脉冲宽度限制了杂波面积,如图 4.2.22(a)所示,此时

$$\sigma_c = \sigma^0 R(c\tau/2)\varphi_{3\mathrm{dB}}\sec\psi \qquad (4.2.26)$$

式中:$\varphi_{3\mathrm{dB}}$ 为方位波束宽度;c 为光速;τ 为脉冲宽度。

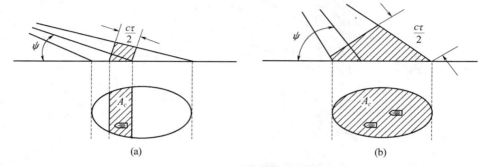

图 4.2.22 两种典型的杂波面积
(a) 信号脉宽限制的杂波面积;(b) 天线波束宽度限制的杂波面积。

另一种情况是雷达距离分辨宽度大于波束的照射宽度,即波束宽度限制了杂波面积,如图 4.2.22(b)所示,此时

$$\sigma_c = \sigma^0 \frac{\pi R^2}{4}\theta_{3\mathrm{dB}}\varphi_{3\mathrm{dB}}\csc\psi \qquad (4.2.27)$$

式中:$\theta_{3\mathrm{dB}}$ 为俯仰波束宽度。

海杂波条件下目标的杂噪比 C/N 及信噪比 S/N 随距离的变化,计算公式如下:

$$S/N = \frac{P_t\tau G_t G_r\lambda^2\sigma_t}{(4\pi)^3 KT_0 F_n R^4 L} \qquad (4.2.28\mathrm{a})$$

$$C/N = \frac{P_t\tau G_t G_r\lambda^2\sigma_c}{(4\pi)^3 KT_0 F_n R^4 L} \qquad (4.2.28\mathrm{b})$$

图 4.2.23 为仿真计算二级、三级和四级海情条件下,目标不同距离单元处信杂噪比的变化情况。

由图 4.2.23 中数据可以发现,各种海情条件下均存在 250km 距离外目标信杂噪比明显大于 250km 之内的情况,出现了"远距离探测容易,近距离探测困难"的特殊现象。升空雷达近距离杂波明显强于远距离,因而影响近程目标的检测。由此可见,对海探测时,雷达信号处理应根据不同距离段的杂波强度确定检测门限,在目标发现概率和虚警概率之间寻找平衡。

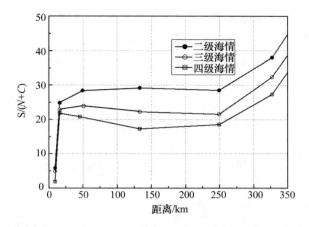

图 4.2.23　海面目标不同距离处目标的信杂噪比

脉冲体制的雷达探测距离方程为

$$R_{max}^4 = \frac{P_t G_t G_r \lambda^2 \sigma_t}{(4\pi)^3 KT_0 B_n \dfrac{S}{(N+C)} F_n L_s} \qquad (4.2.29)$$

计算决定目标不同距离单元决定检测概率的信号与杂波加噪声的比值为

$$D_0 = \frac{S}{N+C} = \frac{S/N}{C/N+1} \qquad (4.2.30)$$

将式(4.2.28a)和式(4.2.28b)带入脉冲体制的雷达探测距离方程,即可得到对海探测的最大作用距离。

（4）噪声支援干扰条件下的探测距离。

噪声干扰的基本方式是远距离支援干扰,噪声干扰与雷达反干扰基本上是能量的较量。若干扰信号从天线波瓣图主瓣进入接收机,则干扰强度极大,很可能造成接收机饱和,雷达将完全失去探测能力。

实际主要考虑远距离支援干扰进入天线波瓣图副瓣的情况,此种情况下雷达带宽内接收的干扰噪声功率之比为

$$\frac{J}{N} = \frac{P_j G_j}{B_j} \cdot \frac{G_r G_{SLj} \lambda^2}{(4\pi)^2 R_j^2 L_j kT_0 F_n} \qquad (4.2.31)$$

式中:R_j 为干扰机至雷达的距离;P_j 为干扰机输出功率;G_j 为干扰机天线增益;B_j 为干扰机输出信号带宽;L_j 为干扰机发射路径的损耗因子(包含大气传播损耗);G_r 为雷达天线接收增益;G_{SLj} 为雷达接收天线在干扰方向上的相对主瓣的副瓣增益。

如果干扰远大于噪声,即 $J \gg N+C$,雷达将在干扰背景下检测目标。

上述干扰情况下雷达最大探测距离用 $R_{J\max}$ 表示，可得

$$\left(\frac{R_{\max}}{R_{J\max}}\right)^4 = \frac{N + J + C}{N + J} \tag{4.2.32}$$

则可得

$$R_{J\max} = \frac{R_{\max}}{\sqrt[4]{1 + \dfrac{J/N}{1 + C/N}}} \tag{4.2.33}$$

将 J/N 和 C/N 带入，即可得到干扰和杂波共同作用下雷达的探测距离。若不存在杂波，则 C/N 为 0。

（5）噪声自卫干扰条件下的探测距离。

当雷达接收的噪声干扰功率远大于接收机内部噪声功率与天线副瓣杂波功率之和时，对空探测自卫条件下雷达探测距离方程为

$$R^2 = \frac{P_{av}G_t\sigma_t T_i L_j}{4\pi\left(\dfrac{P_j}{B_j}\right)G_j L_t D_0} \tag{4.2.34}$$

式中：T_i 为观测时间（相参积累时间）；L_t 为雷达发射路径损耗。

下面简要说明搜索和跟踪的资源分配问题[13]。

对于相控阵而言，$R_{\max}$ 可以按照工作模式加以调节，在雷达各设备指标一定的条件下，其探测距离还与如何实现搜索方式及跟踪方式，及与这些工作模式的控制参数等相关。这些控制参数包括搜索空域、搜索时间、搜索数据率、跟踪目标数、跟踪时间、跟踪数据率，搜索时间与跟踪时间及信号能量的分配等参数密切相关。

设 Ψ_s 为全部被搜索空域的球面立体角度范围，$\Delta\Psi_s$ 为波束宽度立体角，则

$$\Psi_s = \varphi_c \cdot \theta_c \tag{4.2.35}$$

式中：φ_c 为方位搜索空域角；θ_c 为仰角搜索空域角；t_s 为完成全部空域搜索所需要的时间，即

$$t_s = \frac{\Psi_s}{\Delta\Psi_s}t_{dw} \tag{4.2.36}$$

式中：t_{dw} 为脉冲雷达的波束驻留（Dwell）时间。

可将发射天线增益 G_t 用波束宽度立体角 $\Delta\Psi_s$ 表示为

$$G_t = \frac{4\pi}{\Delta\Psi_s} = \frac{4\pi t_s}{\Psi_s t_{dw}} \tag{4.2.37}$$

若用 K_φ 和 K_θ 分别表示覆盖 φ_c 和 θ_c 空域角所要求的天线波束位置数目，最大搜索时间用 t_{sp} 表示，则每个波束的驻留时间，即重复周期数 n_s 可以表示为

$$n_s \leqslant \frac{t_{sp}}{K_\varphi K_\theta T_r} \tag{4.2.38}$$

由于 $T_r = 2R_{\max}/c$，以及 $K_\varphi = \dfrac{\varphi_c}{\Delta\varphi_{1/2}}$，$K_\theta = \dfrac{\theta_c}{\Delta\theta_{1/2}}$，其中 $\Delta\varphi_{1/2}$ 和 $\Delta\theta_{1/2}$ 分别为方位和仰角上的半功率波束宽度；同时近似有 $\Delta\varphi_{1/2} = \dfrac{\lambda}{L_A}$，$\Delta\theta_{1/2} = \dfrac{\lambda}{L_E}$，其中 L_A 与 L_E 分别表示方位和仰角方向的天线尺寸，$L_A \cdot L_E = A_t$，可得到

$$n_s \leqslant \frac{t_{sp}}{\varphi_c \theta_c} \cdot \frac{c}{2R_{\max}} \cdot \frac{\lambda^2}{A_t} \tag{4.2.39}$$

式(4.2.39)为波束驻留时间的限制条件。

搜索空域 ($\varphi_c \theta_c$)、最大允许搜索时间 t_{sp} 及天线尺寸 A_t 与最大探测距离 $R_{\max}$ 与重复周期数目之间的关系；当 $\varphi_c \theta_c$、t_{sp}、A_t、$R_{\max}$ 确定之后，不能为提高测角精度而任意减小波长 λ，因为这样做有可能导致 $n_s \leqslant 1$，这没有实际意义。

采用增程方式进行搜索对波束驻留时间有特殊的限制。

若将搜索区域分为重点搜索区域 Ψ_{s1} 和非重点搜索区域 Ψ_{s2}，则可以在重点搜索区域采用"集中能量"的搜索方式，以提高该搜索区域的探测能力。由于两个搜索区域脉冲照射次数不同，它们的雷达搜索距离 R_{s1} 和 R_{s2} 也不同，两者的比值为

$$\frac{R_{s1}}{R_{s2}} = \left(\frac{n_{s1}}{n_{s2}}\right)^{1/4} \tag{4.2.40}$$

令 $l_1 = \Psi_{s1}/\Psi_s$，$l_2 = \Psi_{s2}/\Psi_s$

则整个搜索周期内，在每一个波束位置上的平均波束驻留时间 $\bar{t}_{dw}$ 为

$$\bar{t}_{dw} = l_1(\bar{n}_{s1} T_r) + l_2(\bar{n}_{s2} T_r) = \bar{n}_s T_r \tag{4.2.41}$$

令 $k_1 = \bar{n}_{s1}/\bar{n}_s$，$k_2 = \bar{n}_{s2}/\bar{n}_s$，由于 $l_1 + l_2 = 1$，可以得到

$$k_2 = \frac{1 - l_1 k_1}{1 - l_1} \tag{4.2.42}$$

若相控阵雷达具有同时多波束接收的功能，此时的探测距离不再与时间密切相关，而是要考虑不同波束接收增益。

再讨论跟踪状态下的相控阵雷达探测距离。令一个目标方向上用于跟踪照射的时间，即跟踪波束驻留时间为

$$t_{tr} = n_{tr} T_r \tag{4.2.43}$$

式中：n_{tr} 为重复周期数目。

由于在跟踪状态下，没有空域的限制，因而，在数据率和天线口径一定的条件下，减小信号波长有利于提高雷达探测距离。此外，如果搜索与跟踪的波束驻留时间相等，即 $n_{tr} = n_s$，则跟踪探测距离等于搜索探测距离。

需要特别指出的是跟踪距离与跟踪数目之间的矛盾。若对 N_t 个被跟踪目标进行一次跟踪照射总共花费的时间为 t_t，每个目标采用相同的照射次数 n_{tr}，跟踪间隔时间相同，则

$$t_t = N_t n_{tr} T_r \qquad (4.2.44)$$

要跟踪的目标越多，则用于每个目标方向进行照射的次数就越少，跟踪距离就越近。

当雷达要跟踪的目标数目增加时，用于跟踪的时间也将增加，搜索用的时间相应地会减少；当所有时间用于目标跟踪时，波束驻留时间（$n_{tr}T_r$）取决于跟踪间隔时间 t_{ti} 和跟踪目标数目 N_t，即

$$(n_{tr}T_r) = \frac{t_{ti}}{N_t} \qquad (4.2.45)$$

2）方位覆盖范围

机载预警雷达通常要求具有 360° 全方位覆盖。对于相控阵天线，单个天线阵面的扫描范围在阵面法向 ±60° 左右，因此至少需要 3 个天线阵面，才能覆盖 360° 方位。对于机械扫描天线，要么把天线安装在机身上方，要么安装在机头或机尾，但不论采用哪种方法，都要解决大型天线罩对飞机气动性能的影响。

3）俯仰覆盖范围

机载预警雷达对俯仰方向的覆盖要求相对较低，因为它主要观察中、远距离处的目标。为保证稳定的俯仰覆盖能力，机载预警雷达应具有空域稳定作用。空域稳定是指搜索能够稳定覆盖所有指定的空域，不因为飞机平台转弯和爬升等姿态变化而产生漏情；对于已经跟踪的目标，不因为飞机姿态变化而影响目标跟踪的质量。

对于天线置于飞机顶端的情况，正上方附近和正下方附近为盲区，如图 4.2.24 所示。注意在预警机的上方和下方分别存在圆锥形的探测盲区，飞行高度越高，此盲区越大。不过为了探测远距离的低空和超低空目标，预警机还是应该在尽量高的高度上巡逻飞行。预警机雷达的视距极限为雷达水平线与地面的相切点。

4）速度覆盖范围

在速度覆盖方面，地面雷达一般没有对目标运动速度条件的限制，而空基雷达下视工作时地/海杂波严重，机载预警雷达还会因飞机运动和地海面的微动导致杂波谱展宽、时变，且出现空时耦合。目标径向速度较低，多普勒频率易落入主杂波宽度内部，无法有效检测。对于典型的 L 波段和 S 波段雷达而言，单个数字滤波器的宽度约为数十赫兹到上百赫兹，落入主杂波附近的滤波器内的目标回波无法被检测到，对应的径向速度下限一般都在 30m/s 左右。由于高超声速目标日益普

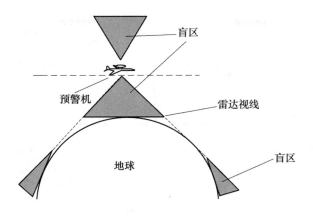

图4.2.24　机载预警雷达探测范围示意图

及,因此速度覆盖的上限要求也随之提高,在未来数年内,高速空中目标有望达到马赫数5以上的速度。

5) 距离—速度二维可见度

距离—速度二维可见度描述了在距离和多普勒二维空间内,由于发射脉冲"遮挡"和脉冲 PRF"遮挡"以及主杂波"遮挡"造成的目标不可探测情况。图4.2.25为某型机载预警雷达的一个固定波束的典型距离—速度检测图(也称为距离—速度二维盲区图)。对于给定的目标 RCS,起伏特性(如 Swerling I 型)与给定的虚警概率和检测概率条件下,图中白色区域为目标可检测到的空域覆盖范围,即清洁区,约占总面积的93.9%。中间横贯一条黑色条带是由主瓣杂波引起的,它与飞机速度相同。其他黑色点状区域是由发射脉冲遮挡效应、主瓣杂波遮挡效应、副瓣杂波以及热噪声干扰效应综合作用使信号功率下降,信噪比低于检测门限。

4. 仪表量程

仪表量程涉及距离、方位、高度和速度等要素。根据雷达对典型目标的探测距离、目标的运动速度和飞行高度等确定仪表量程,距离量程一般设计为典型目标探测距离的150%~200%[34]。仪表量程可分为若干挡,以便使用中根据需要灵活选用。雷达探测距离通常可分为远、中、近程,其最大探测距离分别为600km、400km和200km,超过600km为超远程。

5. 测量精度

机载预警雷达要测量的目标参数主要包括位置参数和运动参数两类,经常用到的基本精度指标是4个,即距离精度、速度精度、方位角度精度、俯仰角度精度和速度精度。高度精度又取决于仰角和距离的测量精度。提高方位和距离的测量精度有助于更有效地发挥雷达抗干扰措施的效能。

107

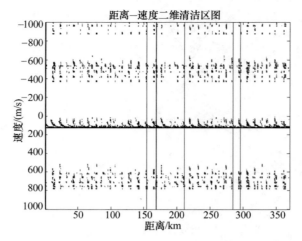

图 4.2.25　距离—速度二维可见度示意图

由于有关单位和武器平台需要预警机报送的目标位置、速度和高度等信息不是相对于预警机而言的情报数据，而是地理坐标系的信息。情报数据的精度不仅取决于预警机自身的测量精度，还与以下 4 个因素有关。

（1）雷达自身精度。

机载预警雷达的自身测量精度取决于天线波束宽度和指向精度、目标回波信杂噪比、信号带宽和信号处理滤波器带宽等参数，这一点与地面雷达相似。

（2）任务导航系统精度。

机载预警雷达工作期间需要获取飞机本身的精确位置、速度和姿态信息，通常由导航分系统完成这一功能。常见导航手段包括惯性导航和多普勒导航等。由于预警机可能遂行长航时和远距离的作战任务，若采用惯性导航系统，则误差累积效应会导致定位精度严重下降，对长航时的预警机影响很大。当前精密机载惯导的测量精度为定位漂移为 1km/h ~ 2km/h。采用 GPS 定位系统定位精度一般小于100m，用 GPS 定时校正惯导的漂移，即可使位置误差在 100m 以内。大气计算机输出的高度误差小于 50m。但是考虑到 GPS 在战时使用存在潜在的风险，必须尽快发展本国专用的卫星定位系统。

（3）天线安装和校准精度。

天线阵面安装在飞机上会存在误差，同时飞机飞行期间的振动和机身形变等也会带来误差。

（4）坐标变换误差。

雷达探测到的目标位置为天线为原点的极坐标系，需要依次变换到飞机惯性坐标系、飞机地理坐标系、地心直角坐标系和经纬度坐标系。坐标变换会引入误差，并且不同地域引入的误差也不相同。

系统总误差 σ_s 为上述 4 项误差项的平方和的(平方)根值,即

$$\sigma_s = \sqrt{\sum_{i=1}^{4} \sigma_i^2} \qquad\qquad (4.2.46)$$

速度精度可以分为径向速度测量精度和切向速度测量精度,前者可以从目标回波的多普勒频率获得,通常可以精确到数米/秒的量级,后者则主要依靠雷达测角精度获得,提升精度难度较大。

角度的测量精度主要取决于天线波束宽度和测角方法。现代雷达大都采用单脉冲测角方法,在搜索状态下,精度一般为波束宽度的 1/10 ~ 1/20。测量目标仰角是获取目标高度的关键,以下重点对测量目标仰角和高度问题进行分析。

机载预警雷达测量仰角的主要方法有四种:

(1)单脉冲法,以色列"费尔康"和"海雕"预警机采用了这一方法。单脉冲测角又可以分为幅度单脉冲测角和相位单脉冲测角,理论上这两种方法的测角精度是等效的,但实际应用中多采用幅度单脉冲测角。幅度单脉冲测角需要天线形成一个和波束、一个方位差波束和一个俯仰差波束,并利用差波束的零深(凹口深度)对回波信号幅度的高灵敏度来提高测角精度。单脉冲测角的测量精度与信噪比等因素有关,测角精度至少可以达到天线波束宽度的 1/10 左右。

(2)多波束在仰角上扫描,用最大回波信号法或回波中心法测出目标仰角指向,E-3 系列预警机的 APY-1/2 雷达即采用了这一方法,通常精度低于单脉冲方法。

(3)天线仰角上形成多个重叠波束信号,再用比幅法测目标仰角。多波束测角要求同时形成几个相互有一定重叠的天线波束,测角原理与单脉冲方式类似,通过对这几个波束的输出进行比幅处理来获得精确的角度信息,精度也差不多。俄罗斯 A-50 预警机系统与英国曾研制的"猎迷"系统采用这一方法。

(4)利用目标的直射回波与地面反射回波的距离差推算仰角,E-2 系列预警机即采用这一方法,此方法严重依赖于地/海面反射条件,要求有较理想的反射地面,例如,平静海面与平坦的陆地面,这种方法的测量精度较差。

目标探测在点迹的基础上形成航迹,雷达的航迹跟踪精度指稳定跟踪目标时的航迹精度。在起始跟踪与目标机动时,要求雷达经过多次观察达到航迹稳定。为提高目标主要参数的测量精度,有时将人工指定的目标作连续且相互独立的测量。

测高精度是战术使用要求较高的一个指标,也是机载预警雷达较难提升的一个指标。为满足与地面雷达进行情报组网的要求,或者达到为制导雷达和机载火控雷达提供目标指示精度的要求。若空中和地面预警监视雷达测高精度较高,则可以减少火控雷达开机时间,提高战斗机生存能力和攻击的有效性。此外,随着空中目标种类和数量增多,许多情况下对测高精度提出了更高的要求。例如,8km 以

下的航线以 300m 高度差来划分高度层,对攻击引导提出了较高的要求。

波束宽度与波长成正比,与口径成反比,接收波束的宽度直接影响测角精度。受飞机条件的限制,俯仰方向难以提供大的天线孔径,普遍为 1m ~ 2m。预警雷达的工作频率一般也不高,普遍在 S 波段或低于 S 波段,波长较长,因而,俯仰波束宽度较大,难以实现优越的测角精度,对于几百千米外目标高度的误差在数千米以上,要获得较高的测高精度是比较困难的。例如,俄罗斯 A – 50 预警机的测高误差在 200km 处为 2500m。

对位于地表附近的雷达,可以很容易地从余弦定理得出目标高度的一级近似表达式:

$$h_T = h_a + R_T \sin\theta_T + R_T^2/2R_0 \tag{4.2.47}$$

式中:h_T 为目标高度;h_a 为雷达天线高度;R_T 为目标斜距;θ_T 为视线仰角;R_0 为等效地球半径。测高转变为测目标相对于雷达的仰角。

由上述地球曲率算法计算所得的高度大于使用平面地表算法所算出的高度,且随被测目标距离平方而增加,较为准确的目标高度计算如下:

$$h_T = \left[(R_0 + h_a)^2 + R_T^2 + 2(R_0 + h_a)R_T\sin\theta_T \right]^{\frac{1}{2}} - R_0 \tag{4.2.48}$$

为进一步提高高度计算的精确度,必须考虑雷达波束沿着到目标的射线路径的折射。事实上,机载雷达与地面雷达平台高度差异很大,精确的测量需要全面分析地海杂波、大气折射和电波传播多径效应等环境因素(可称为"自然因素")的影响,以及飞机平台运动和导航系统误差等因素(可称为"自身因素")对测高精度的影响。下面对影响测量精度的各因素进行具体分析:

(1)地海杂波对测高精度的影响。

机载预警雷达通常在俯仰方向形成两个或多个接收波束,分别通过相加与相减实现和、差波束,进而实现目标距离和俯仰角的测量。回波通过接收波束进行空域滤波后,经过信号处理,分别得到基于和、差通道的距离—多普勒谱。

差通道距离—多普勒谱的杂波能量分布与和通道的基本一致,都存在主、副瓣杂波区和清洁区。目标回波落入杂波区还是清洁区,主要看目标多普勒是否小于杂波的最大多普勒。

若目标落入清洁区,对测高精度产生影响的主要是热噪声,可表示为[13]:

$$\sigma_\theta = \frac{\theta_{3dB}}{k_m \sqrt{2 \cdot S/N}} \tag{4.2.49}$$

式中:S/N 为差通道的信噪比;k_m 为单脉冲测角灵敏度函数的斜率或误差斜率,它与天线波瓣图及天线加权函数等有关,实际中常取 1.6[13]。

若目标回波落入副瓣杂波区,副瓣杂波电平功率将对测高精度产生影响,具体量级可通过回波的距离—多普勒谱得出,也可根据机载雷达杂波仿真或计算得出。

由于测角是在差波束中实现,因此由杂波和噪声导致的俯仰角测量误差可表示为

$$\sigma_\theta = \frac{\theta_{3\mathrm{dB}}}{k_m \sqrt{2 \cdot S/(C+N)}} \qquad (4.2.50)$$

式中:$\theta_{3\mathrm{dB}}$ 为俯仰向 3dB 的波束宽度;k_m 为角度测量斜率;$S/(C+N)$ 为差通道的信杂噪功率比,可得

$$\frac{S}{C+N} = \frac{\dfrac{S}{N}}{1+\dfrac{C}{N}} \qquad (4.2.51)$$

目标信噪比 S/N 可根据检测概率、虚警率等参数通过理论计算得出,杂噪比即杂波剩余可根据仿真、实际飞行数据分析或计算得出。

降低杂波引起误差的方法可通过雷达参数优化设计、天线低副瓣设计、降低系统噪声、信号处理等方面实现。雷达参数优化设计方面,增加信号带宽可减小距离单元,通过减小杂波单元面积达到减弱杂波量级的效果;与中高 PRF 相比,设计中低 PRF 可减少回波距离折叠的次数,降低杂波积累次数,减小杂波量级;此外,还可从雷达极化选择、信号波形选择等方面设计降低杂波量级。天线设计方面,低副瓣的天线设计有利于降低杂波量级,特别是降低俯仰面非主平面副瓣电平,对于检测区杂波量级的降低十分有帮助。降低系统噪声方面,主要考虑降低天馈系统和接收机的噪声。

(2)大气折射对测高精度的影响。

对于机载预警雷达,飞机和被观测目标通常都位于对流层,由于对流层折射率呈现随高度增加而变小的趋势,雷达波通过变折射率的介质传播时,会产生折射弯曲,导致目标测高误差。下面具体分析。

估计大气折射误差为[14]:

$$\Delta E \approx N_s \cot\theta_0 \frac{h \times 10^{-6}}{h + 11 \times 10^3} (\mathrm{rad}) \qquad (4.2.52)$$

式中:ΔE 为俯仰角误差;h 为雷达和目标的相对高度(m);θ_0 为波束设计指向与水平方向的夹角;N_s 为表面折射率。

若雷达高度比目标的高度高,雷达波产生向下的折射弯曲,此时雷达到目标的真实指向角 θ_2 大于雷达测量的俯仰指向角 θ_1,导致测量的目标高度低于目标的实际高度;若雷达高度比目标的高度低,雷达波产生向上的折射弯曲,此时雷达到目标的真实指向角 θ_2' 小于雷达测量的俯仰指向角 θ_1',导致测量的目标高度高于目标的实际高度,如图 4.2.26 所示。实际情况可能是电波在光疏和光密媒质间多次折射转换,情况较复杂。

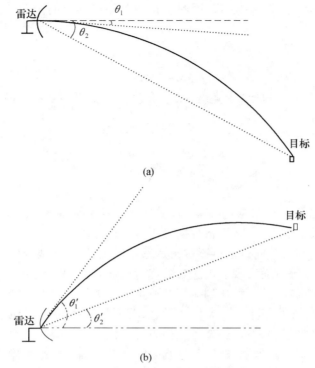

图 4.2.26　大气折射下目标俯仰角偏离情况

（a）雷达海拔高度高于目标高度情况；（b）雷达海拔高度低于目标高度情况。

考虑上述因素可对多径引起的测高误差进行量级上的估计。

一般地，机载雷达探测空中目标时，该项误差引起的目标测高精度为数十至上百米量级。该部分测高误差可直接采用修正的方法补偿，飞机的飞行高度通常固定在某一量级是已知的，通过对目标的探测大致可获得目标的距离、高度等信息状况，二者的相对位置一旦确定，大气折射带来的目标测高误差量级便可确定，可根据先验信息对目标高度进行相应补偿。

（3）多径效应对测高精度的影响[15]。

在低仰角探测时，雷达对目标的反射回波经过两类路径，一类是目标与雷达之间的直达路径，另一类是通过地面（海面）反射的路径，如图 4.2.27 所示。若雷达和目标的位置确定，前一类路径是唯一的，但后一类路径由于地面（海面）存在镜面反射和漫反射等原因，存在多种路径。

当目标高度较低时，在目标和雷达的多条反射路径中，存在与直达路径距离近乎相等的路径，导致经过两条路径传输的同一目标的回波信号落在同一距离单元，由于经过反射路径的目标俯仰角 θ_2 与目标真实的俯仰角 θ_1 存在差异，会造成较严重的多路径误差。

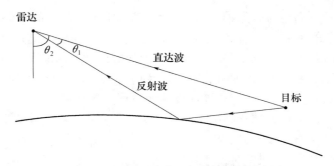

图 4.2.27　目标回波直达与多径反射示意图

根据反射镜像进入天线波瓣图的不同区域,可将多径效应引起的误差分为 3 种:从天线波瓣图副瓣进入的、从天线波瓣图主瓣半功率点内进入的、从上述两者之间进入的。假设目标在远距离,经过反射镜像进入天线波瓣图主瓣半功率点内,此时误差的计算公式如下[14]:

$$e = 2h \frac{\rho^2 + \rho\cos\phi}{1 + \rho^2 + 2\rho\cos\phi} \qquad (4.2.53)$$

式中:e 为相对于目标的距离误差;ρ 为表面反射系数;h 为目标高度;ϕ 为由直接的和反射信号路径的几何关系所决定的相对相位,假设 ϕ 的范围从 0° ~ 90°、ρ 按 0.1 取值、目标高度按 1000m,此时误差 e 最小值为 20m,目标直达波与反射波将落入同一距离单元。此项误差较大的数值,应设法从雷达设计和信号与数据处理等方面抑制该类误差,以减小高程测量时的多路径误差。

减少多路径误差有效的办法之一,是减小俯仰向的波束宽度。一般来说,从接收波束主瓣进入的目标反射镜像能量大于从接收波束副瓣进入的目标回波能量,因此采用天线阵面加权赋形,将波束宽度变窄有利于减少目标反射镜像从接收波束主瓣进入的概率,而且在多数情况下,俯仰角误差与俯仰向波束宽度成比例变化。考虑到机载雷达尺寸受限,减小俯仰向波束宽度的一个基本途径是选择较高的雷达工作频率。

多径效应导致测高精度误差的主要原因,是直达波与反射镜像回波信号落在同一距离单元所致,提高距离分辨力可以从根本上解决这一问题。此外,采用频率捷变、极化选择等方法也可以有效抑制多径引起的测高误差。

点迹凝聚要利用点迹的距离、方位、多普勒和高度等信息,通过对多种信息的联合判断,对其凝聚得到最终的点目标信息。在凝聚准则选取上可以通过策略对距离、方位、多普勒匹配性较高,但高度匹配性较差的目标进行剔除而不是融合,从而在点迹凝聚的环节消除多径引起测高误差的点迹,对提高测高精度也有效果。

(4) 影响机载预警雷达测高精度其他因素[15]。

还有一些因素也会对机载预警雷达测量精度产生影响。

首先,飞机平台定位采用惯导、GPS 等仪表,惯导和 GPS 的定位采用距离、俯仰、横滚、偏航等参数描述,因此上述参数的误差会直接带入雷达的测量误差。对于雷达测高精度而言,对其主要的影响来自惯导的俯仰和横滚误差,偏航与距离误差对其影响不大。对于高精度机载预警雷达而言,有时惯导误差的量级会大于雷达自身测量误差量级。由于惯导等仪表的测量误差属于随机误差,因此很难采用技术手段将其补偿,因此选择高精度惯导是机载预警雷达高精度测量的保证。

其次,雷达本身安装于飞机机身,安装误差带来波束指向误差,对目标探测精度产生影响。控制安装误差对雷达测高精度的提高是有帮助的。由于安装误差属于系统固定误差,可在雷达探测过程中对其进行补偿,减弱对测高精度的影响。

再次,机载雷达天线尺寸受限,尤其是纵向尺寸,导致波束较宽,影响测角精度,特别是对测高的影响较大。

最后,需要补充说明,空中高速目标运动速度快,目标航线容易确定,但对于慢速目标,特别是海面舰船类目标,运动速度远小于预警机飞行速度,在雷达采用正常工作模式时,通常要经过多个周期才能实现稳定跟踪,在此期间预警机自身运动距离较远,对舰船类目标实现高精度测距和测角难度较大,有时甚至丢失目标。

6. 分辨力

常用的分辨力指标为距离分辨力、速度分辨力和角度分辨力,对密集编队目标进行有效区分是对雷达分辨能力提出较高的要求。

距离分辨力主要由信号带宽决定。当采用脉冲压缩信号,如线性调频(LFM)脉冲压缩信号时,持续时间较长的信号也可具有较大的信号瞬时带宽,如信号瞬时带宽为 B,则距离分辨力为

$$\Delta R_r = \frac{c}{2B} \qquad (4.2.54)$$

由于信号处理带来的损失,工程实际中能够得到的分辨力略大于理论值。

速度分辨力由雷达对目标的观测时间决定。具体讲,通过采用距离—多普勒两维滤波方法来提取目标回波的多普勒频移,即将 N 个重复周期内同一距离单元回波的抽样进行快速傅里叶变换(FFT),即对长度为 N 的回波脉冲串进行相干处理。FFT 的 N 路输出即为该距离单元的多普勒滤波器组的输出。每一个滤波器的频带宽度 Δf_d 在不考虑加权的情况下,是总观察时间 T_{obs} 的倒数,即

$$\Delta f_d = \frac{1}{T_{obs}} \qquad (4.2.55)$$

式中:$T_{obs} = NT_r$;N 为相参处理脉冲数;T_r 为信号重复间隔(PRI)。

角度分辨力主要取决于天线接收波束的宽度,通常要实现正确分辨需要目标在角度上间隔略大于 1 个波束的宽度,此时目标回波强度越大,分辨越困难。一些先进的角度超分辨算法虽然在理论研究上有所突破,但距离工程使用尚有差距。

7. 处理能力

处理能力包括目标容量和处理速度。目标容量包括系统最多能在一个周期内处理多少个雷达检测的点迹，能同时跟踪多少批航迹等。显然容量大小技术上是由计算机的处理能力决定。在当前计算机性能指标迅速发展条件下，单纯考虑计算机处理能力则较大的容量要求是容易满足的。例如，1 万个 ~ 2 万个点迹、1 千批 ~ 2 千批航迹等，技术上都是可行的。机载预警雷达需要具备对地面、海面和空中多种目标的探测能力，因此要求雷达具有很强的多目标处理能力。目标的批次数是定量考核雷达处理能力的指标，通常要求雷达能够同时处理数百批目标。

从雷达战术指标作战需求考虑，重点是航迹容量要求，点迹容量由系统统筹考虑。点迹容量应保证在正常情况下，雷达终端不能死机。为使雷达在各种环境下都能工作，雷达要具有抗点迹饱和措施。根据战场可能出现的情况和在局部区域最大目标量，留有一定余量，来设计对空中目标总航迹容量的要求。

处理速度要求可表达为系统在最大处理容量条件下（即满负荷时）各处理过程的滞后时间。由于计算机技术的高速进步，这一要求容易满足，0.1s ~ 0.3s 的滞后时间在战术上已能满足需要，技术上也完全可行。

8. 数据率

数据率指在 1s 内对目标进行数据采样的次数，其单位为"次/s"。在雷达中常用搜索和跟踪周期来描述，有时为描述方便，也采用分钟作为单位，如"5 次/min"、"6 次/min"，若周期较短则适宜以秒为单位，如"1 次/s"等。

由于机载相控阵雷达既要完成搜索，又要实现多目标跟踪，因此需要区分搜索数据率和跟踪数据率，它们分别是搜索时间间隔与跟踪时间间隔的倒数。需要搜索的区域可以分为多个搜索区，如重点搜索区、非重点搜索区等。在搜索过程中，还要不断加上跟踪所需的时间，这将导致对同一空域进行搜索的时间间隔加长，数据率降低。特别是为了提高目标航迹精度，降低高机动目标跟踪丢失概率，维持跟踪稳定性及在多批目标航迹交叉情况下减少混批现象，要求有较高的跟踪数据率。

TWS 工作模式对特定空域搜索的同时，实现对目标的跟踪，是预警雷达的一种常用工作模式，其特点是不中断雷达的扫描，没有专门的跟踪波束，跟踪数据率和搜索数据率一样。TAS 工作模式在雷达扫描过程中会暂时中断搜索，将波束用于照射其他方向已经发现的目标，这是相控阵雷达特有的一种工作模式，其特点是跟踪数据率与搜索数据率不同，可以提升雷达对目标的跟踪性能。

与地面情报雷达相似，机载预警雷达对其情报数据率的通常要求为（5 ~ 6）次/min。在引导战斗机时，为可靠地跟踪机动性能的目标，希望数据率提高到（12 ~ 15）次/min，这一要求在雷达采用相控阵天线时容易达到。

机载预警雷达与地面雷达的数据率评估稍有不同，由于飞机平台处于不断运动之中，天线扫描选择的参照系不同，统计得到的数据率略有差异。若天线扫描选择以机身为参照实现恒定的数据率,则飞机转弯期间天线扫描速度将是变化的;若天线扫描选择地理坐标系为参照,如真北,则天线扫描的速度是恒定不变的。

9. 抗干扰能力

抗干扰能力指在受到有意或无意干扰情况下,雷达保持探测性能不受影响的能力。雷达对抗干扰的能力经常以典型干扰条件下,探测距离和精度等指标下降情况来描述,有时还需要评估雷达同时对抗多个干扰的能力。一般以支援干扰和自卫干扰条件下,雷达探测距离下降情况来描述雷达的抗干扰能力。

为应对各种新型高强度、智能化和数量多的电子干扰,雷达自身也不断提升抗干扰能力,除应用传统的副瓣对消、副瓣匿隐和频率捷变等手段外,雷达又发展了超低副瓣天线技术、自适应波束形成技术和空时自适应处理技术等手段,通过综合利用空域、时域和频域资源,增强抗干扰能力。

副瓣匿影抗干扰方式是通过增设一个低增益全方位天线(称为辅助天线)来实现。辅助天线的增益在各个方位上都略高于主天线的副瓣峰值,但显然比主天线主瓣低得多。辅助接收通道则与主天线的接收通道基本相同。两个接收通道的输出信号都进入一个逻辑比较器,只有当主通道信号大于辅助通道信号时,比较器才有输出。因此,只有雷达波束主瓣接收到的信号才能通过这一比较器,从副瓣进入的干扰信号都被截止或者消隐掉了。由此可见,副瓣匿影技术使应答式欺骗干扰只能出现在与真实目标信号同一方位角上,其余方位上的假目标都可被消隐掉。

频率捷变抗干扰方式是使延时应答干扰产生的假目标只能出现在真实目标的后面,这样就可能把真实目标从距离上与假目标分开。

同频异步干扰是相同工作频段的多部雷达之间,由于未采用统一的触发脉冲而产生的相互干扰。通常,显示器工作在大量程、干扰源距离近、收发天线方向正对时,干扰较为严重。由于干扰出现的距离、方位随机,特别是在干扰密度大时,对录取跟踪的稳定性有一定影响。若多部雷达发射载频通过随机跳频和人工设定跳频点的方法实现频率捷变,可将设定的跳频点错开或设定不同的捷变跳频规律,从而避免同频异步干扰。若机载预警雷达与地面雷达之间形成的同频异步,由于同频异步干扰信号与雷达本身不具备相参性,无法获得雷达信号的积累增益,因此对机载预警雷达的影响也较小。同时,机载预警雷达对空探测采用脉冲多普勒体制,二维解模糊采用级连方式实现,通常先解距离模糊,然后将解出的距离送到后一级解速度模糊。根据不模糊距离计算在不同重复频率下的模糊距离,再去搜索各重频下的过门限点迹是否在此模糊距离上有点。如果有足够多的重频下都有点满足距离准则,则粗判为该距离上可能有目标,保留其在不同重频下的数据,是否为真实目标需要经过解速度模糊进行确认,只有在满足速度模糊准则后才被确认为真实目标。因此,PD 体制解二维模糊中距离与速度满足一定的相关准则,而同频异步干扰信号不具有这种特性,对雷达解模糊处理的影响不大。距离欺骗干扰也可以利用二维模糊中距离与速度相关准则来消除。

10. 飞机飞行高度、速度和续航时间

为了要探测远距离低空、超低空目标，预警机应在较大高度上作巡逻飞行，通常的飞行高度为 5km ~ 12km。飞机飞行高度越高，视距越远，地面和海面杂波强度越低，有利于探测远距离小目标。

为提高反应速度，飞机从基地出航时应有较高的飞行速度，以便迅速到达任务区域区，一般为高亚声速，马赫数 0.7 ~ 马赫数 0.9。在任务电子系统开机执行任务期间，飞机速度越低越好，以便降低天线副瓣杂波对检测的不利影响。此外，为增加飞机时间，飞机应在经济速度（即最大续航时间的速度）上飞行，以求增大执行任务时间。

执行任务期间，预警机能够连续飞行的时间显然越长越好，以降低对轮班出动预警机的数量要求。飞机续航时间除受限于飞机规模和载油数量外，也受到机上任务操纵员疲劳程度的限制。部分中型和小型预警机在不进行空中加油的条件下续航时间达到 10h 以上，若采用空中加油，则连续留空时间超过 24h。

4.2.3　主要技术问题

1. 天线技术

1）阵面构型

飞机平台的天线安装空间有限，加装满足需要的天线难度较大，需要考虑以下 3 个因素：

（1）对飞机的影响。加装天线及天线罩对飞机飞行性能和操控性能的影响。尤其是不能影响到飞机的飞行安全，这是设计天线构型的基本条件。

（2）杂波特性。对于采用平面相控阵的雷达，天线阵面主要有前视阵、后视阵、正侧视阵和斜视阵。从杂波特性分，正侧视阵杂波特性最简单。

（3）机身遮挡。通常机翼和尾翼会对雷达天线波束造成遮挡，影响部分空域目标的探测，特别是飞机转弯期间，飞机外侧主机翼对机身中部天线的遮挡更明显。

2）天线增益和副瓣控制

天线增益的大小是决定雷达威力的主要因素之一。对于机载扫描天线，其增益为

$$G = 4\pi \frac{A\eta_1\eta_2}{\lambda^2} \qquad (4.2.56)$$

式中：A 为天线口径的面积；η_1 为天线加权产生的损失；η_2 为天线自身的失配和损耗引起的损失；λ 为工作波长。

对于相控阵天线,扫描后波束会展宽,天线增益相应地会下降,表示为

$$G = 4\pi \frac{A\eta_1\eta_2}{\lambda^2}\cos\varphi \tag{4.2.57}$$

式中:φ 为天线电轴与天线阵面法向间的夹角。

可见,在飞机平台允许的情况下,应尽可能增大天线的面积,以获取最大的天线增益。

由于机载预警雷达需要在副瓣杂波区中检测目标,因而副瓣杂波的强弱将直接影响目标检测能力。副瓣杂波的强度取决于雷达辐射的功率和天线副瓣电平的高低,当副瓣杂波的强度超过雷达接收机的内部噪声后,副瓣水平对雷达检测性能产生重要影响。为了估算脉冲多普勒雷达的性能,需要对接收机输出端杂波功率的距离和多普勒两维分布进行大量计算,在具体预测不同位置的杂波功率时,可将其映射到距离单元和多普勒滤波器中,即[11]

$$C(R_a, f_{da}) = \sum_i \sum_j C\left(R_a \pm \frac{C_i}{2PRF}, f_{da} \pm jPRF\right) \tag{4.2.58}$$

式中:R_a 和 f_{da} 分别为地面该位置的模糊距离坐标和多普勒坐标[11]。

除杂波外,各种外部干扰也主要通过接收天线副瓣进入接收系统。对此类副瓣进入的干扰,通过对天线单元进行加权可降低副瓣,改善信干比,但同时也会降低目标检测所需的信噪比,因此,天线波瓣图副瓣电平设计是折衷的选择。

为获得低副瓣,天线孔径的振幅分布必须设计成渐变的,即加权处理。对给定的天线增益,这意味着必须采用较大的天线孔径。反之,对给定的天线尺寸,较低的副瓣意味着较低的增益和相应较宽的波束宽度。考虑到副瓣、增益和波束宽度间最佳的折衷(权衡)对选择或设计雷达天线是重要的。

天线波瓣图的副瓣电平可以用几种方法表述。最通用的表述是相对副瓣电平,它定义为最大副瓣峰值电平与主瓣峰值电平之比。例如,"−30dB 副瓣电平"是指用强度(辐射功率密度)表示时最大副瓣的峰值是主瓣峰值的千分之一(10^{-3} 或 −30dB)。副瓣电平也能用相对于各向同性天线的绝对电平来定量表示。在上例中,如果天线增益是 35dB,−30dB 相对副瓣的绝对电平是 +5dBi,即高于各向同性天线 5dB。

超低副瓣(峰值副瓣小于 −40dB)首先在 E−3 雷达天线上实现,如图4.2.28所示,并引入了结构和相位配置方面的严格容差。阵面有 4000 多个缝隙,在可一起转动的圆形天线罩内作机械旋转,在垂直面上用 28 个可逆铁氧体精密移相器,可实现电扫描。

由于噪声功率的限制,副瓣电平低到一定程度,即杂波功率明显低于噪声功率时,副瓣电平就算是满足要求。

研究表明:幅相不一致性的随机误差对天线副瓣电平的影响较大,天线效率因

图 4.2.28　E - 3 预警雷达波导开缝阵面

子 η 定义为

$$\eta = \frac{\left(\sum\limits_{i=1}^{N} a_i\right)^2}{N\sum\limits_{i=1}^{N} a_i^2}$$

式中：N 为阵元数目；a_i 为加权幅度。

设阵元的幅度误差为 δa_i 且 $|\delta a_i| \leqslant \Delta a$，相位误差为 $\delta\phi_i$ 且 $|\delta\phi_i| \leqslant \Delta\phi$，经过分析可以得到对应的相对副瓣电平为[16]

$$\mathrm{RSL} = \frac{2N(\Delta a)^2}{3\left(\sum\limits_{i=1}^{N} a_i\right)^2} + \left[1 - \left(\frac{\sin\Delta\phi}{\Delta\phi}\right)^2\right]\frac{\sum\limits_{i=1}^{N} a_i^2}{\left(\sum\limits_{i=1}^{N} a_i\right)^2} = \frac{2(\Delta a)^2}{3\eta\sum\limits_{i=1}^{N} a_i^2} + \frac{(\Delta\phi)^2}{3\eta N}$$

$$(4.2.59)$$

通过对阵列天线随机误差所引起的副瓣电平的分析和计算，初步证明了以下结论[16]：

（1）随机误差引起的副瓣电平与阵元数目有密切关系，即阵元越多，误差的影响越小。

（2）随机误差引起的副瓣电平与阵元分布特征（如线阵、方阵或圆阵）没有关系。

2. 信号波形参数

机载预警雷达的信号波形选择主要由雷达的工作模式（功能）与分辨力（测量精度）决定。

在功能与工作模式方面，不同信号脉冲宽度、重复频率、信号瞬时带宽、脉冲长度和不同的编码方式进行优化组合，可以实现雷达信号能量的最佳管理。

雷达处于搜索状态时,宜采用大时宽和较窄带宽的信号,这有利于提高雷达回波信号的信号噪声比。信号瞬时频带宽度较低,可减少在整个搜索区内要处理的距离单元数目,从而减少信号处理的计算量。

当雷达处于跟踪状态时,宜采用具有大时宽带宽乘积的信号,可获得高的测距精度和距离分辨力。在一个雷达重复周期只需处理位于较窄跟踪波门内的回波,信号处理所需的运算量不会明显增加,因而可保持与搜索状态大体相近的信号处理运算量。

雷达距离分辨力是雷达经过处理后的点目标回波脉冲宽度,对于普通脉冲雷达,这一宽度也就是发射脉冲宽度 τ_0,对于脉冲压缩雷达则是压缩后的回波脉冲宽度 τ_s。它们都约等于发射脉冲信号频带宽度的倒数($1/\Delta B_s$)。

预警机雷达俯视探测目标时,要受地面杂波的干扰,杂波的强度与雷达波束照射地面的面积成正比。这个面积又与雷达接收回波的脉冲宽度按距离计 ΔR 成正比。

$$\Delta R \approx \frac{c\tau_s}{2} = \frac{c}{2\Delta B_s} \qquad (4.2.60)$$

式中:c 为光速。

在目标不跨越距离单元的情况下,高分辨力对脉冲多普勒雷达探测目标有利。

不过,通常减小 τ_s 受到目标物理尺寸和目标运动速度的限制。从有利于探测考虑,τ_s 应不小于两个因素之和:一是目标本身的距离向尺寸;二是目标在雷达照射时间内移动的距离。前者是为了雷达能获得目标全部 RCS 的回波功率,后者是为了雷达能全部接收到积累照射时间内的目标回波能量。对于飞机和导弹等目标,通常此值选为 50m ~ 100m。

预警雷达的距离分辨力 ΔR 通常也就是信号处理的基本距离单元,雷达测定目标的距离误差小于 ΔR。

预警雷达的角分辨力与波束宽度相当,一般略大于波束宽度。提升雷达的角分辨力受到一定的技术条件约束。首先,雷达波束角宽度与天线口径尺寸成反比,飞机的安装条件限制了天线的口径,减小波束宽度难度较大;其次,从探测能力看,对目标照射要有一定的回波能量积累时间,因而波束方位角宽不能太小。

机载预警雷达的常用信号处理方式包括脉冲多普勒处理、脉冲压缩处理和恒虚警率处理。前面已经介绍过,脉冲多普勒处理是机载预警雷达检测空中目标,特别是中低空目标时使用的主要信号处理方式。

当机载预警雷达工作在中低 PRF,特别是低 PRF 方式时,为了提高探测威力,需要尽可能提高发射机的平均功率,通常会发射宽脉冲信号(宽度达几十微秒),此时脉冲压缩处理是提高距离分辨力的有效手段。

接收机的恒虚警率(Constant False Alarm Rate,CFAR)处理部分通常位于检测判决之前。当杂波和(或)噪声背景发生变化时,它要能保持虚警率恒定。CFAR处理的目的是为了防止外部杂乱回波使自动跟踪系统过载。CFAR处理从邻近目标的噪声或杂波中感知杂波回波的大小,并利用这一信息建立门限,从而使噪声或杂波的回波被门限滤除而不会被自动跟踪系统误认为目标。在机载雷达中获得恒虚警率常通过统计相邻距离门或多普勒单元的信号能量来实现。遗憾的是CFAR降低了检测概率,并导致信噪比的损失和距离分辨力的降低。

3. 动态范围

机载预警雷达普遍采用相参脉冲多普勒体制,这要求雷达整个接收通道在任何时候都要工作在线性状态,不能产生非线性失真,否则会导致回波信号出现大量谐波、杂散信号和互调信号,从而使整个回波信号的频谱变得十分丰富,无法通过频域滤波获得真正的目标信号。接收通道能够确保处在线性工作状态的范围称为系统线性动态范围,系统的动态范围必须大于雷达回波的变化范围。同时,系统的动态范围还是信号处理设备滤波器设计和 A/D 变换器设计的依据。

雷达接收到的回波大致可以分为 3 类:目标回波信号、背景环境的回波信号(杂波)和干扰信号。

接收信号的动态范围可以定义为最大接收信号功率与最小接收信号功率之比,即

$$K_D = \frac{P_{s\max}}{P_{s\min}} \tag{4.2.61}$$

最小接收信号功率 $P_{s\min}$ 一般为接收机内部的等效噪声功率。

考虑目标回波、杂波和干扰信号后,动态范围可以表示为[10]

$$K_D = K_R + K_{\sigma_t} + S/N + K_{\sigma_c} + K_J \tag{4.2.62}$$

式中:各参数含义如下:

K_R 表示回波信号的强度随目标距离变化的范围,表示为

$$K_R = 40\log_{10}\left(\frac{R_{\max}}{R_{\min}}\right) \tag{4.2.63}$$

对于机载预警雷达,目前最远的探测距离大约 450km,最近的目标距离大约为 50km,因此一般由 K_R 引起的系统的动态范围大约为 40dB。

K_{σ_t} 为目标反射有效截面积(RCS)的变化范围,表示为

$$K_{\sigma_t} = 10\log_{10}\left(\frac{\sigma_{\max}}{\sigma_{\min}}\right) \tag{4.2.64}$$

机载预警雷达观测到的大型空中目标为民航机或运输机,其 RCS 一般为 $50\text{m}^2 \sim 100\text{m}^2$,最小的空中目标为隐身飞机或巡航导弹等,其 RCS 可能小于 0.01m^2。此外,海面大型舰船的最大截面积目标可能达到上千平方米以上。因

此,目标 RCS 变化引起的动态范围超过 50dB。S/N 为雷达检测目标所需的信噪比,一般大约为 10dB。考虑到上述因素,总的目标回波信号强度的线性动态范围 DR_{-1}(1dB 压缩点)的极大值需要应在 100dB 以上。事实上,接收通道出现的三阶互调信号(各种杂波和干扰信号等引起)会进一步压缩系统的动态范围,称为 1dB 压缩点动态范围可用 DR_{-1} 表示,理想的动态范围 DR_r(常被称为"无假响应动态范围")与 DR_{-1} 的关系(用 dB 数表示)为[21]

$$DR_r = \frac{2}{3}DR_{-1} + 7 \tag{4.2.65}$$

可见,要 DR_r 达到 100dB 的要求,则 DR_{-1} 的动态范围需要达到 150dB 以上,这在实际工程中是很难实现的。

有源干扰为单程传输,强干扰源信号的强度不仅可以超过雷达的动态范围,甚至可以使其饱和。有源干扰引起的动态范围变化具有明显的不确定性,由于是从地面的大型干扰机到机载的小型自卫式干扰机,干扰功率范围的变化很大,超过信号和杂波的动态范围,并且事先不易估计这使得在设计系统的动态范围时,很难专门处理有源干扰的影响。因此,只能在雷达工作时判断是否存在有源干扰,不能为避免干扰引起的饱和而设计足够的系统动态范围。

4. 系统稳定度

机载预警雷达采用相参体制来消除杂波,提取目标信息,这一过程中雷达自身保持相参性非常重要。要提高雷达回波信号多普勒频谱的纯度,首先要改善信号源的质量。如果信号是稳定的,或者是确知的,那么它的幅度是不变的,载频为单一谱线。如果信号不能保持良好的稳定性,那就会引起频谱展宽、杂波谱扩散,或产生随机的寄生信号,对目标检测造成不利影响,如产生虚警,降低雷达系统灵敏度。系统的不稳定性主要表现在发射信号与本振信号有杂散和边带功率谱。它们可以看做是对有用信号的噪声幅度调制和噪声相位调制,因为发射系统对输出信号有限幅作用,混频电路对本振信号同样有限幅作用,实际影响目标信号检测的主要是相位噪声。由于相参雷达发射信号与本振信号是同一频率源产生的。回波信号(包括杂波)与本振的相位噪声有相关性。这一相关性随距离增加而减弱。完全相关时,相位噪声在混频过程中被抵消;完全不相关时,则相位噪声加倍。通常高度线杂波和近距离杂波能够部分抵消,相位噪声对目标的影响很小。

衡量系统稳定性可以在时域和频域进行。在时域分析时,用信号的瞬时频率与参考频率(通常是载频)之间的差值随时间变化的情况表示频率稳定度。机载雷达通常采用相参体制,对频谱稳定性要求较高,普遍采用频域表示法,具体统计 3 个参数:中心频率、边带功率谱密度和杂散。

中心频率就是信号频谱中心处对应的频率,一般是信号的载频,它所处位置的幅度应该是最大的,信号的大部分能量集中在此。

边带功率谱密度是确定信号是否稳定的关键指标,要求其幅度越低越好,越低代表信号越稳定。一般来说,偏离中心频率越远,信号的边带功率谱密度越小。在雷达系统中设置的离中心频率最近的多普勒滤波器对应的频率,可以用该频率来确定对信号边带频谱的要求,它与雷达系统要检测目标的最小径向速度成正比,也就是目标速度对应的多普勒频率点。

杂散不同于信号的边带功率谱,它是雷达系统内部产生的离散频谱,是非线性的频率成分,原因可能是机械振动和电源纹波等。通常要求在离散频带内的能量小于相应的多普勒滤波器边带内的接收机热噪声功率谱的能量,例如,能量比小于 10dB。

5. 解距离模糊与解速度模糊

在机载脉冲多普勒雷达中,由于距离模糊,使得发射脉冲必然影响到接收信号的连续性,从而造成距离遮挡;主杂波的滤除以及强杂波中可见度要求,在处理中要将多普勒滤波器中零频附近的频率滤除,带来了多普勒遮挡,如何减小遮挡区域,提高目标的二维清晰区是一个复杂的问题,需要在重频选择和检测准则上进行综合考虑。重频选择主要是根据二维遮挡情况在某一段范围内寻找一组比较好的组合。

解模糊通常采用级连方式实现,先解距离模糊,然后将那些解出的距离送到后一级解速度模糊[11]。解距离模糊可以采用查表的方式,计算在不同重复频率下的模糊距离,再去搜索各重频下的过门限点迹是否与视在距离匹配,如果有足够多的重频下都有点满足距离准则,则粗判为该距离上可能有目标,保留其在不同重频下的数据,是否真实目标需要经过解速度模糊进行确认,只有在满足速度模糊准则后才被确认为真实目标,否则认为是欺骗干扰。解模糊的经典方法是"中国余数法"[10],只要不同 PRF 对应的距离单元总数互为质数,即可利用此法推算出目标的真实距离。

实际工程经常采用的是试探法,即对于每个被检测到的目标计算出全部可能的不模糊距离,如果有 1 个不模糊距离在多组 PRF 中同时出现,则可以由模糊距离(视在距离)和每个脉冲重复间隔的距离单元数推算出所有可能的真实距离。至于究竟有多少组 PRF 中检测到才能认可是目标,则由检测准则确定。需要注意的是,不同 PRF 的发射脉宽可能不同,在进行距离推算时需要用共同的脉宽基准,才能保证精确的不模糊距离计算值。

若在同一方位存在多个目标,则需要对多种组合都进行计算,并实施综合判断。

解速度模糊的原理与解距离模糊完全相同。

在设定系统 PRF 值时,需要确保最大不模糊距离大于雷达可能的最大探测距离,否则即使解模糊也无法得到目标的真实距离。

4.2.4　机载预警雷达的新技术

1. **固态有源相控阵与新器件**

有源相控阵体制能满足雷达的探测距离、数据更新率、多目标跟踪及测量精度等众多需求，有利于对雷达目标进行分类与识别，甚至成像。固态有源相控阵雷达的技术特点如下[17]：

（1）易于实现高功率。

在有源相控阵雷达天线中，每个天线单元通道中均可设置一台组装密度很高的固态发射机（T/R 组件），利用各天线单元辐射相位上严格同步，在空间实现信号功率合成，与集中式发射机相比，能在同样初级电源条件下获得更大的射频功率，有利于提高雷达的探测性能。基础工艺和材料技术不断促进有源相控阵雷达技术的发展。新型功率器件材料碳化硅和氮化镓等宽禁带（Wide Band Gap，WBG）半导体材料的出现被称为"雷达技术的飞跃"。WBG 材料具有高击穿电场强度、高热传导率、结温度热稳定性好和抗辐射能力强等优点。基于 WBG 的 T/R组件能够提高功率放大器的输出功率，增加工作频带宽度，改善热传导性能，同时进一步缩小体积、重量，提高抗辐射能力。氮化镓和碳化硅等宽禁带半导体的功率是目前砷化镓半导体功率的近 10 倍，是未来雷达发射组件的关键材料，E－2D 的AN/APY－9 雷达就应用了碳化硅材料。

（2）馈线网络简单且发射馈线损耗小。

在无源相控阵雷达发射天线系统中，由集中式发射机输出的信号传输到阵面每一个发射天线单元之间经过大量传输环节，包括高功率收发开关、功率分配器、移相器及其他传输线等的损耗，均使天线阵面辐射的信号功率降低。采用有源相控阵之后，每个单元通道上发射机的输出信号直接传送到天线单元并向空间辐射，从而降低了馈线的损耗。此外，复杂的射频传输系统设计简化，按标准化、模块化设计原则设计，改善了可靠性，便于批量生产、测试，从而缩短雷达的研制周期，并降低其生产成本。

（3）降低微波元器件的耐功率要求。

在采用集中式发射机或子阵发射机的相控阵发射系统中，发射馈线均有承受高功率的要求，因而必须选择耐高功率的波导、同轴线等传输线还需充高压气体方能承受要求的发射机功率。在固态有源相控阵雷达天线中，因发射信号的功率放大器均工作在低电压状态，整个发射机系统的初级电源系统没有高压击穿问题，改善了阵面结构设计，进而缩小雷达的体积，减轻雷达的重量，这点对机载平台尤其重要。

（4）改善雷达系统的响应速度。

在发射机方面，与电真空器件相比，半导体功率器件可以快速开启或中断，减少系统响应时间，提高数据率。高数据率有利于以时分方式实现同时多功能（多目标搜索、截获、跟踪、制导及杀伤判定等）及处理自动化,使雷达的反应时间非常短（波束转换时间仅数微秒）,可同时跟踪多批目标。随时接通或中断发射机工作,对于提高雷达抗反辐射导弹攻击,提高生存能力有重要作用。

（5）易于实现大带宽。

有源相控阵易于实现宽带信号,可以提高距离及角度分辨力,可完成对导弹目标的弹道测定（即测定发射点和弹着点）等探测功能,还可识别目标,满足低截获概率（Low Probability of Intercept,LPI）的准则、灵活易变的大占空比的发射波形,易于进行发射功率管理,增强电磁隐蔽性;大带宽便于实现频谱共享阵面（Spectrum Shared Array）、孔径共享天线（Aperture Shared Antenna）和一体化电子系统。

（6）易于结合先进的信号处理技术。

能量资源控制的灵活性有利于实现数字波束形成（DBF）及多个接收波束的自适应控制,便于调节接收机的动态范围,更有利于高分辨技术及众多现代信号处理技术的实现。

（7）易于实现共形相控阵天线和"灵巧蒙皮"（Smart skin）。

相控阵体制雷达的天线可从目前的立体状结构转向面状分布,这一结构上的根本性变化易于实现幅度、相位补偿,是共形天线所需的关键条件,对于机载平台,有利于降低天线对飞机空气动力学性能的影响,增大天线孔径,提高雷达探测距离。

（8）易于实现光控相控阵系统。

将射频信号调制到光载波上,用光纤来实现信号分配并传送到每一个天线单元,经光电探测器检波,恢复射频信号,这在很大程度上简化了复杂的射频功率分配网络,提高了系统的集成度,增加了结构设计的灵活性和电磁兼容能力。采用光纤传输在宽带相控阵中还可以完成实时延迟线,克服相控阵雷达做宽角扫描时各阵列天线辐射信号到达目标的时间差（孔径渡越效应）。

（9）提高相控阵雷达数字化程度[29]。

有源相控阵天线有利于采用直接数字频率综合器（DDS）、数字上变频器（DUC）、数字下变频器（DDC）和数字控制振荡器（NCO）等实现相控阵发射波束与接收波束的数字形成,提高相控阵雷达的数字化程度。采用 DDS 产生雷达发射信号波形和实现天线波束相控阵扫描所需的天线单元之间的移相值,给雷达信号波形产生与波束指向控制带来更大的灵活性与自适应能力,但 DDS 产生的雷达信号是低功率电平信号,要经过 T/R 组件里的功率放大器才能达到要求的功率电平。

有源相控阵雷达涉及的主要关键技术如下:

（1）数字式 T/R 组件技术。

在有源相控阵雷达中,数字式 T/R 组件是构成未来有源孔径的核心部件。数字式 T/R 组件采用了全数字化的发射机和接收机技术,使其真正能实现发射波束形成与扫描的全数字化。

（2）馈电网络设计。

在发射天线阵列中，从发射机至各天线单元间应有一个馈电网络进行功率分配。在接收天线阵列中，各天线单元至接收机间也应有一个馈电网络进行功率叠加。馈电网络系统在有源相控阵天线中占有至关重要的位置。有源相控阵天线由成千上万个相同的数字式 T/R 组件组成，故而馈电网络也有别于其他体制的雷达，其基本特点是极低功率电平的强制馈电，因而固态发射机几乎成为唯一的选择。

（3）天线信号处理与数字波束形成技术。

一部性能先进的有源相控阵雷达必定具有性能先进的天线信号处理系统。天线信号处理是指利用不同的信号空间角来区分有用信号和干扰信号的一种处理方式，通常将其称为空域滤波技术。数字处理技术尤其是超大规模集成电路的发展，使数字波束形成技术及其相关的天线阵列处理技术能应用于有源相控阵雷达中。数字波束形成具有改变波束形状的灵活性，即波束捷变性能。采用数字波束形成技术能实现搜索波束与跟踪波束的快速转换、改变波束相交电平及扩展波束宽度，还可形成跟踪和差波束及余割平方波束。此外，数字波束形成技术易于实现幅度与相位的校正，这一特点在低副瓣或超低副瓣接收天线形成、共形阵天线幅相调整及波束控制中得到了广泛的应用。

2. 与平台共形的相控阵技术

天线单元分布在平面上的称为平面相控阵天线；分布在曲面上的称为曲面阵天线，如果该曲面与雷达安装平台的外形一致，例如，嵌装在飞机或导弹表面上，则称为共形相控阵天线。此类天线适用于雷达和通信等多个预警机分系统。

共形相控阵雷达天线的优点和作用表现如下[2,18]：

（1）改善雷达安装平台的空气动力学性能。

预警机采用共形相控阵天线，不但可以去除安装在机身背部天线旋罩，改善飞机的空气动力学性能，而且可以克服天线旋转对雷达数据率的限制。

（2）增大天线的有效口径并提高天线增益。

为避免雷达天线对飞机空气动力性能的影响，雷达天线安装空间受到明显限制，比较好的解决办法是把天线和机身融合在一起，把天线嵌入飞机蒙皮内，即所谓的"智能蒙皮"，可带来减小体积和减轻重量的好处。若采用共形相控阵天线，则可安装在机身、机翼和机头等部分，增加有效利用的口径面积。"海雕"预警机的共形相控阵分布在机身两侧、机头和机尾。其中，机翼的面积较大，可达到数十到上百平方米。但要实现在机翼表面加装共形天线难度很大。首先，机翼不仅用于产生升力，支持飞机飞行，同时也起到稳定机体和操纵作用。在机翼上一般安装有飞机的主操纵舵面、副翼、襟翼、缝翼和减速板等。其次，机翼上还经常用于安装发动机和起落架等设备,机翼的主要内部空间经密封后,可作为存储燃油的油箱使用,因此,机翼不能随意改装,除非为预警机专门设计飞机。

相控阵天线的 T/R 组件结构形状可分为"砖头"状(长条形)和"瓦片"状(薄片形)两种。当前有源相控阵天线所用的 T/R 组件为长条形,要发展共形阵,研制适合在机身表面安装的薄片形 T/R 组件是关键。

(3)克服平面相控阵的一些缺点。

利用共形相控阵,能够获得比平面相控阵天线波束更宽的扫描范围,克服平面相控阵天线的天线增益和波束宽度随扫描角远离法线而降低的问题。以圆形相控阵为例,将各路信号利用不同的权值进行加权求和,可形成多个不同空间指向的波束。当波束数足够多时,能够实现方位 360°完全覆盖,这样可以在整个空间同时接收回波信号,而无需进行波束扫描。因此,积累时间不受波束扫描的限制,和常规雷达相比可获得较多的积累脉冲数。

由于共形阵的空间分布特性与平面阵迥异,也带来一些新的技术难题:

(1)天线波束控制复杂。

曲面上的天线单元移相器提供的移相值,除了和要求的波束最大指向有关外,还与每个单元的坐标位置有关。由于在共形相控阵天线上,各天线单元之间没有像前面叙述的线阵或平面阵那样分布在直线或平面上的简单的线性关系,而是分布在三维空间中,每一个天线单元,其移相器的波束控制信号需要单独计算,故共形相控阵天线的波束控制较线阵或平面阵要复杂许多。

(2)天线波瓣图运算量大。

由于天线单元安装在某一曲面上,即使天线单元的形状是一样的,但其最大值的指向却各不相同。因而在综合阵列波瓣图时,各个单元的波瓣图不再像线阵或平面阵那样作为阵列波瓣图的公因子,这增加了共形相控阵天线波束控制系统的运算量。

考虑到上述问题,人们倾向于使用几何形状简单的共形阵列,例如,圆形阵列、圆柱形阵列和球形阵列等,既能够克服平面相控阵天线的缺点,提高天线性能,又具有工程可实现性。圆环天线阵是一种简单的共形天线阵,若是多层的圆环阵则可以组成圆柱形天线阵。常用共形阵为圆弧段的相控阵天线。传统相控阵扫描过程中波束随角度发生变化,即波束指向偏离阵面法向后,天线有效口径变小,主瓣展宽,副瓣电平增加,而圆环阵利用一段圆弧上阵元构成相控阵避免了该问题。但常规的加权设计方法难以实现低副瓣电平和波瓣图的零陷等指标。以遗传算法(Genetic Algorithm,GA)和粒子群优化(Particle Swarm Optimization,PSO)智能优化算法为基础,通过对阵元的幅度和相位参数进行寻优实现圆环阵的低副瓣电平和高增益,以及具有抗干扰功能的阵列零陷设计。已有的计算结果均比利用 Taylor 分布等典型的加权方式获得低得多的天线副瓣,一定程度上改善了非平面阵列的副瓣性能,这种方法可以用于机身等具有一定弧度的部分,与机身实现共形。若增加阵元的数目,采用稀疏分布,则可能得到满足机载预警雷达需求的低/超低副瓣天线[18-22]。

为更好满足航母舰队的需要,美国波音公司建议 E-2C 预警机后继机采用其联合翼飞机。该联合翼飞机的垂直安定面前倾和后掠 40°的主翼相交,形成金刚石形的"联合翼"。在联合翼内安装共形有源相控阵天线,从而获得巨大的天线有效口径和无阻挡的 360°全方位覆盖。据称其有效天线口径为 E-2C 预警机的 6 倍,波束宽度压窄到 4.5°(E-2C 预警机预警雷达天线波束宽度为 6°)。机上装有多频段雷达、红外搜索跟踪器(IRST)和电子支持措施(ESM)系统。除完成预警和控制外,E-2C 预警机还能进行有源和无源电子战,完成支援精确攻击以及跟踪战术弹道导弹等任务。波音公司认为这种设计空气动力性能好,又有利于提高雷达性能。采用 40°后掠翼可使飞机飞到约 420n mile 远的巡逻区,而 E-2C 预警机的巡逻区在 250n mile 左右。联合机翼刚性好,从而减小了天线的变形。天线位于机翼边缘,大大减少了机身和发动机对雷达性能的影响。

该飞机装备的雷达频率覆盖范围从 UHF 到 X 波段。低频段(UHF 波段)雷达采用嵌装在机翼上下表面的 4 个长度为 9.5m 的天线阵,增大了对导弹和飞机的探测及跟踪距离。其他 UHF 波段工作模式有合成孔径雷达模式和 MTI 地图测绘等。

中间频段雷达工作于 L、S 和 C 波段的共用孔径雷达,共形阵天线长度同 UHF 天线,高度约为 15cm,装在每个机翼的外缘。每个阵列单元后面有单独的收/发组件,天线阵可根据需要发射任意信号波形。除了普通的雷达工作模式外,这种共形阵还可用于双基地无源工作通信情报、电子支援措施、干扰、通信和导弹制导等。高频段(X 波段)雷达也采用有源电扫共形阵天线,天线装在机头和垂直尾翼上,所用收/发组件是西屋公司和得克萨斯仪器公司根据先进共用口径计划(Advanced Shared Aperture Plan,ASAP)研制的。该雷达利用其高鉴别力,可在较低频段检测机会目标。其他功能还有 SAR 识别、ISAR 识别、空中目标精密跟踪和为寻的导弹照射目标。

3. 空时自适应处理技术

脉冲多普勒体制实际上采用的是空时级联处理的方式:天线形成的波束进行空域滤波,而多普勒滤波器进行时域滤波。多普勒处理只是把天线接收到的信号在频率上把多普勒频率不同于目标的杂波分开,对来自不同方向但多普勒频率与目标相同的杂波,则只能依靠空域天线波瓣图的低副瓣或超低副瓣来抑制。由于机载雷达杂波谱在空时之间耦合,级联处理不能对杂波进行最优匹配,因此性能较差。高性能机载预警雷达必须有效地抑制杂波和干扰,空时自适应处理(Space Time Adaptive Processing,STAP)技术是解决这一问题的一种值得研究的途径$^{[23-26,32]}$。

　　美国在 20 世纪 90 年代相继实施了 Mountain Top 和 MCARM 计划,录取了大量机载雷达数据,为空时自适应处理技术的实用化进一步奠定了基础,"高级鹰眼"E-2D 预警机研制中就采用了 STAP 技术。

　　杂波随着环境变化而变化,为了有效地抑制杂波,空时自适应处理将一维空域滤波技术推广到时域(频域)与空域二维域中,构建二维匹配滤波器,在高斯杂波背景加确知信号(即目标的空间方向与多普勒频率已知)的模型下,根据似然检测理论导出一种空时二维联合自适应处理结构,即"最优处理器"。

　　该处理器可以描述为如下的数学优化问题:

$$\begin{cases} \min & W^H R W \\ \text{s. t.} & W^H S = 1 \end{cases} \tag{4.2.66}$$

式中:$R = E[XX^H]$ 为由接收数据构成的杂波协方差矩阵;W 为空时自适应一维权矢量;S 为空时二维导向矢量,具有特定的频率和方向。这种处理等效于将杂波去相关性,实现"白化",并进行二维匹配滤波。

　　由此得空时二维最优处理器的权矢量 W_{opt} 为

$$W_{\text{opt}} = \mu R^{-1} S \tag{4.2.67}$$

式中:μ 为一常数,通常令 $\mu = S^H R^{-1} S$。这实际上是经典的维纳最优匹配滤波器。

　　可证明杂波加噪声的协方差矩阵 R 是正定 Hermitian 的,特征分解有

$$R = \sum_{i=1}^{p} \lambda_i V_i V_i^H + \sigma^2 \sum_{i=p+1}^{NK} V_i V_i^H \tag{4.2.68}$$

式中:$\lambda_1 \geqslant \lambda_2 \geqslant \cdots \geqslant \lambda_p$ 是协方差矩阵的 p 个大特征值,为正实数;N 为天线单元数;K 为脉冲数;$NK-p$ 个特征值近似等于噪声方差 σ^2;V_i 为第 i 个特征矢量。由于 R^{-1} 也是正定 Hermitian 的,所以

$$R^{-1} = \sum_{i=1}^{p} \frac{1}{\lambda_i} V_i V_i^H + \frac{1}{\sigma^2} \sum_{i=p+1}^{NK} V_i V_i^H \tag{4.2.69}$$

　　将式(4.2.69)的 R^{-1} 代入式(4.2.67)可得

$$W_{\text{opt}} = \mu \left(\frac{1}{\sigma^2} S - \sum_{i=1}^{p} a_i V_i \right) \tag{4.2.70}$$

式中:$a_i = \left(\frac{1}{\sigma^2} - \frac{1}{\lambda^2} \right) V_i S$。

　　可见,最优权矢量 W_{opt} 是矢量组 $[S, V_1, V_2, \cdots, V_p]$ 构成的线性组合。W_{opt} 可以分解为两部分,即固定的常规波束形成矢量和自适应抑制杂波的权矢量。

　　STAP 技术应用的基本过程如下:

　　(1)计算杂波协方差矩阵 R,实际中由雷达实测数据进行估计。

（2）选择进行目标检测的多普勒频率和角度,计算目标的空时二维导向矢量 S。

（3）计算最优滤波器的加权矢量 W_{opt}（列矢量）。

（4）构建所检测距离单元的空时数据矢量（由同一距离单元不同脉冲时间和不同通道的回波信号组成）。

（5）把最优滤波权矢量应用于快拍的空时数据矢量,得到检测统计量。

截至目前,空时自适应处理技术迈向实用仍存在不少困难,主要表现在以下3个方面:

（1）算法的运算量与处理速度。

实际的复杂地形环境中,STAP 处理不仅要抑制杂波,还要对付各种杂波非均匀因素,因此需要较高的系统自由度。系统自由度的增加会导致计算量成倍增加,高速实时实现上有一定的难度。近年来,并行处理技术及高速处理芯片总体发展极其迅速,从分析现有的高速器件及并行处理技术来看,用适度的代价并做到实时处理是完全可以实现的。

（2）杂波起伏与非均匀性。

STAP 方法性能最优的前提条件是不同距离单元杂波数据满足独立同分布的假设。在现实中,机载雷达所面临的真实杂波环境往往是非均匀的,使常规 STAP方法中由训练样本正确估计协方差矩阵这一关键步骤难以正常进行,特别是点状强杂波会严重影响协方差矩阵的质量。基于先验知识的 STAP 算法把不变的信息作为先验知识存储于数据库中,然后利用这些信息对数据进行预滤波处理,并利用先验信息完成对 STAP 算法的选择、样本数量及训练样本的选择、门限的确定以及雷达发射频率、PRF 和发射波形等参数的选择。通过预滤波不仅使杂波得到较好的抑制,而且使 STAP 处理有足够的自由度对付杂波非均匀因素,保证算法能较好地与干扰环境实现较好的匹配效果。

（3）阵元及通道的幅相不一致性。

虽然 STAP 对误差具有一定的补偿能力,但对需要波束形成的 STAP 方法,阵元及通道的幅相不一致性对性能影响较大。可在此之前先进行通道均衡处理,阵元与通道的幅相误差可以得到预先补偿,从而进一步提高 STAP 算法的处理性能。

此外,STAP 技术在天线副瓣电平较高的情况下,对于副瓣杂波和副瓣干扰的抑制效果较好,对于超低副瓣天线的应用效果则不明显,实际中需要根据雷达自身技术特性和环境特性灵活选择 PD 处理方法和 STAP 处理方法。

从技术研究成果看,解决上述问题的一个途径是采用“基于知识的自适应技术”,其基本思想是自适应权的计算不完全依赖于实时雷达回波数据,而是结合先前对环境的感知信息,如数字高程地图,SAR 图像和雷达上次飞过同样区域的回波数据等知识。

4. 空基双（多）基地工作体制

空基双（多）基地雷达从部署方式区分为地发地收、空发空收、空发地收、地发空收等几种形式，公开报道的在研双/多基地体制预警机雷达采用的机载方案主要包括以下 3 种：空地方案，发射机在预警机上，接收机在地面；空空方案，雷达的发射和接收在不同的预警机上；空天方案，发射机在卫星上，接收机在无人机上。

双（多）基地工作体制在预警机上应用带来最显著的好处是可以提高预警机的生存能力。由于重大军事效能与高经济价值，预警机成为敌方重点打击的对象。预警机发射巨大功率又易于成为敌方侦察定位和辐射寻的目标。应用机载双基地体制雷达系统，可使有发射机的飞机在远离敌方阵地的安全区域内飞行，而加装接收系统的飞机有可能采用隐身措施来对付敌方探测手段。当飞机位于敌方邻近区域时，仍然能够对敌方区域保持较好的探测效果。

美国进行过几次空基双（多）基地的试验，1996 年的先进机载监视系统计划（AASP）最为典型，通过采用 E - 3 预警机、"全球鹰"预警机和攻击机分别作为双基雷达的发射方和接收方，E - 3 飞机远离战区，载有接收机的攻击机部署在战区内，进行目标搜索、跟踪和攻击。

时间同步、空间同步和相位同步是双/多基地雷达的 3 项关键技术，长期以来困扰着雷达设计人员[27]。随着电子信息技术的进步，上述问题已经能够解决。制约该体制雷达发展主要因素是系统复杂，在情报通信、数据融合及日常管理等方面使用不便。此外，双基地雷达的定位精度和分辨力普遍不如单基地雷达，需要数量较多的接收站才能有所改善。

5. 隐身目标探测技术

与地面雷达相比，空基平台空间较小，雷达可用的电源功率和天线孔径受到严格限制，也不易于靠选择较低的工作频率来增加隐身飞机的 RCS。与地面雷达相比，强烈的地海杂波也限制了空基雷达对隐身目标的探测能力，要提升空基预警探测雷达对隐身目标的探测能力更加困难。目前可能提升机载预警雷达对隐身目标探测能力的有两种手段：

一是采用多基地体制。目标的赋形隐身主要是降低了迎头和尾部 RCS，这就为机载雷达在侧向实现探测提供了机会。

目标的雷达隐身主要针对缩减单站 RCS 进行设计，没有针对多基地雷达探测设计专门的应对措施。以 F - 22 战机为例，该机隐身赋形是实现 RCS 缩减的重要措施，已知的主要包括两个方面的技术：机身的外形融合技术和机翼、座舱等散射点的优化设计减少了飞机的后向散射能量，降低后向散射来减小单站 RCS，也不可避免地将雷达电磁波的能量（部分被吸波材料吸收的除外）转移到其他方向，无形中增强了部分双站方向的 RCS。有报道声称 B - 2 隐身轰炸机就具有 4 个强散射方向，F - 22 战斗机则至少有两个强散射方向，这些强散射方向的回波能量很难被单基地雷达收到,却有可能被多基地雷达加以利用,实现连续跟踪,成为双/多基地雷达实现反隐身的条件。

需要注意的是,国内外的测试和仿真计算表明,双站角小于90°的双/多基地体制很难获得理想的反隐身性能。

二是降低雷达工作频率[28,30]。在微波波段,结构隐身和吸波材料对于实现隐身非常有效。值得注意的是,隐身飞机与普通飞机的外形尺寸十分接近,有些外形尺寸参数甚至大于常规战机。如 F – 22 战机的机身长 18.9m,翼展 13.6m;F – 35A 战斗机的机身长 15.4m,翼展 10.7m。对工作于 VHF 和 UHF 等波段的低频雷达而言,隐身飞机的散射可看做谐振区散射,此类散射与目标具体形状的关系并不密切,决定散射回波强度的主要因素是目标的大小,即目标体积或面积越大,RCS 数值越大。同时,理论上,吸波材料要实现较好的吸波效果(目标的部分结构),其厚度要接近雷达波长的 1/4,低频段波长较长,飞行目标难以实现有效涂层。因而利用目标外形结构难以实现米波波段隐身。美军 E – 2 预警机工作在 400MHz ~ 450MHz 范围,具有反隐身的频段优势。

6. 目标分类识别技术

从预警探测系统诞生起,非合作目标的分类识别就是对预警探测系统的迫切要求。对于情报雷达而言,能够完成主动目标分类识别的方法有以下 3 种:目标回波的幅度和相位起伏特征统计、目标特有结构(如旋翼和发动机)散射特征、目标一维、二维,甚至三维成像技术。目标成像是雷达目标结构上的散射点对电磁波散射强度的分布图,可以认为是雷达"视在"目标的"外形",它与目标的实际外形有着密切的对应关系。从工程实用角度出发,目前最有可能取得突破,且最具实用价值的目标分类识别技术是目标成像技术。

新研预警机已开始尝试采用逆合成孔径成像(Inverse SAR,ISAR)技术。ISAR 作为二维成像技术,要求雷达在距离和方位两维都能获得高分辨力。显然,高距离分辨力可以通过大带宽信号获得。获得高方位分辨力(横向距离分辨力)更加困难,需要通过测量波束内的目标回波之间多普勒频率差异来区分方位散射点。理论分析表明,多普勒方位分辨力取决于目标相对于雷达的旋转角度和雷达的工作波长,即方位分辨力为雷达工作波长与两倍旋转角度的比值。ISAR 技术实现的一个关键技术是要进行目标运动补偿,使目标运动等效于自旋后才能进行距离—多普勒成像,与地面固定雷达站实现 ISAR 成像的不同之处是预警机飞行过程中自身的运动需要与目标运动同时进行补偿。实现目标成像的另一个关键技术是产生宽带信号。由于机载预警雷达普遍采用窄带信号,要实现对米级特征尺寸目标的识别需要数百兆以上的带宽,要瞬时信号达到这一水平是十分困难的,利用多个窄带步进频(Step Frequency Waveform,SFW)信号形成宽带是较为可行的一条技术途径[31]。

4.3　敌我识别/二次雷达

4.3.1　基本功能

预警机装备的敌我识别(IFF)设备主要用于对机载预警雷达发现的目标进行敌我识别询问,判别敌我属性,接收我飞机、舰船的呼救信号,并测定其位置。

二次雷达只适用于合作目标,通过询问并接收处理应答信号,提供获得合作目标识别代码、高度,测定其位置,接收民航机故障、被劫持的信息。

对敌我识别/二次雷达的基本要求是能够覆盖预警雷达、红外探测、电子侦察等传感器的覆盖范围,精度指标也能够与雷达匹配,以实现对目标的正确分辨和识别。

4.3.2　使用方式

在北约集团内部 SSR 与 IFF 是合用同一套询问机与应答机,最常使用的工作方式为分时工作,即敌我识别(IFF)询问机支路和 SSR 航管询问机支路在识别分系统中的工作时间内是交替工作的。当预警雷达发现目标时,通过传输总线将触发信号送给 IFF 询问机,IFF 询问机收到信号后开始工作。当 IFF 询问机工作时,SSR 询问机是关闭的。反之,当 SSR 询问机工作时,IFF 询问机是关闭的。作为民用航管 SSR 时工作在模式 A 与 C,作为军用 IFF 时工作在模式 1 与 2,此外 IFF 还增加一个 SIF 模式。此模式附加一个保密编码与解码器,可获得友机的单机识别码。

在苏联、华约集团与其他一些国家 SSR 与 IFF 则是两个独立的询问—应答系统。其中 SSR 与国际上通用,工作在固定的 1030MHz(询问)与 1090MHz(应答)两个频率点上。IFF 则工作在 UHF 波段上。

SSR 与 IFF 的询问和应答工作原理是相同的,但发射功率要比雷达低 $2\sim3$ 个数量级。询问机的有方向性天线与雷达天线组合(或结合)在一起。当询问脉冲码到达己方(或友方)武器平台(飞机或军舰等)时,这些武器平台上装有的应答机接收并解读出这些询问码,然后立即由其发射机发出应答脉冲码。询问机的接收机在接收和解出这些应答码后,就可获得应答者的下列信息:

(1)目标平台的位置(距离与方位)。

这一功能与雷达相同,但距离精度高于雷达。

(2)目标平台的属性。

属性由包含在应答码中由询问机解读出来。SSR 的 A 模式表明飞机航行管制上的属性,兼用于军用识别和民用识别询问。IFF 应答码则表明目标的我/友机

133

属性,通常将不作应答的未知属性目标作为敌方目标。

（3）目标平台的高度。

C 模式用于高度询问。应答机与平台上的高度计（气压高度计或大气计算机）有交联。平台的高度数字化后编入应答码中,由询问机解读出来。有的与 SSR 分开的 IFF 系统也有高度询问码与应答码。

（4）特殊信息。

SSR 与独立的 IFF 都有平台处于紧急状态的呼救应答码。SSR 的 A 模式,还可附加一个 SPI 码,作为个别识别信号。

近年内国际上逐步推广使用 SSR 的 S 模式。该模式最早出现在英国和美国,随着飞机数量的不断增加,为了单独询问一架飞机,使多架飞机的应答彼此独立,要求每架飞机有独立的代码和高度数据。该模式具有选择询问和单独应答的特点,还能增加防撞与双向传送信息的功能。

若询问机天线与雷达同步扫描,则应答信号的所在方位与雷达目标回波方位相同（或相差固定角度,如 180°）。应答脉冲返回的时间与雷达回波的到达时间基本相同,只相差接收询问码和发出应答码之间的很小一段延迟时间。雷达用脉冲往返时间表示目标距离,与二次雷达测距的基本原理相同,目标接收到二次雷达询问后发射应答信号,时间稍有延后,二次雷达的应答信号和雷达目标回波容易寻求相关。通过相关,可以得到目标的属性、高度等信息。

二次雷达询问机与应答之间的工作方式与通信相类似,即单程传输,因而询问机和应答机所需发射功率都较小。一般脉冲功率在 0.5kW ~ 2kW,平均功率在几瓦到几十瓦。因此询问机和应答机的发射/接收机的体积、重量、耗电都较小。如前面所述,询问机为了要测定应答目标的方位,其天线有方向性。而应答机则由于要接收和应答来自各个方向的询问信号,其天线是无方向性的。询问机的天线波束要与雷达波束同步扫描,为此询问机天线与机械扫描的雷达天线装在同一转台上。前者安装在后者的背面或上方,这是一种"组合"方式（见图 4.3.1）。

询问机天线与雷达天线也可以共用一个反射面,只是馈源分开,这是一种"结合"的方式。当雷达采用相控阵天线时,询问机也须采用相控阵天线,以便于通过相位控制保持与雷达波束同步扫描,实现快速询问。有的询问机相控阵天线单元设计成镶嵌在雷达相控阵天线阵面上,这是相控阵天线之间的"结合"。"结合"型天线可节省天线所占的空间,减轻天线总重量,但设计和研制"组合"天线必须注意确保询问机天线对雷达天线的副瓣电平的影响有限,因为雷达的低副瓣指标是探测能力的重要保证。应答机的天线通常只是 1 个或多个刀形振子,安装在机腹、机背、机头或机尾,通常加装多个,尽量避免机身在空间角上对它有遮挡。

在预警机飞行过程中,SSR 询问机通常是开机状态,A 和 C 模式交替工作。收到应答信号即进行录取,不论是否与雷达目标相关都进行航迹跟踪。IFF 则不同,

图 4.3.1　E - 3 预警机的 IFF 阵面位于雷达天线背面

一般只在对已发现的雷达目标需要识别时才在短时间内打开询问,其回答信号只作录取,求相关,不进行跟踪,以避免信号被敌人截获。

E - 3 预警机应用的 IFF 设备包括敌我识别询问器(AN/APX - 103)和敌我识别应答器(AN/APX - 101)。标准结构为冗余配置的两套收发机和一台信号处理器,以数字式分裂波束(Digital Beam Split)方式工作。后来的改进型 AN/APX - 103B/C 则采用了单脉冲技术和先进的目标检测和代码处理算法。作为 E - 3 的一项任务设备,AN/APX - 103 与数据处理器接口,从数据处理器接收指令以发射询问信号,接收到的应答信号解码后传送到数据处理器进行分析。AN/APX - 103 询问器所用天线安装在雷达旋转天线罩内,该天线也作为 TADIL - C(战术数字信息链 C,也称作 Link 4A)的发射天线。以 AN/APX - 103 询问机为基础的高方向性敌我识别系统,可在一次扫描中询问 200 个以上的空中、海上或陆上目标,既提供 Mk X 选择性识别(空中交通管制)又提供 Mk XII 军用敌我识别。Mk X 和 Mk XII 的多目标和多模式工作,与机载预警雷达(AN/APY - 2)雷达相结合,可使操纵员即时获得雷达监视空域和海域内目标的距离、方位、仰角、识别代码和敌我属性情况。

4.3.3　战术技术指标

对 SSR 与 IFF 的战术与技术指标要求包括:

(1) 询问应答作用范围要求。

询问距离 R_x 的计算方程为

$$R_x^2 = \frac{P_t G_t G'_r \lambda^2}{(4\pi)^2 P'_{rmin} L_s}$$ (4.3.1)

式中:P_t 为询问机发射峰值功率;G_t 为询问机发射天线增益;G'_r 为应答机接收天线增益;P'_{rmin} 为应答机接收机灵敏度;λ 为工作波长;L_s 为系统损耗。

应答距离计算方程为

$$R_Y^2 = \frac{P'_t G'_t G_r \lambda^2}{(4\pi)^2 P_{rmin} L_s} \qquad (4.3.2)$$

式中：P'_t 为应答机发射峰值功率；G'_t 为应答机发射天线增益；G_r 为询问机接收天线增益；P_{rmin} 为询问机接收机灵敏度；λ 为工作波长。

一般而言，SSR 的作用距离符合国际民航组织 ICAO 的有关规定即可。

作为获取目标属性的重要信息源，IFF 的作用范围应略大于预警雷达的作用范围，这样能保证雷达探测到的目标都能通过询问和应答获得识别和其他信息。通常 IFF 的询问/应答距离略大于雷达的探测距离，仰角覆盖范围也大于雷达，方位扫描范围相同。SSR 的应答信号有时也可作为友机目标航迹信息的来源。

（2）询问机测定应答目标的精度要求。

二次雷达询问机测定应答目标距离和方位精度应接近雷达的相应测定精度，这样易于实现目标的相关。

（3）容量要求。

SSR 与 IFF 应该达到与预警雷达相当的目标容量数量要求，并且可以在每秒内可以询问和应答数十批至上百批才能满足使用要求。

（4）正确解码概率。

SSR 与 IFF 应该具有很高的正确解码概率，特别是 IFF 对于判定目标的敌我属性和威胁程度具有重要作用，应及时准确地提供敌我属性。此外，预警机自身还会携带一个应答机，专门对其他平台的询问信息进行回答。

（5）抗干扰、反侦察能力要求。

为对抗敌方阻塞性噪声干扰，主要依靠较强的应答脉冲功率，此功率峰值在 0.5kW～2kW，敌方在同样距离上要用功率谱密度高于此值的噪声连续波才能干扰询问机的接收解码功能。为对抗敌方对应答码的侦察与模仿干扰则依靠密码的变换与密码组数多，IFF 应答识别码即按此要求设计与逐步改进的；对由询问机副瓣引起应答信号的干扰、由多个应答引起的阻塞效应、非同步应答脉冲干扰等非有意干扰，则依靠询问机的单脉冲体制天线与内部电路来滤除。

4.3.4 其他辅助识别信息

1. 海面船舶的识别手段 AIS

预警机在海面上空执行任务时，需要对大量的军用和民用船舶进行识别，船舶自动识别系统（Automatic Identification System，AIS）能够辅助实现对海上船舶，特别是民用船舶的识别和定位。AIS 本来是国际海事组织（IMO）和国际电信联盟（ITU-R）等于 2000 年共同推广的一种具有船舶自动识别、通信和导航功能的新型助航电子系统，由岸基（基站）设施和船载设备共同组成，是一种新型的助航系统,可将船舶动态信息和船舶静态资料由甚高频(VHF)频道向附近水域船舶及岸台广播,使邻近船舶及岸台能及时掌握附近海面所有船舶之动静态资讯,采取必要避让行动,对船舶安全有很大帮助。

AIS 船载应答机和基站设备主要技术指标基本相同,采样 156.025MHz 和 162.025MHz 两个国际专用频道自动发射和接收高斯滤波最小频移键控(GMSK)信号,已调信号中含有本船和他船航行信息,AIS 同时在这两个频率上接收信息,而发射信息是在这两个频率上交替进行的。AIS 能够提供的静态信息包括船名/国籍、MMSI 码/IMO 号、船型、目的地、船长和船宽、电子定位装置等;动态信息包括船目前位置(精度、纬度)和完整性状态、UTC 时间、航向、转向率、导航状态等;航行信息包括船舶吃水、危险货物种类、目的地和估计到达时间等。随着 AIS 在民用领域的广泛应用,各国开始研究 AIS 信息和 AIS 技术的军事应用,于是出现了军用 AIS。

预警机通过超短波链路实现海面舰船 AIS 信息接收和解析功能,即将 AIS 与超短波通信链路分时共用超短波链路电台、数据终端、滤波器、天线等硬件资源。

在预警机上加装 AIS 接收设备所占用的空间资源、增加的重量和耗电均十分有限,主要需要解决 AIS 对接收信号的检测灵敏度问题。船用 AIS 的有效探测距离一般只有数十千米,预警机升空后对海探测的距离通常达到 300km 以上,如何有效检测远距离舰船 AIS 发出的信号并降低大量接收信号造成的拥堵成为关键的技术问题。

2. 广播式自动相关监视系统 ADS – B

广播式自动相关监视系统(Automatic Dependence System – Broadcast，ADS – B)以先进的导航设备及其他机载设备产生的信息为数据源,以地空/空空数据链为通信手段,通过对外自动广播自身的状态参数,同时也接收其他飞机的广播信息,达到飞机间的相互感知,实现对周边空域交通状况全面了解。根据相对航空器的信息传递方向,ADS – B 应用功能可分为发送(OUT)和接收(IN)两类,其中 ADS – B IN 可接收其他航空器发送的 ADS – B OUT 信息或地面服务设备发送的信息,可使操纵员"看到"其他航空器的运行状况,从而形成空中交通情景。

ADS – B 的 OUT 和 IN 功能都是基于数据链通信技术。基于 S 模式二次雷达的 1090ES 数据链可供 ADS – B 用户使用,预警机的 IFF/SSR 可以融合 1090ES 数据链设备,实现 ADS – B IN 的功能。1090ES 是基于 SSR 的 S 模式扩展电文(ES)的功能。S 模式应答信号包含有 56 位(短报文)或 112 位(长报文)的数据块,其前 24 位为飞机地址码,其他数据位可用于传送所需的飞机参数,包含位置、高度、呼号等,传送的位置信息,通常每 1s 更新一次,作为预警探测的辅助信息。

4.4 红外与激光

红外技术很早已应用到军事领域,在第一、二次世界大战期间,德国和美国均开展了红外传感器的研究。与雷达相比,红外设备尺寸小,重量轻,有更高的测角精度,而且是被动接收,无须像雷达那样发射能量。红外探测遇到的问题是大气中的水蒸气、二氧化碳、臭氧和悬浮粒子等对红外辐射具有明显的吸收作用,特别在接近地面的稠密大气中传输衰减较大,因此红外传感器在大气稀薄的高空探测中得到应用,其中在天基探测中得到最广泛应用。事实上,如果空基平台的高度达到10km 左右或者更高,红外探测中高空目标还是非常适宜的。超音速和高超音速目标是未来的重要发展方向,而该类目标较低速目标相比具有更为明显的红外特征,为探测提供了有利条件,因而红外探测器是高空飞机探测高空高速目标的优选方案。

4.4.1 机载红外探测

美国从 1970 年代导弹预警卫星投入使用开始,就着手发展预警机光电探测技术,借助预警雷达和光电探测系统,建立一个包括预警卫星、预警飞机和地面/舰载预警雷达的完整预警系统。海湾战争后,美军进一步加大了对预警机载红外探测系统研制的投入,主要包括空军的机载监视试验(AST)计划和 RC – 135"眼镜蛇球"(Cobra Ball)预警机计划,海军的"门警"(Gate Keeper)系统计划和"高级鹰眼"计划。

1. 机载监视试验

AST 计划用于战区导弹预警,试验内容包括探测跟踪导弹、鉴别导弹碎片和诱饵、杀伤评估、导弹再入段热辐射测量和识别导弹等。1991 年后,AST 采用波音767 飞机平台,机上装有红外探测器和一部 X 波段雷达,把 X 波段雷达数据和红外传感器数据成功融合,具有全天候战区弹道导弹探测和跟踪能力,而且具有巡航导弹预警能力。一旦探测到导弹发射后,机内计算机自动跟踪弹道数据,向前预计弹着点,向后估算发射场。AST 已成功地进行了超过 37 次试验任务,并实现同时跟踪 9 个再入段的"和平卫士"导弹。

2. RC –135S"眼镜蛇球"预警机

美军根据导弹防御需要,为探测战区弹道导弹、巡航导弹和分析新武器能力,研制了 RC – 135S"眼镜蛇球"预警机。其改进型"眼睛蛇球"–2 在 1998 年投入使用,在原有传感器上增加一台高功率脉冲激光测距机,一种下一步改进设想是能为早期预警卫星提供目标的精确距离数据,并为 YAC – 1 机载激光武器提供试验依据。眼镜蛇球系统包括全景搜索设备、跟踪识别设备和激光测距机,可探测和跟踪射程在 450km～500km 的导弹,精确计算发射点(误差不超过 100m)和弹着点,估计突防时弹头的机动参数和飞行速度,其落点误差较国防支援计划(DSP)导弹预警卫星降低一半,若将两者进行数据融合则可使落点误差降低到 DSP 卫星估算误差的 1/20。

3. "门警"系统

"门警"系统是美国海军为其战区导弹防御系统研制的。该系统采用被动红外搜索跟踪和激光雷达精确测距的主/被动探测体制,可探测助推段和后助推段的战区导弹,并给出目标的精确三维轨道数据,拟装备 E-2C、S-3 或 E-3 预警机。其红外搜索跟踪器灵敏度很高,对弹道导弹的探测距离大于 800km;导弹高度为 32km 时,激光测距距离可达 300km;导弹高度为 53km 时,作用距离可达 450km。

4. E-2 预警机的"高级鹰眼"计划

"高级鹰眼"计划是美国海军旨在提高 E-2C 预警机对战区弹道导弹、巡航导弹远程预警能力的全面升级改造计划。其红外监视、搜索和跟踪系统安装在 E-2C 预警机的机头上,没有测距能力只有测角能力的角度跟踪器,可以和雷达数据进行融合,实时计算导弹的发射点和落点,也可通过"协同交战能力"(Coordinate Engagement Capability,CEC)数据链进行红外探测器组网,实现无源定位。最终通过与之相联的数据链路为战区或航母战斗群提供非常准确的三维位置图像和落点。

"高级鹰眼"E-2D 预警机的红外搜索与跟踪监视传感器(SIRST)已经研制完成。其研制初衷是为了向整个航空母舰编队提供有关导弹监视与跟踪信息,主要用来探测和跟踪中短程的巡航导弹和弹道导弹,并实时计算其发射位置和弹着点。SIRST 系统的红外传感器不仅安装在 E-2D 预警机上,还有一个配套传感器安装在航母舰队中。SIRST 的一个小型红外传感器安装在 E-2D 预警机的鼻锥位置,并利用飞机内部的处理器、控制器和显示装置为任务机组人员提供导弹的监视与跟踪信息。该系统仅具有角度跟踪能力,不具备测距能力,但它能利用雷达同步监测数据,实时计算导弹的发射点和攻击点,最终通过数据链为航空母舰战斗群提供非常准确的三维位置图像和跟踪信息。SIRST 可以与其他多种传感器的输入数据融合,如雷达、IFF、ESM/ELINT、"协同交战能力"系统和通过卫星通信获得的外部数据等,通过航迹相关,形成综合图像,支持网络中心战。据报道,SIRST 对低空亚音速巡航导弹的探测距离达 280km 左右。"楔尾"预警机机首下部也安装有红外传感器 AN/AAQ-24(V),"复仇女神"新型定向红外对抗系统,由导弹预警子系统和干扰发射子系统组成,主要用于在红外制导导弹攻击飞机时提供告警和对抗。美国空军还拟研制可安装在 E-3 预警机上的新型红外和激光传感器设备,主要功能是探测和跟踪战区弹道导弹。红外传感器首先发现处在弹道上升段的导弹,然后指引激光测距仪以获取高精度的弹道信息并进行转发。

机载红外预警探测设备的主要关键技术如下[33]：

（1）红外焦平面阵列探测器技术。

红外焦平面探测器是红外探测系统核心器件，其性能好坏直接影响探测能力。美国用于远程红外探测的第二代红外焦平面探测器技术已相当成熟。自主发展高性能中波和长波红外焦平面探测器已成为红外预警成败的关键。需要通过解决高纯度材料，大直径大单晶粒生长，焦平面芯片设计制造，大功率低温制冷和测试分析等技术，研制并生产出实用化产品。

（2）光学系统设计与装调技术。

红外探测器普遍是大阵面、小像元红外焦平面阵列。为了实现高空间分辨力成像，要求光学系统必须具有高的空间分辨力和良好的成像质量。如果采用红外/激光雷达探测体制，则要求红外粗跟踪、精跟踪、激光发射和激光接收光轴严格同轴和同光路。

（3）多目标图像跟踪处理技术。

多目标跟踪处理是预警探测系统的共性关键技术。对基于成像跟踪的红外探测则必须在图像预处理和融合处理的基础上，通过目标分割、特征提取、匹配相关和智能决策才能实现。

（4）目标特性和目标识别技术。

目标特性（红外辐射特性和飞行特性）既是红外预警探测系统设计的依据，也是目标识别分类的依据，然而敌方目标的红外辐射特性是十分保密的，给建立目标数据库带来困难。解决的技术途径是通过仿真试验，建立目标特征提取方法，积累目标特征数据；通过多源目标特征信息融合并建立目标识别算法；充分发挥红外系统高分辨成像的技术优势，提取目标的外形特征，提高识别概率。

（5）高性能伺服稳定平台。

在机载应用条件下，飞机的飞行姿态变化会导致光学系统瞄准线的变化，高精度伺服稳定平台是保证稳定跟踪和提高跟踪精度的技术措施之一。

（6）目标特性与目标检测、鉴别技术。

针对机载红外预警系统远距离探测状态下目标的弱、小以及所处背景复杂的特点，同时需要满足系统高检测概率、低虚警率的需求。因此，需要研究目标的红外辐射特性和目标的飞行特性，建立相应的目标特征数据库，为目标的可靠预警提供依据。在此基础上，开展低信噪比情况下的红外图像噪声对消与目标检测、多源目标特征信息关联与融合等技术研究，提高目标鉴别概率。

随着光电技术的发展，未来无人机红外预警系统技术必然向探测距离更远、功能更全、组网探测的方向发展，具体趋势如下：

（1）多功能一体。

要求对弹道导弹、巡航导弹、隐身战机、地面/海面目标、临近空间目标、空间目标等的预警探测、跟踪和识别能力集于一身,并可根据具体任务设置不同工作模式。

（2）红外与雷达预警一体。

红外预警探测系统和雷达预警探测系统工作在不同的波段,各有所长,两个系统配合工作,可提高目标识别可靠性,增加系统测量精度。

（3）多波段共孔径一体。

降低体积重量,利用短波、中波、长波红外和可见光波段目标与背景辐射特性的不同,提高发现概率,降低虚警概率,增强识别能力。

（4）被动红外系统与主动激光测距一体。

红外搜索跟踪系统只能测角,为了快速测量和预测目标轨迹,红外搜索跟踪系统与激光测距机结合可实现目标搜索、跟踪和飞行轨迹的精确测量。

4.4.2　机载红外告警

预警机生存能力十分重要,因而对告警系统的需求十分迫切。机载导弹逼近告警系统就是运用光电或雷达技术手段,对敌方来袭导弹进行探测、搜索、定位、辨识、测定,并确认其威胁程度,向飞机平台提供相应情报、发布告警信息或直接启动干扰装置的系统。告警探测器可分为雷达告警系统、多普勒雷达主动告警和红外告警等。

雷达告警系统采用电子侦察 ESM 手段,接收空间存在的各种雷达信号,例如,机载或地/舰面导弹制导雷达的辐射信号。通过告警设备内部的信息处理机,识别是否存在与威胁相关联的雷达信号,并对其进行跟踪和定位。该设备可告警主动、半主动雷达制导导弹及雷达探测,但对红外和激光制导导弹却无能为力。由于雷达告警系统能在大于制导雷达有效跟踪距离之外探测到后者的信号并发出警报,预警机可及时机动飞离威胁目标。当前几乎各型预警机,不论大小,都已装备 ESM 系统,这种雷达告警系统已成为预警机最基本的自卫分系统设备。

多普勒雷达主动告警也称为导弹接近告警系统（MAWS）,实际是一个专用的小型脉冲多普勒雷达,能在全方位（或前后向主要受攻击方位）上发现高速飞向预警机的各种导弹,不论其导引是主动还是被动。在探测和判定导弹威胁后,立即向机上指挥员发出警报。预警机要马上采取对抗措施,包括关闭主雷达,使反辐射导弹失去寻的源;抛射出干扰箔条弹与红外火焰弹,使有雷达导引头的导弹被箔条形成的大 RCS 假目标所吸引,有红外寻的导引头的导弹则被火焰产生的强红外源所吸引;飞机作大机动脱离原来航线,甩开来袭导弹。由于导弹的 RCS 小,只能在较近距离上被发现和告警,上述这些对抗动作要在几秒内进行。预警机上 MAWS 雷达探测导弹的有效探测距离应不小于 10km ~ 15km,确保告警后留给对抗动作时间能不小于 10s。MAWS 雷达的角度覆盖范围最好能全方位。由于大量导弹的

RCS 较小,MAWS 雷达对其探测距离较近。

综上所述,主动雷达告警易暴露自身且重量较重,雷达告警接收机和激光告警对红外制导导弹无法告警,红外和紫外告警虽然对任何方式制导的来袭导弹都有效,但紫外告警只能告警发动机工作阶段,并且其擅长的低空近距同样面临着地面复杂的干扰(如战场火焰),随着红外探测技术的迅猛发展和图像识别算法的大幅改进,红外告警已越来越受到世界各国的重视,逐渐成为普遍采用的机载导弹逼近告警方式。自动、快速、高分辨和多谱段等特点是未来机载红外告警系统的发展趋势。

4.4.3　机载激光探测

激光自 20 世纪 70 年代问世以来,世界各国就看到了它所孕育着的巨大军事潜力。激光探测以发射激光束探测目标的位置、速度等特征量。典型的探测装备为激光雷达,其工作原理与微波雷达没有根本区别:向目标发射探测信号(激光束),然后将接收到的目标回波与发射信号进行比较,作适当处理后,就可获得目标的有关信息,如目标距离、方位、高度、速度、姿态,甚至形状等参数,从而对飞机、导弹等目标进行探测、跟踪和识别。与普通微波雷达相比,激光雷达由于使用的是激光束,工作频率较微波高了许多,因此带来了很多优点,具体如下:

(1)分辨力高。

激光雷达可以获得极高的角度、距离和速度分辨力。通常角分辨力不低于 0.1mrad,也就是说可以分辨 3km 距离上相距 0.3m 的两个目标,这是微波雷达难以实现的,并可同时跟踪多个目标;速度分辨力能达到 10m/s 以内。距离和速度分辨力高,意味着可以利用距离—多普勒成像技术来获得目标的清晰图像。

(2)抗有源干扰能力强。

激光直线传播、方向性好、光束非常窄,只有在其传播路径上才能接收到,因此敌方截获非常困难,且激光雷达的发射系统(发射望远镜)口径很小,可接收区域窄,有意发射的激光干扰信号进入接收机的概率极低;另外,与常规雷达易受自然界广泛存在的电磁波影响的情况不同,自然界中能对激光雷达起干扰作用的信号源不多,因此激光雷达抗有源干扰的能力很强,适于工作在日益复杂和激烈的信息战环境。

(3)低空探测性能优。

由于存在各种地物回波的影响,微波雷达低空存在盲区,而对于激光雷达来说,只有被照射的目标才会产生反射,不存在地物回波的影响,低空探测性能较微波雷达有显著改善。

（4）规模较小。

通常微波雷达的体积庞大,重量达数吨至数十吨,仅天线口径就达几米甚至几十米。激光雷达轻巧许多,发射望远镜的口径一般只有厘米级,整套系统的质量最小的只有几十千克,适于在飞机上安装。同时,激光雷达的结构相对简单,维修方便,操作容易。

将激光探测设备应用于预警机,可以用于对检测到的目标进行高精度跟踪,克服机载预警雷达定位精度不足的问题,同时还可用于近距离导弹告警。激光雷达的主要缺点是受天气和大气影响大,难以实现远距离探测。

此外,高功率的机载激光还可以作为进攻武器,与常规武器相比,机载高能激光武器具有以下特点:

（1）速度快。

激光束以光速 $3 \times 10^5 \mathrm{km/s}$ 射向目标,目前一切军事目标,包括几百至上千千米高空的卫星,相对于光速来说都是静止目标,因此射击时不需要提前量,就能把能量高度集中的光束以光速直接射向目标。

（2）精度高。

激光方向性强,其发射波束张角极小,几乎为零,相当于世界上最先进的探照灯光束发散角的百分之一。由于其高方向性,可将聚焦的狭窄光速精确的对准某一方向,选择攻击目标群中的某一目标,甚至击中目标上的某一脆弱部位如弹道导弹上的燃料舱。

机载激光武器也有局限性。随着射程增大,照射到目标上的激光束功率密度也随之降低,毁伤力减弱,使有效探测距离受到限制。激光武器使用时还会受到环境影响,在稠密的大气层中使用时,大气会耗散激光束的能量,并使其发生抖动、扩展和偏移。

激光设备用于预警机,有望实现探测到防御,甚至主动打击功能一体化,对于防御低空飞行的巡航导弹这类探测和拦截都困难的目标具有重要意义。不过,基于目前的技术水平,要将激光武器设备压缩体积和重量后安装于预警机平台还有很大的难度。

4.5　无源电子侦察设备

4.5.1　无源电子侦察设备功能和特点

预警机探测系统中通常配备无源电子侦察设备,对预警机任务空域内各种平台的雷达、通信、导航、敌我识别等电磁辐射源进行侦察、监视和识别,掌握其信号特征、类型、部署等战技参数,为预警雷达提供重要的辅助探测情报,提高预警机的目标综合识别能力,同时,形成战场综合电磁态势,为我作战行动提供实时、准确的电子对抗情报支援。另外,无源探测设备还可承担预警机平台的自卫功能,对直接威胁载机安全的敌方防空武器系统的目标指示、武器控制雷达及来袭导弹等进行威胁告警,提升预警机生存能力。承担电子对抗情报支援时,通常称为电子战支援系统(Electronic Support Measures, ESM),承担雷达自卫告警时,通常称为雷达告警器(Radar Warning Receiver, RWR)。预警机上的无源电子侦察系统能力比普通的雷达告警器强得多,因此在预警机上一般不用配置独立的雷达告警器。目前各国预警机系统中都已普遍装备无源电子侦察这一设备,成为战场电磁目标信息的重要来源。

电子侦察获取目标位置参数主要是通过测量目标信号到达的时间差和目标信号方向完成的。单个和多个接收站均可以完成上述功能,基础方式是单平台电子侦察。对于二维问题,一个目标到两个侦察平台的时间差(距离差)已知时,它的轨迹对应两个侦察平台为焦点的双曲线,这也是最常用的一种情况。当辐射源直接到达某个侦察站和经目标到侦察站的时间差(距离差)已知时,目标的轨迹对应以辐射源和侦察站为焦点的椭圆(辐射源和侦察平台的位置已知)。对于三维问题,上述的双曲线形和椭圆形目标轨迹就转变为旋转双曲面和椭球。

机载多平台无源探测采用多个站同时对目标辐射信号参数进行测量,通过多个平台测量参数的联合处理进行定位,具体定位方法包括测向交叉定位与时差定位等,有关多平台协同探测的内容将在第8章进一步讨论。

除常规的测角和测时差交叉定位等经典理论外,无源定位的原理还有很多,例如目标信号多普勒频率变化与目标方位角和目标距离均存在一定关系,只是要在非常短的信号周期内将差频测量准确十分困难,才限制了多普勒频率信息在工程上的应用。使用多个接收站,利用不同的相对运动来解算目标可能的运动状态或许是无源定位未来发展的一个重要途径。

无源电子侦察设备主要的特点如下:

(1)侦察探测距离远。

预警雷达接收的信号是经过目标散射的极微弱的回波,而无源电子侦察设备接收的信号是电磁设备发射的直射波,用最简单的直接检波式接收机,就可在敌电磁设备作用距离之外发现装载雷达设备的目标。用高灵敏度的超外差接收机可以实现超远程侦察,监视敌方机载平台、地面武器系统等电磁辐射源的活动情况。

(2)获取信息丰富准确。

无源电子侦察可以测量电磁辐射源等信号的多项参数,如频率、脉冲重复间隔、脉冲宽度、天线扫描周期、调制特征等,并根据这些信号参数准确判定目标的性能和用途,甚至利用信号参数的微小区别,对带有相同型号电磁设备的不同目标也能区分、识别,直至指出载体的名称。

（3）预警时间长。

相比预警雷达探测,无源电子侦察可以远距发现敌方雷达、通信辐射源等,因此可以在预警雷达发现目标之前做好战斗准备。

（4）隐蔽性好。

无源电子侦察设备只接收外部电磁辐射信号,不发射电磁波,因而具有高度的隐蔽性,这在战斗中是非常有利的。

同样,无源电子侦察设备也存在着自身的局限性。

（1）获取情报完全依赖于电磁信号的发射。

这是信号侦察设备的固有缺陷,敌方电磁设备若采取电磁静默或低截获技术等反侦察手段,将导致侦察设备难以有效发现目标。

（2）不能瞬时直接测距。

单平台无源电子侦察设备无法对目标瞬时测距,必须经过平台的移动或多个无源电子侦察设备协作才能实现对目标的测距和定位。

因此,无源电子侦察必须与机载预警雷达等其他探测手段相结合,才能取长补短,构成预警机有效的严密的探测体系。

需补充说明,因为受到雷达定位机理的影响,不少人习惯用距离误差表示无源定位误差,且采用相对值。事实上,无源定位的误差与距离之间不存在简单的线性关系,误差的增长完全可能较所谓的平均距离增长快,当然也可能较平均距离增长慢,而不是简单地用长度来计量。能够较为完整地描述定位误差的参数通常是定位误差椭圆或椭球的各个轴长,为简化起见,工程上可以通过约定用一个误差量值来表达精度的高低,其中一种约定是 50% 概率的等效半径。对于二维问题,可以进一步将椭圆变成圆（CEP）,误差也就变成各向同性的,从而省略了对误差分布的描述[44]。

4.5.2　无源电子侦察设备基本组成

无源电子侦察设备可完成各种不同的任务,但组成基本相同,如图 4.5.1 所示。

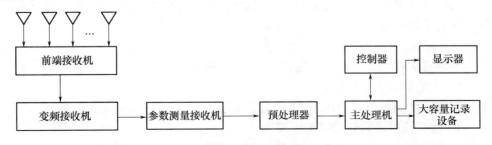

图 4.5.1　现代无源电子侦察设备组成

侦察设备的前端接收机一般靠近天线安装,对信号进行限幅、滤波、放大等处理。变频接收机负责将射频信号变换至可供参数测量接收机直接数字采样的中频信号。现代无源电子侦察设备参数测量接收机已能够通过数字处理对电磁信号同时提取其工作参数和方位等全参数信息,不需要配置独立的测频和测向接收机。

为了适应密集、复杂、交错、多变的信号环境,无源电子侦察设备采用预处理机将高密度的雷达信号流降低到主处理机可以适应的信号密度。预处理通常采用高速专用电路,通过简单的处理步骤,将大量不感兴趣的或已知的雷达信号从输入信号流中剔除。

主处理机完成对雷达信号的分析和识别。主处理机分析的目的是得出雷达信号脉冲串所包含的信息,如天线扫描方式、天线方向图等。主处理机识别的目的是得出雷达的本身属性(如性能、用途等)。通常主处理机由高速小型计算机担任。

需要指出,信号分选能力的高低将直接决定电子侦察设备的适用效果。只有将各个频率的电磁信号从密集、交错的信号流中分离(分选)出来,才能对信号进行有效的分析和识别。信号分选的任务由预处理机和主处理机分担完成。

人机接口的主要作用是控制雷达信号侦察设备的各部分工作状态,使雷达信号侦察设备按操作员的要求在感兴趣的空间、频段对雷达信号进行接收、处理和显示。

总体上,现代无源电子侦察设备为了实现 100% 截获概率和对各种信号的分选,分析、识别。天线和接收系统:在频域上具有宽开工作频段、瞬时、精确测频能力;在方位上具有全向、瞬时、精确测向能力;在接收电路上适应密集信号的接收;信号处理系统必须具有信号分选能力和复杂信号的处理能力。

4.5.3 无源电子侦察设备的主要战术技术指标

1. 工作模式

无源电子侦察设备的工作模式可以大致分成 3 种。

(1)常规全向侦收。

通常采用宽带支路进行全向大范围搜索侦收,提供辐射源类型、敌我属性和威胁等级等态势信息。

(2)重点方位威胁侦收。

对重点关注的方位进行侦收,通常为窄波束接收。

(3)重点频段威胁侦收。

根据关注的重点目标情况,进行重点频段的侦收,通常侦察带宽较窄。

2. 侦收辐射源信号的探测距离

对于雷达威胁告警功能,通常其对象为战斗机的机载多功能雷达,一般要求有效侦收距离为对方雷达最大跟踪距离的 1.2 倍 ~1.5 倍左右。但对于预警机这类雷达散射截面较大的目标,战斗机雷达在很远的距离上即可跟踪预警机,因此雷达威胁告警距离应考虑具体的使用方式,结合机载空空导弹的射程和我方战斗机护航空域范围确定合理的雷达告警距离要求。这样既可以避免远距离告警造成机组人员不必要的紧张,也可以确保预警机有足够的告警反应时间,供机组人员采取干扰和逃逸措施。

预警机电子侦察设备对灵敏度的追求是无止境的,最终的目的是在视距范围内,只要机载多功能雷达开机,即可发现目标。

3. 侦收辐射信号的频率范围

应包括常用的各种雷达、通信频段。目前,雷达对抗支援侦察(ESM)的频段为 0.5GHz ~ 18GHz,重点为 8GHz ~ 18GHz,电子情报侦察(ELINT)的范围应扩展到 1.5MHz ~ 40GHz,在未来发展中频率上限应达到 140GHz,用于对短波和超短波通信、米波雷达和毫米波雷达的侦察。

4. 参数测量精度

通常对于信号到达方位、载频等各种参数的测量范围有比较明确的指标,一般都有一个取值范围。测量精度一般用绝对误差和相对误差来表示,对误差的统计形式有最大误差和均方根误差。对于频率的测量,最典型的是分段表示它的误差,即特定频率范围内的测频误差,例如,从 500MHz ~ 1000MHz,绝对误差 2MHz。

对于重复频率的测量,通常是通过先测量脉冲重复周期,然后通过计算求得的,所以常用计时误差来描述,表示误差时常用一个公式,如 $(100000/F + 1)$ Hz,其中 F 为重复频率。

对于脉宽测量,往往不再精确,从而节省一定的设备硬件和数据存储容量。

5. 信号处理能力

分选和识别信号是无源电子侦察设备的一个重要功能。这个功能主要不是由接收机完成的,所以能力的指标描述也不同于一般的接收机。

首先是信号环境密度,即整个雷达情报侦察设备能在密度为每秒多少个脉冲的环境下接收并处理这些信号的总和。很显然,这个数字越小对设备的要求就越简单,这个指标的常值为每秒 10 万 ~ 100 万个脉冲。

其次是能够分选几个雷达。如果它们只来自一个雷达,那就不用处理;如果只来自两部雷达,处理起来只用一次划分,也相对简单;如果一串脉冲来自 10 部雷达,分选就难多了。这个指标一般为几到几百部雷达。因为当有几部雷达交错在一起时,如果雷达的信号规律很简单,比如说载频频率是单一值,重频是固定的单一值,脉宽也是固定的,那么设备通过比较这种简单的规律就比较容易地区分并识别几个雷达;而复杂的信号可以包括载频分集(即同时有几个载频)的信号,载频慢变化的信号和载频在每个脉冲之间捷变的信号,还包括在一个脉冲内载频可以发生变化的信号,脉宽可以有几种不同的值,对于脉冲间隔,变化可以更为复杂,包括重频可变、重频滑变、周期参差、周期有规律调制、周期伪随机调制、脉冲群组、脉冲编码等。在一定意义上说,能够分选所有这种复杂信号的混合是不可能的,但作为指标,总可以表达为在一定限度的复杂性之下能分选识别它们。

6. 快速反应能力

无源电子侦察设备在预警机上使用时,不论其作为电子支援使用还是作为自卫告警使用,其快速的识别和处理时间是综合探测和快速反应的必要条件。因此,常用系统响应时间或告警反应时间来表示设备对信号的处理或响应时间。

7. 容量要求

容量要求包括两个内容,一是系统对于密集信号源的处理能力;二是系统储存的对方辐射源参数数据库容量。

现代世界上有潜在冲突地区的空间电磁信号密度是很高的,随着军事信息化发展不断加快,这些指标不断提高。辐射源数据库的容量技术上主要决定于系统内电子计算的存储容量,不存在困难。当前 ESM 设备的指标为 1000 个 ~2000 个辐射源。建立这一数据库的真正困难所在是对潜在敌方雷达参数测定、纪录与更新。这要依靠持久的电子侦察工作通过长期积累才能获得。

8. 协同能力

无源电子侦察设备有多个接口,接受预警机自身装备的各种雷达(包括一次雷达、二次雷达、气象雷达、导弹接近告警雷达等)与各种有源干扰系统等各自送来的“抑制信号”。该信号使 ESM 系统对自身装备的雷达与干扰辐射源不响应,也不会被饱和阻塞,包括对地/海面反射的雷达杂波信号实现消隐。

在每次执行任务前,应明确是以战时经常使用的高威胁辐射源告警和电子支援方式为主,还是以和平时期经常使用的电子情报侦察工作方式为主。因为不同的工作方式,系统的工作状态会设置成不同的状态。在执行以电子情报侦察工作方式为主的任务时,无源电子侦察设备在升空之后应该尽量多的收集情报,将每次收集的识别分选结果、全脉冲采集数据进行事后处理,对能够定位的雷达给出位置信息。将得到的情报进行有效的管理,建立有关情报数据库,这样就能及时发现新出现的信号,了解到侦察空域的异动情况。表 4.5.1 为典型辐射信号的工作频率、脉冲重复间隔和脉冲宽度。

表 4.5.1 不同雷达的典型信号参数

雷达种类	频率范围/GHz	脉冲重复间隔/μs	脉冲宽度/μs
搜索警戒雷达	1~1.5,2.2~3.2 5~6	1000~5000	1~100
精确测量雷达	2.2~3.2,5~6, 6~8	150~5000	小于100,多为窄脉宽和 脉冲编码信号
地面防空武器系统	5~6,6~8,9~11, 14~16	6~2000	0.2~2 10~500
机载火控雷达	9~11	4~200	0.5~20

电子支援和雷达威胁告警对信号侦收通常对辐射源主瓣或近副瓣信号进行截获和侦收。对于频率同时分集、频率分时分集或重频组变雷达信号系统的处理能力也会下降。对现有复杂体制雷达要进一步清晰的观察辐射源,则需要操纵员结合自己掌握的雷达信号知识利用辐射源的全脉冲数据来人为判别,在地面数据后处理时更要注重这方面的分析。

小型和中型预警机上无源电子侦察设备没有独立的显控台。信号处理器将信号数据送到预警机的数据处理设备中,由后者寻求与雷达目标信号相关,并送到雷达显控台上,供战术图形显示和表格数据调看。

大型预警机上无源电子侦察设备有自己独立的显控台,电子战军官或电子对抗侦察操作人员在显控台上操作控制无源电子侦察的多种功能,并与雷达显控台(主要是与任务指挥员的显控席位)及时交连信息,以完成与雷达目标相关和提供目标分类,识别信息以及威胁警报。

此外,通信侦察设备作为辅助预警手段,主要用来截获敌方空空与空地通信,可在远距离发现敌方飞机的活动情况,并判断敌方的战术意图。通常只有在大型预警机系统中才装备这一设备,但通信侦察设备与预警机上通信设备的兼容工作是任务系统设计需要重点解决的难题。通信侦察定向精度可达到1°~2°,有利于将侦收到的对方通信信号与雷达观察到目标信号相关。

预警机上 CSM 的侦察对象主要是敌方航空兵器的空地与空空通信网。因此通常覆盖的频段是 VHF/UHF,即 20MHz~500MHz,但如战术上需要也可向下延伸到 HF,向上扩展到 L 波段。侦收距离应不低于视线距离或雷达探测目标距离,并可以侦收 AM、FM、SSB、FSK 与 PSK 等多种信号调制形式。

预警机上使用的通信侦察设备有两种形式:只具备侦收信号的能力和具备侦收并测定信号源方位(定向)的能力。第一种构成较简单,包括一个或一组宽带无方向性接收天线及与天线连接的宽带高频放大器,一组可选择带宽的中频放大器与检波解调器,以微处理机为核心的数字化信号分析器,信号记录器,以及系统的显控台。宽带天线安装在机腹下或机尾上,以求尽量减少机身的阻挡影响。第二种的构成除了上述侦收系统之外要增加一个接收定向系统。后者包括一到两个定向天线阵。每个天线后面都接有高频放大器,它们的输出送到定向接收机,计算信号源的方向。CSM 系统可能还需要配置专门的语言学专家,负责对语音信号进行监听。信号的参数都自动记录下来,并通过数据处理设备与雷达信号寻求相关,也可在雷达显控台上显示。

4.5.4 无源电子侦察新技术

1. 宽带阵列测向技术

无源探测系统对宽空域、大带宽和高灵敏度覆盖的需求是无止境的。但受限于预警机装机空间、天线孔径、微波器件和电子器件性能的限制,目前大多数预警机的无源探测系统能达到的基本能力包括 360°全方位面、2GHz ~ 18GHz 频段瞬时覆盖,并对典型战斗机载多功能雷达主瓣探测距离达到 200km ~ 300km。

天线小型化技术的发展进一步突破了天线波长孔径比与天线增益的关系,使电子侦察天线可以用较小的尺寸达到较高的接收增益。采用多元天线组阵和空间波束合成技术可以获得更高的接收增益,进一步提升无源电子侦察的接收灵敏度,使无源电子侦察在 300km 甚至更远距离接收战斗机载多功能雷达副瓣波束成为可能。

此外,基于阵列的无源测向使无源电子侦察的测向精度也进一步提升,将可以与预警雷达测角精度相匹配,无源探测和有源探测信息的相关融合概率也会进一步提升。

2. 以预警机为中心的组网协同无源探测技术

空战中,预警雷达受到敌方反辐射武器或干扰机的威胁不可能连续长时间开机,因此,预警机无源探测系统将承担大量的预警探测、态势感知和指挥引导等作战任务。预警机及其护航机群编队内部将以预警机为空中作战指挥的核心,通过机载武器协同数据传输系统完成信号级的数据实时传输,实现组网协同无源探测和攻击引导任务。同时,整个战区内多个机群之间也将以预警机为核心进行协同作战,形成以网制网的体系化作战能力和对抗能力。通过组网协同实现信息综合,获得更大空域和时域范围的统一、连续电磁态势,甚至可对目标形成实时点迹和航迹,获取战场实时态势。战场实时态势信息可直接分发至作战单元,引导作战单元执行精确探测和火力打击等任务。

3. 机载单站无源定位技术

预警机具备无源快速定位功能可直接引导干扰机、反辐射武器以及战斗机对威胁目标实施电子进攻和火力打击,在作战中实现无源攻击引导的作战功能。基于预警机的机载单站无源定位技术包括对地面(海面)固定和慢速运动目标的快速定位和对空中目标的快速定位两个方面。由于载机和目标都处于高速运动状态,对空中目标的空空快速定位技术,需要更多的观测量如对目标辐射源频率、PRI 等参数多普勒变化的精确测量,以保证定位系统的可观测性。

"欲穷千里目，更上一层楼"

——唐　王之涣

第5章　浮空器载预警探测系统

机载预警探测系统在低空补盲和机动预警等方面具有重要作用,但不能长时间工作,探测覆盖范围也不易固定。除飞机外,人类还探索了其他升空平台,如浮空器。浮空器载预警探测系统具有留空时间长和探测范围稳定等独特的优点。一般认为,空基预警探测系统最佳的方案是由机载预警系统和浮空器组成的混合系统。浮空器主要包括气球和飞艇,其内部填充密度小于空气的气体,如氦气、氢气、氮气和热空气等,氦气和氢气的密度最小,同等体积下浮力最大,但氢气易燃,难以推广使用,因而内部填充基本上以氦气为主。浮空器加装雷达或红外预警探测装备后可用于低空补盲和远程探测,尤其是飞艇可工作于平流层,高度比普通飞机更高,视距远大于普通飞机,十分有吸引力。本章主要介绍气球载雷达和预警飞艇的功能、特点、主要战术技术问题以及使用需求。

5.1　气球载雷达系统

5.1.1　功能和特点

从长远看,对低空目标的远距离预警应发展卫星、预警机系统等高科技侦察手段。但在发展中国家,发展一定规模的浮空雷达系统是合理有效的选择。与机载预警雷达相似,气球载雷达不受地球曲率和遮蔽物的影响,有利于扩展雷达视距,居高临下探测巡航导弹之类的低空目标,即可用于战区内重点保卫目标的前沿防空和低空补盲等任务。气球载雷达与机载预警雷达多有相似之处,但也有一些独特的优势。

(1)由于空中平台的优势,浮空雷达的低空、超低空探测能力远超过了地面雷达,部分性能优于机载预警雷达,对超低空目标的探测距离可从地面雷达的几十千米,提高到数百千米。同时,与飞机平台相比,浮空气球平台接近稳定不动,副瓣杂波对应的多普勒频率范围较小,对低速目标探测的影响也较小,因此气球载雷达对低速目标的探测能力也优于机载预警雷达。

(2)气球载雷达系统的另一优点首先表现为留空时间长,利用系留气球平台将雷达悬浮在数千米的高空,可以连续不间断的在空中工作数周,这是无人飞机或预警机很难实现的。虽然由于气象的原因,浮空器和设备的可用时间有所下降,但

153

通常年平均可用时间仍大于 95%。

（3）气球载雷达使用效费比高。系统在长时间的留空执行任务期间，通过地面设备给系统供电，气球系统的主要消耗为氦气的泄露，推算通常每小时的开销仅数百美元，与无人机和预警机执行相同时间的任务相比，其效费比明显具有优势，每小时数百美元的运行成本对于低空雷达监视是最低的，在海岸警戒和低空补盲等方面具有广泛的应用前景。

（4）气球载雷达也存在明显的不足。一是气球载雷达规模较大，机动性差，特别是升空部分，体积大，目标特征明显，难以躲避火力打击。二是气球载雷达使用中容易受到雷电和大风等灾害的影响。此外，与预警机相比，气球载雷达的升空高度毕竟较低，难以实现远距离的低空预警。上述因素在装备的研制和部署使用中应该充分考虑。

5.1.2　基本组成

1. 系留气球平台

气球载雷达系统包括任务电子系统、系留气球平台系统和随行保障设备 3 部分。任务电子系统由球载雷达、IFF/SSR、光纤通信设备、地面情报处理分系统等组成。系留气球平台系统包括球体、电源设备、测控设备、防雷电设备、照明和灯光信号设备、系留缆绳、升空/回收设备、地面锚泊设备和氦气保障设备等。随行保障设备包括气象监测设备、供电保障设备、氦气储存和纯化设备、系统维修保障设备和工具等。

典型气球载雷达系统布置如图 5.1.1 所示。

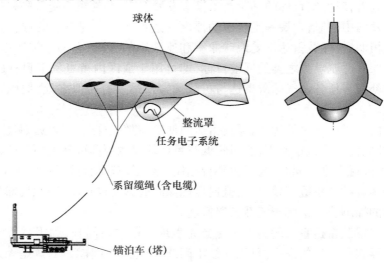

图 5.1.1　典型气球载雷达系统布局

球体是一种加压的完全柔性的大型结构,能升到 2km ~ 5km 高空,与地面用一根或多根系留缆绳连接,一根居多。球体包含两个用气密织物隔层分开的主气囊和副气囊两部分。主气囊充氦气,提供浮空器的升力。副气囊充空气,用于调节球体内部压力,保持球体的"刚性"。副气囊由传感器、开关、鼓风机和阀组成的自动系统控制气压,以在所有高度上保持球体的空气动力形状。当浮空器上升到高空时,膨胀的氦气强迫空气从气囊室通过自动阀扩散到大气中。随着浮空器从高空收回,氦气被压缩,球体压力减小,触发自动机构将空气泵入气囊隔间以补偿,在所有时间保持空气动力形状。

由高强度的多层织物织成的球体能抗环境老化,在各种环境中能长期使用。为使氦泄漏最小,并提供浮空器的强度,热粘接在一起的完整的柔性结构使氦气的损失率极低。

地面锚泊设备通过特别设计的绞盘机构安全而可靠地控制系绳,在各种拉紧情况下,没有对至关重要的系绳链路引起损坏或过度的磨损。开发成功的停泊系统能在浮空器关键的升空和回收时可靠地使浮空器机动,并在各种不利的气象条件下停泊时保护浮空器。当球体在地面上时用来存放系绳,在升空时保持系绳在要求的长度,并在升空和回收时放出和拉回浮空器。系留缆绳、地面锚泊设备对气球载雷达的整体工作性能和安全性能均产生重要影响。缆绳的设计难度较大,主要体现在以下几个方面:

(1) 缆绳要保证具有足够的强度,并为承受可能出现的最大受力留有裕量。

(2) 要有良好的弹性,能够在多次的收放卷曲中确保强度不下降,内部的供电线路、信号传输光纤和雷电泄放线路在长期使用中能够正常工作。

(3) 要与收发装置匹配,缆绳表皮的摩擦系数要与收发装置的接触面匹配,确保两者的接触面受力均匀,使用中缆绳表面不会出现意外的摩擦损伤。

锚泊车上通常有锚泊塔,通过足够高度的锚泊塔来保证球体不会有撞击地面的危险。锚泊塔的强度要求也较高,确保使用中不发生形变,并有足够的抗风能力。

目前采用的空地通信主要有两种手段,一种是微波无线传输,其设计较为简单,但传输数据容量有限,且抗干扰能力差;另一种是在系留缆绳内部增加光纤,实现大容量数据传输,这种方式的抗干扰能力很强,带来的主要问题是增加了缆绳设计的难度。

值得注意的是,氦气是浮空平台使用的重要保障,主要来源有两方面:一是太阳的核聚变过程;二是陆地岩石缓慢而稳定的放射性衰变。美国西南部的石油和天然气当中具有全世界难得一见的高氦浓度。2010 年 8 月 23 日的《每日邮报》发表美国科学家的文章,认为"氦气是宝贵的自然资源,一旦氦气储备耗尽,人类将没有其他气体可以替代,按照目前的消耗情况分析,20 年左右全世界氦气也许就会耗尽,建议控制氦气的销售和使用"。美国的氦气储备占世界总储量的大半,不仅掌握着氦气的定价权,也决定着其他许多国家在需要时能否得到足够的氦气。上述言论虽有危言耸听之嫌,但却是一种提醒:在研制大量应用氦气的浮空器装备时必须进行充分论证,确保氦气资源有保障是开发和使用的前提条件。

2. 球载雷达

球载雷达与机载预警雷达的组成相似,在技术上也需要较大的接收动态范围、较强的反杂波和抗干扰能力。与机载预警雷达相比,球载雷达的不同之处主要在于以下几点:

(1)杂波频谱分布窄。

气球载雷达平台相对于飞机而言近于是固定的,通常情况下球体飘移的速度最大不过数米/秒,主瓣杂波基本处于零频附近,因此不存在明显的主杂波展宽问题,对于低速目标的探测能力明显优于机载预警雷达。在副瓣杂波方面,球载雷达与地面雷达接近,地面雷达完全静止不动,主瓣副瓣杂波完全重合。球载雷达副瓣杂波所占的频谱宽度也很窄,与主杂波的重合度较高,对目标检测的影响较小,因此在传统的 PD 方式下,气球载雷达对低速目标和小目标的探测能力一般优于机载预警雷达。

机载平台有明显的运动,导致频谱扩散,D. K. Barton 给出的相应频谱扩散范围大约为[14]

$$\sigma_{vp} = \frac{v_p \theta_a}{2.4} \sin\psi_0 \qquad (5.1.1)$$

式中:v_p 为平台运动速度;θ_a 为雷达方位波束的宽度;ψ_0 为方位波束与平台运动速度之间的夹角。

(2)杂波特性较为稳定。

球载雷达部署地点相对固定,周边地理环境产生的杂波特性也是稳定的,因此可以针对不同方位和距离段的杂波特性,建立杂波图,分别设置不同的杂波对消方式。此外,雷达一般加装在透波性能优异的整流罩内,整流罩材质与气球球体接近,平台其他设备对雷达发射和接收能量的消极影响较小。

(3)平台无明显结构遮挡。

对于飞机平台而言,机体则具有不可忽略的影响。天线安装在载机上,和机身、机翼的距离非常近,天线波瓣图必然受到机体的影响,这些影响有积极的,也有消极的。因为载机通常不是针对任务系统而设计的,即使进行部分适应性改进,机身和机翼等对雷达性能的影响主要还是消极的。除了设备挂架和球体控制设备可能采用部分金属材料外,气球平台整体结构均为透波率很高的聚合材料,即使将雷达天线放入气囊内部,也不会造成很大的能量损耗。

球载雷达的主要技术难点如下:

（1）轻型化压力大。

由于 $1m^3$ 氦气仅能带来大约 1kg 的浮力,再考虑到系留气球平台自身的质量,剩余浮力有限,必须尽量对以雷达为主的任务载荷减重。通常球载雷达的质量都在数百千克到 1000kg 左右。

（2）容易受到干扰。

与机载预警雷达相似,球载雷达升空后会使得大量地面干扰源处于视距之内,可能造成各种干扰。与杂波处理方式相似,球载雷达的干扰抑制也可以根据干扰方位设置适当的工作频率,信号处理方式或信号消隐等功能。美军 L－88A 球载雷达部署后经常受到无意干扰,在受干扰方向采用方位消隐技术后,消隐后的主瓣电平与副瓣电平相当,干扰抑制效果较好,系统可以正常使用。

3. 随行保障设备

随行保障设备从功能上可分成:气象监测、供电保障、氦气储存和纯化及系统维修保障 4 类。

1）气象监测设备

气象监测设备配置通常应包括多普勒天气雷达、风廓线雷达、地面自动气象站及配套气象预报软件,完成对本场气象监测设备（天气雷达、风廓线雷达和自动气象站）实施远程控制和本场气象监测设备探测结果的显示,在外部气象信息可接入情况下,接入气象情报信息的显示,便于有效开展天气预报。

2）氦气纯化

对氦气进行纯化一般在两种情况进行,一是为避免下次任务中出现气球内纯度过低的情况而对回收的氦气进行离线提纯;二是在任务过程中由于球体内部和外部存在气体的相互渗透,会出现气球内氦气纯度过低的情况时,在保证气球外形的前提下,对其内部氦气进行在线提纯。

氦气纯化的纯化工作模式有两种:离线纯化和在线纯化。

对回收的氦气进行离线提纯有两种方式,一是在回收的同时对其进行提纯;二是回收结束后,对回收的氦气进行提纯。

采用回收过程中提纯氦气的措施,要求提纯器的流量不得低于压缩机流量,可提高系统工作效率;采取回收结束后提纯氦气的措施,为保证压缩机入口压力的稳定,需增加一缓冲气囊,且增加了能耗和工作量,降低了系统工作效率。因此选取氦气回收的同时对其进行提纯的方案。

在线提纯是指在保持气球外形的前提下,通过将气球内的低纯度氦气排出,并同时补充等体积高纯度氦气的措施来提高气球内的氦气纯度。高纯度氦气的来源有两种,一是额外购置氦气;二是将排出的低纯度氦气进行提纯,为避免氦气的浪费,采取后者。

气球排出的低纯度氦气经回收设备压缩、提纯器提纯之后,先进入储存容器,再由储存容器经充装设备对气球补气,这样可维持充装压力的稳定。

在线提纯的过程中,气球应处于锚泊状态,但此时气球的位置是随风向的变化而变化的。难以保证提纯器与气球位置的相对固定,操作难度较大。因此,应尽量避免采用在线提纯。

5.1.3　主要战术指标

气球载雷达的探测距离和精度等指标的含义与机载预警雷达相似,相关影响因素也相近,此处不再赘述,仅对气球载雷达特殊的战术指标进行讨论。

1. 工作模式

气球载雷达系统的工作状态分为空中系留、地面锚泊、维修系固、升空和回收等 5 种,在空中系留状态下的工作模式较为单一。因为球载载雷达受到平台能力限制,对设备和重量要求较为苛刻,因此普遍采用机械扫描体制,带来了工作模式单一的特点,相当于机载预警雷达边扫描边跟踪的工作模式。事实上,对于主要担负低空补盲的气球载雷达而言,这一功能基本上能够满足使用要求,不足之处是对高速目标探测能力受限,抗干扰手段少。气球载雷达可以具有的工作模式包括对空 PD 探测模式、对空 MTI 模式、对海探测模式、空海交替工作模式等,具体功能如下:

1）对空 PD 探测模式

该方式采用中重频脉冲多普勒技术,在整个搜索扇区内对飞机目标进行搜索和跟踪(即 TWS 模式)。搜索扇区由操作员指定,可能覆盖整个 360° 区域,也可能是部分区域。在搜索区域以外,雷达发射机不辐射信号。天线波束俯仰角度由操纵员根据使用情况设置。

搜索扇区可以用平台坐标系也可以用大地坐标系加以定义。雷达将大地坐标系下的扇区转换成相对于平台当前位置的方位区域,以便平台的姿态发生变化时仍能覆盖所指定的区域。

2）对空 MTI 模式

该模式下雷达选择较低的 PRF,使得距离不产生模糊,同时由于速度模糊次数较多,雷达对目标速度的检测精度较差,在此工作模式下,速度检测值仅供参考。

3）对海探测方式

该模式用于雷达在海杂波下对海面舰船目标的检测,采用简单脉冲体制,对海搜索的扇区由操作员指定,可指定完整的 360°,或只指定其中的几个方位角区域。对海搜索的区域可与对空搜索的区域相重叠。

空海方式时,来自陆地的目标以及任何空中目标将被自动过滤掉。雷达将自动地用 TWS 技术对海面目标进行跟踪,也可以人工启动海面目标的跟踪。

4）空海交替工作模式

该模式能够同时实现对空中与海面目标的探测，对空探测时雷达调度 PD 或 MTI 工作波形，对海探测时雷达调度空海工作的 LPRF 波形，时间资源可由操纵员灵活调度。

若为相控阵体制的气球载雷达，则工作模式与机载预警雷达完全一致。

2. 升空高度

在雷达重量一定的条件下，平台升空高度与气球的体积大小密切相关。适度控制规模，保证一定机动性，同时又确保具有一定的威力是确定工作高度的条件。

根据大气的特性，海拔高度越高，大气密度越小。在体积一定时，气球工作海拔高度越高，其浮力越小，系留缆绳载荷越大。为保证留有足够的剩余浮力，必须综合考虑各因素确定气球的相对升空高度。

球载雷达的升空高度通常有海拔高度和相对高度两种表达方式，一种方式是简单地以某种海拔高度的地形下球载雷达的升空高度为要求，便于系统设计研制和试验验证，例如，在海拔高度低于 500m 时，雷达相对升空高度为 2km 或 3km 等。另一种方式是给出不同海拔地区球载雷达的相对升空高度，这样更适于作为使用依据，便于使用参考。

3. 连续工作时间

球载雷达升空和回收耗时较长，通常两者均在 30min 以上，经常回收球载雷达势必影响装备的可用度，因此对气球载雷达系统的连续工作时间要求通常在 10 天以上，有的平台留空时间可以达到 30 天以上。美国 420K（42 万立方英尺）系留气球雷达系统，可装 1000 多千克的预警雷达在 3000m ~ 4000m 的高空停留 1 周 ~ 2 周。较长的连续工作时间除对系统的可靠性提出了严格要求外，对球体平台自身重量控制、剩余浮力设计和球体的气密性（内部气体泄漏）均提出了严格的要求。由于近年来高性能球体复合材料和光电复合缆绳在系留气球上的成功应用，使得系留气球的结构重量大幅减小。基于以上考虑，目前较大规模的系留气球空重系数普遍在 0.4 左右，使任务载荷在重量设计方面的压力略有减轻。

4. 通信与数据传输能力

从日常和紧急情况下的使用条件出发，系统应该具有有线和无线通信两种方式。正常状态下，球上/球下光纤双向数传，目前使用中的气球载雷达系统大部分装备将将雷达情报数据和系统状态信息经与浮空器系绳结合在一起的光纤链路传送到地面站。雷达球上/球下数据传输速率应该满足最大目标容量需要的数据率，同时误码率满足要求。为确保通信安全可靠，在系留缆绳内部应该有备份光纤。

紧急状态下（如系留缆绳断裂），对气球氦气阀门和撕裂装置可实现 1km ~ 20km 内（满足通视条件）无线遥控开启，快速放出氦气。

5.1.4 主要技术问题

1. 杂波处理

气球载雷达通常处于下视工作状态,而且平台距离地面仅为 2km ~ 3km 左右,地/海杂波较强,对杂波抑制技术提出较高的要求。除脉冲多普勒体制、脉冲压缩和主杂波对消等与机载预警雷达相同的技术措施外,气球载雷达还有自身的特点。

(1)由于气球载雷达部署的位置相对固定,不像机载预警雷达总是处于高速运动状态,因此可以绘制周边地理环境的杂波图,再通过设置不同的检测门限和 CFAR 技术在不同的距离—方位单元实现可靠的目标检测。在没有高速公路的区域为了增强对低速目标的检测,可以适当降低速度凹口;在存在高速公路的区域,适当提高速度凹口的大小,降低地面运动车辆引起的虚警。

(2)气流对气球造成的飘动,雷达必须进行主杂波跟踪,为此需要在系留气球平台上安装组合惯导设备,实时获得平台的经度、纬度和姿态信息,并在此基础上,利用自动杂波锁定技术,实现对消补偿浮空器和海水的运动的效果,美国 L - 88 雷达即通过连续自动监控和调整较好地抑制了虚警,改善了目标跟踪质量。

2. 氦气泄漏

通常系留气球内部填充氦气,由于氦气属单原子分子,分子半径小,较氮气、氧气等更容易扩散。气球囊体材料一般由承力层、气密层和防护层组成,以满足高强度、高气密、轻质量和耐久性好等要求,普遍采用的是聚合物。氦气泄漏主要渠道为囊体材料扩散和球体连接处热合接缝逸出。正常使用条件下,囊体材料扩散导致的氦气泄漏值 ΔV_{CL} 的一种估算公式为

$$\Delta V_{CL} = K_1 \cdot K_2 \cdot \Delta V_{CL0} \cdot S_{CL} \qquad (5.1.2)$$

式中:ΔV_{CL0} 为囊体材料透氦率;K_1 为囊体材料膨胀拉伸产生的透氦率系数,囊体材料透氦率是在标准大气压下测定的,而气球正常使用时,球内内外存在着一定的压差,囊体材料处于膨胀拉升状态,因此囊体材料的实际透氦率应在理论值的基础上乘以一个修正系数;K_2 为囊体材料折叠磨损产生的透氦率系数,系留气球在架设、撤收以及折叠打包过程中,囊体材料会由于折叠、摩擦而导致材料防渗漏层磨损,使得囊体材料的渗氦率增大;S_{CL} 为囊体的氦气扩散总面积。

K_1 和 K_2 取值经常需要依靠经验,一般为 1 ~ 2。

囊体热合接缝造成的氦气逸出量的一种估算公式为

$$\Delta V_{JF} = \Delta V_{JF0} \cdot S_{JF} \qquad (5.1.3)$$

式中:ΔV_{JF0} 为囊体接缝处透氦率;S_{JF} 为球体的接缝总面积。

囊体材料具有特殊的加工方法(热合、胶接、缝合等),存在材料机械性能分散性大、加工工艺不好控制等因素,应从加工设备、工艺方案、工艺参数的优选、工艺

试验等方面入手,确保囊体的加工质量,以降低囊体接缝处的氦气泄漏量。通常接缝处的透氦率大于囊体材料本身。

在系统研制过程中,应尽可能选用高性能的囊体材料和先进的加工设备,优化工艺参数和工艺方案,制定完善的操作使用规程,减少折叠和拉拽等操作对囊体材料的磨损,以达到降低氦气泄漏量的目的。另外,囊体上开口部位,如氦气阀、撕裂装置和维护口盖等容易破坏气密性,设计和加工时应该特别注意。

3. 抗风性能

机动式系留气球抗风指标主要与结构强度设计、系留气球在空中的气动稳定性以及锚泊分系统设计等有关。为使系统在规定的风速条件保证安全,主要从结构强度设计、气动稳定性设计以及锚泊分系统设计等方面采取措施。

(1)系留气球结构件,尤其是影响系留气球防撕裂、防逃逸功能有效性的关键部件均按照结构强度、刚度设计准则的规定进行设计,并适当选取安全系数。

(2)在系留气球气动布局设计中,需要对气动外形进行优化,改善系留气球的气动稳定性。

(3)地面锚泊车或锚泊系统的设计要充分考虑抗风能力的要求,采取必要措施,有效对抗突风、强风和侧风。

(4)气动稳定性分析。

通过对系留气球纵向静平衡特性的分析,如何协调好系留气球结构质心、浮心和系留铰链 3 点之间的位置关系,是影响系留气球俯仰姿态角、系留缆绳张力、系留缆绳系留角以及定点高度、水平飘移量等的主要因素。

外界环境风场经常产生阵风或突风,当系留气球受突风扰动偏离其平衡位置时,系留气球会产生震荡运动,因此了解系留气球的动态稳定性也是气动力设计的一项重要内容。系留气球动稳定性分析要求在考虑风场扰动情况下,计算分析系留气球各运动参数的变化规律。

4. 温/湿度适应性

雷达自身环境适应性能论证的重点通常包括:温度、湿度、抗风、抗结冰、抗腐蚀、架点高度等,有时还对电磁环境适应能力提出相应的要求。我国典型温度和风速的温度极值和普遍情况[34]见表 5.1.1。

表 5.1.1　我国温度极值和普遍值

项目	最大值	普遍值
最高气温/℃	47.7(吐鲁番)	40 ± 3
最低气温/℃	−48.2(呼玛)	−(35 ± 10)
最高地面温度/℃	78(铁干里克)	70 ± 5
最低地面温度/℃	−52.3(呼玛)	−(40 ± 10)

通常大气温度和湿度随高度上升逐渐下降,有时也会有随高度上升而上升的特殊情况,但无论如何,气球载雷达升空设备和地面设备的温度和湿度环境是不同的。除尽可能提高有关指标外,根据可能的雷达部署地理环境和面临的战场环境,对温度和湿度等环境适应性指标提出合理的要求。

5. 雨雪天气适应性

除温度和湿度外,雨雪冰霜天气也对系留气球平台的设计提出特殊要求。一个体积为 $6500m^3$ 的气球,如果表面的 1/7 覆盖有 1/10 英寸厚的雪,则质量将增加 $100kg^{[36]}$。因此,系留气球升空之前必须清理球体,同时在设计时还要考虑留有一定裕量。

6. 安全性设计

系统安全性设计包括如下内容:

(1)当球体出现氢气异常泄漏、意外破裂、战损等情况,系统能自动发出明显的声光电报警信号,提醒及时采取措施处理。

(2)具有应对球体逃逸的特情处理设计。在气囊上设置撕裂装置,当球体逃逸时,应具备报警功能,并能够使用遥控指令方式拉开撕裂装置,使球体尽快落地。在球上设置自动信标装置,气球逃逸后能持续发送位置信息数小时以上,确保地面人员能够较快地确定逃逸球体的具体位置。

(3)具备系统运行状态连续监控、记录、回放。

(4)有可靠的雷击保护装置,遭到雷击后不会造成灾难性后果。

(5)有结冰监视和报警措施,能够在球体落地后除冰雪。

(6)配套具有天气雷达和风廓线雷达,能够及时准确掌握本场的气象信息。

此外,若为非地面车载的锚泊方式,则锚泊车的抗倾覆稳定性设计也影响系统安全。抗倾覆稳定性是指锚泊车在自重和外载荷(大风对锚泊车和系留气球产生的力)作用下抵抗翻倒的能力,当外载荷过大达到以至超过抗倾覆能力而使锚泊车失去平衡时,即出现锚泊车翻倒的情况;其原因在于外界载荷相对于危险倾覆边(或点)产生的力矩大于锚泊车的自重所产生的力矩。当不能增大稳定力臂时,可采取增加锚泊车的重量来提高抗倾覆稳定性;当不能增加锚泊车的质量时,可采取增大稳定力臂来提高抗倾覆稳定性;当既不能增大稳定力臂,也不能增加质量时,可利用随风自转机构改变系留气球的迎风面,减少气动载荷。

系留气球在发生逃逸后应可采用遥控开启氢气阀或撕裂幅的方式紧急释放氢气。系留气球逃逸初期,气球在浮力、重力、阻力以及其他因素的作用下加速上升,并持续排放氢气。当气球向上运动的速度为零时气球达到最大高度,随后转为向下的掉落运动,囊体会随着高度的降低而越来越瘪,直至降落到地面。若单位时间内氢气释放量较大,气球逃逸后回落时间短,漂移距离短,但接地速度较大,对系统部件、设备损伤也较大;若单位时间内氢气释放量较小,气球逃逸后回落时间长,漂移距离长,但接地速度较小,对系统部件、设备损伤较小。

5.2　预警飞艇

5.2.1　预警飞艇的主要战术特点

预警飞艇通过加装雷达、红外等探测设备,可实现大范围的预警探测,既可以长期定点悬停,也可跨区域实现机动。预警飞艇通常十分庞大,长度可达数百米,体积达数百万立方米,航速一般比较低,最大时速为 100km/h ~ 200km/h,续航时间在数天至数月之间。目前,平流层飞艇最受关注,其军事用途也最显著。一般将大气层中的 12km 以下为称为对流层,12km ~ 55km 称为平流层,平流层具有适合用于预警探测平台的诸多特点:水汽、悬浮颗粒极少,电磁波衰减小;温度稳定,气体不对流,平台易于保持稳定;平流层中飞行器数量少,减少发生意外的概率。问题是高空空气密度较低,浮力也较小,如海拔高度 20km 的平流层,空气密度只有海平面的 7% 左右。

与机载预警装备和气球载预警装备相比,平流层预警飞艇具有如下优势[35,36]:

(1)覆盖探测范围大。

由于平流层飞艇的设计飞行高度在 20km 以上,其视线距离远大于机载预警装备和气球载预警装备。

(2)留空时间长。

利用预警机进行空中巡逻时,由于受到续航时间的限制,需要保持多架轮流升空的状态,机组人员还不能得到很好的休息,而且长时间的巡逻会花费大量物力。虽然预警机的巡逻范围较大,但造价和运行费用高昂,而且高速飞行严重影响对低速目标的检测,自身的金属材料对雷达波造成的遮挡也会影响探测效果。轨道力学本身限制了任何轨道上的单颗卫星在凝视型监视上的时间持续性。1990 年,一位英国民航总局的飞行员做了一项耐力试验,他在飞艇上持续完成监控任务达 50 多小时。美国海军空中作战发展中心的研究报告中明确了飞艇作为海岸警戒装备的潜力,称"飞艇的海事应用已经可以在技术上实体化了"。

(3)天线安装空间较一般飞机更大。

预警机的天线普遍安装在机身之外,暴露在强大的气流中。考虑到飞行控制问题,天线罩不能太厚,据称美国 E - 3 预警机的天线罩厚度设计已经达到了实用极限,这使得设计师十分为难。雷达水平和垂直两个方向的尺度都很重要,如果纵向的尺度得不到满足,就必须提高发射机功率来补偿,而且难以获得仰角方向的高精度测量结果。此外,相对较差的耐久性进一步限制了预警机的使用。为了维持昼夜不停的飞行,需要配备一套庞大的保障系统。海军使用预警机同样受到限制,用舰载预警机就必须给每个舰队配备大量设备,消耗巨大。飞艇可以安装大型天线,并且放置在艇的内部。

(4)使用效费比高。

在战争期间或危急时刻,临近空间平台可以充分发挥其快速反应、持续时间长和区域覆盖好的特点,圆满地完成通信和探测等战术任务。除了地球静止轨道卫星外,其他卫星不能长时间进行战场监视和侦察工作,为保证监视、侦察的连续性覆盖需要卫星星座间较多的星间切换,这增加了卫星系统设计的复杂性。机载平台适合执行战术任务,但是临近空间平台的覆盖率远大于机载平台,并且采购和运行成本要低得多,而且持续时间长达数月,十分适于战场、战术应用,近太空平台在战术任务应用中具有广阔的前景。

高空飞艇也存在一些问题,如起飞和回收期间靠近地面时易受到强风影响,难以控制;高空工作期间若被敌方发现,则体积大,速度慢的特点将导致其容易受到攻击。

平流层飞艇预警系统可由如下部分构成:

(1)雷达。

雷达是平流层飞艇预警系统最主要的传感器,主要完成目标探测及中程导弹的弹道跟踪,提供落点预报等信息,预警系统的大部分功能都依靠此雷达提供的信息来完成。

(2)红外。

红外预警探测设备加装后作为中程导弹预警的主要传感器,主要监视地平线上导弹发动机的红外辐射,提供早期预警信息。

(3)电子侦察与通信侦察。

电子侦察与通信侦察设备主要用于截获敌方空空、空地通信,以判断敌方战术意图。

(4)导航设备。

导航设备提供预警平台当前地理位置、高度、姿态等参数,为雷达分系统提供精确的基准位置。

(5)通信设备。

通信设备的功能是将获得的大量信息传递给友方空中或空间平台、海上舰船或地面指挥所。

高空预警飞艇能够高效完成以下作战任务:

(1)探测中高空、低空和超低空突防飞行的目标。

(2)监视海面舰船、海上补给线。

(3)探测弹道导弹,特别是助推段弹道导弹,由于弹体没有分离,且伴有明显的尾焰,此时的目标 RCS 和红外辐射特征均有利于探测。

(4) 对低空和超低空飞行目标,以及海上运动目标进行成像和目标识别。

此外,飞艇搭载成像侦察设备,可以测绘敌前沿及纵深区域内的雷达阵地、炮兵阵地、导弹发射架、指挥所、通信枢纽、桥梁、港口等静止目标并可实时形成雷达图像,通过实时传输设备传输到地面接收站。

预警飞艇的发展已有近半个世纪的历史。20 世纪 70 年代,美国洛克希德·马丁公司研制的"天钩"(Skyhook)预警飞艇交付美国空军和海军,空军装备了 LMNESS L–88A 型雷达,在阿拉斯加(Alaska)一带执行空中监视任务。海军则配装采用旋转抛物面天线的 S 波段单通道 AN/DPS–5 雷达,共装备了一支有上百艘飞艇组成的编队,为海军舰队常年执行空中预警任务。

美国海军 1991 年 6 月完成了"哨兵"1000 预警飞艇的首飞。该艇基本移植了 E–2C 预警机的预警雷达和红外探测设备,并设有威胁通信和高速数据链系统,能够在 9 级风中起飞,外场系留状态的抗风能力超过 12 级。该系统能与布署在防区内的"爱国者"、"宙斯盾"等系统协同作战。

2003 年,美国导弹防御局(MDA)选中洛克希德·马丁公司建造高空飞艇(High Altitude Airship,HAA),该飞艇初步设计为长 120m 以上,直径近 50m,体积 $1.2 \times 10^5 \mathrm{m}^3$ 以上,载荷约 1800kg,由 4 个电动机提供动力(驱动可导航的,双叶片螺旋桨推进器)悬停高度约 18000m,工作高度达 21km(7 万英尺),续航时间为 1 个月。少量飞艇即可实现监视整个美国,并对美国大陆边缘地区进行长时间持续不断的监视。美国导弹防御局专家宣称,一支由这样 10 艘巨型飞艇组成的飞艇群就能为美国本土提供预警屏障。图 5.2.1 为美国 HAA 飞艇组网的一种初步设想。

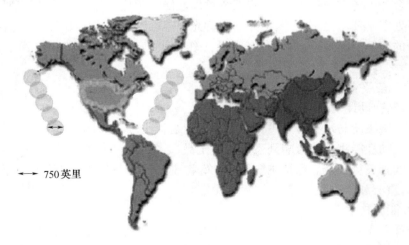

← → 750英里

图 5.2.1　HAA 飞艇组网的初步设想

按照美导弹防御局的设计要求,这种巨型高空飞艇将是一种新型的、无人操纵的不拴系飞艇,要能在21km高的空域游弋,能在美国边缘地区上空滞留一年时间,且无须添加燃料。这个优点是无人机和高空侦察机无法做到的。它使用太阳能和电力发动机驱动螺旋桨,除提供飞艇运行动力外,还能提供10kW的动力,以便携带重达1814kg的监视与通信系统。再生氢燃料电池可为这种不拴系飞艇提供补充的动力源。

巨型飞艇所在工作高度的空气密度可能不足地面空气密度的1/20,空气静力的扩张对于设计和制造高空飞艇有很大影响。在19km以上的平流层高度,风速比地面上要柔和得多。然而,对在那样高度上工作所涉及的臭氧和热效应问题还难以全面认识。

为飞艇提供足够功率的电源是另一个挑战。对飞艇尚未设计成一个完全再生的功率系统。单独的超高空飞艇计划正在研究基于燃料的方案,因为能量密度的要求对于收集和存储都不可能。低功率密度的雷达由于其极大的天线口径而具有非常高的灵敏度,天线口径能与飞艇结构做成一体的大尺寸轻质传感器,并能长期在一个地区保持本质上不运动。那就可以让我们在无运动平台上探测运动极慢的目标,而这个平台将很难被发现,更不要说打下来。

5.2.2 预警飞艇的关键技术问题

1. 预警飞艇的总体设计技术

飞艇总体技术包括近空间环境分析、飞艇总体布局、气动力设计/计算/试验、结构设计/计算/试验、热分析和设计、飞行性能、飞行品质、控制系统等方面内容,需要综合考虑各方面的因素,实现系统总体性能的优化。此外,平流层飞艇白天和夜晚所处空间环境差别显著,向光面和背光面温度差异大。由于飞艇尺寸巨大,系统自身的热平衡能力差,加之任务载荷工作产生热量,需采取热力平衡手段予以解决。

2. 飞艇平台关键技术

1) 气动设计

平流层飞艇与现有常规飞行器的动力问题相比,具有明显的特殊性和复杂性,飞艇的气动性能将直接影响到飞艇的安全品质、操稳性能、动力能源系统设计,并直接影响到飞行安全。保持飞艇具有良好稳定特性的一个重点是重心和浮心的位置关系,重心和浮心间隔越大,飞艇越稳定。

2) 能源技术

中低空飞艇一般采用燃油发动机提供动力,而平流层飞艇在20km左右的高空运行,空气密度只有地面的百分之几,若采用燃油发动机,需要二次甚至三次增压,发动机的效率很低。且飞艇的留空时间受所携带的燃油量的限制,难以做到长期滞空。平流层在云层之上,光照强烈,没有云雨等天气变化,适合太阳能电池工作。各国在研制平流层飞艇时,基本上都是以采用太阳能电池作为最终的能源解决方案。白天采用薄膜太阳能电池直接为飞艇动力、电子设备和载荷供电,剩余的电能储存起来,以提供晚上系统所需的能源,从而实现平流层飞艇的长期滞空。高效、轻质、柔性薄膜太阳能电池、可再生式燃料电池系统不仅能够有效降低平流层飞艇重量,还可以提升承载和供电能力。

3）囊体材料

囊体是飞艇的主要部件,它除了具有装载升力气体的功能外,还需要有良好的气动外形,并能将飞艇的其他部件连接在一起。平流层飞艇的蒙皮一般由承力层、粘合层、阻氦层、防紫外线层等复合而成。由于平流层飞艇长期在低密度、高辐射的环境下运行,而填充的氦气又具有较高的渗透性,因此要求材料必须具有强度高、重量轻、抗辐射、耐环境、低氦渗漏的囊体材料制造及加工技术是关键。

4）动力装置

平流层飞艇要实现升空、巡航和机动飞行、返回等功能,推进系统是其中的关键部分。在不同高度下螺旋桨的推进效率有着很大的差别:升空过程中,飞行器利用浮力和升力,动力系统主要用于进行姿态控制;在巡航时,飞行器利用自身动力保持姿态、克服风力影响、推进飞行器运动以产生升力等;由巡航模式转为战时工作时,要求飞行器能够机动部署;飞行器由高空返回时,需要动力系统提供俯冲力、姿态调整等能力。

5）抗热设计

太阳辐射使飞艇内部气体受热膨胀,为确保膨胀引起的压差不超过设计极限,需研究低吸收的囊体材料和涂敷材料,并采用热能管理技术尽可能降低太阳能量的吸收。

3. 任务电子系统关键技术

1）雷达载荷技术

要实现大范围预警探测,艇载雷达要具备较大的功率孔径积,但受到供电能力的限制,大功率发射机难以使用,必须依靠超大孔径天线实现远距离探测,因此,艇载雷达宜采用柔性、轻质薄膜天线技术,T/R 组件成为艇载有源相控阵雷达天线的关键器件。美国设计的满足平流层飞艇载雷达的天线阵面重量可以减轻到 $1.8 kg/m^2$。

除重量外,能量的利用效率也是一个难题,如何保证大型薄膜阵列的发射效率,并开发出适合规模生产的制造工艺还有待于进一步研究。

2）红外载荷技术

目前广泛使用的 2884 元线列或 320×240 元面阵红外告警探测器在覆盖空域和成像分辨率等方面不能满足平流层预警需求,需要超大规模红外探测器才能满足空域覆盖和目标跟踪、识别的要求。

鉴于平流层预警飞艇具有升空高度高、留空时间长和使用效费比高的优点,因而是理想的升空预警平台,加装雷达和红外等传感器后可用于对临近空间目标、弹道导弹、低空和超低空等高威胁目标的大范围预警监视和情报侦察,在未来空天防御领域占用重要地位。

"无人机为代表的机器战争将改变五千年来的战争样式,是一场'堪比发明坦克'的军事革命"

——[美]军事专家 彼德·辛格

第6章 无人机载预警探测系统

机载预警雷达和气球载雷达是目前已经装备的空基预警探测系统,在发挥重要作用的同时,也存在一些不够理想的方面。机载预警雷达飞行高度通常在 10km 以下,视距限制在 400km 左右,机上配备的人员不仅增加了载荷和环境要求,还在一定程度上给任务电子系统设计带来了困难。此外,运输机平台改装的预警机通常续航时间不大于 10h 并且在战时执行任务期间面临严重的生存威胁。气球载雷达虽然不需操作人员升空,但设备升空高度更低,仅有两三千米,载荷通常也仅有数百千克到 1t 左右,探测能力有限,且机动能力较差。

随着机载设备自动控制水平的迅速提升,手动进行的操作逐渐可以通过计算机软件和通信数据链实现远程控制,雷达探测得到的大量信息完全也可以通过机载数据链发送到地面指挥所或其他武器平台,无人机(Unmanned Aerial Vehicle,UAV)有望在不远的将来作为机载预警雷达的平台。无人机种类繁多、功能各异,而且普遍具有低成本、低损耗、零伤亡、可重复使用和高机动等优点。大多数无人机用于侦察、监视和预警,也有部分直接用作攻击武器的搭载平台。作为预警监视平台,无人机已经采用的传感器包括视频、光电、红外和合成孔径雷达等。总的看,无人机的性能不断提升,任务功能不断拓展。各国军方对无人机的发展高度重视,世界范围内掀起了无人机的研制热潮,研制和采购无人机的国家已超过 50 个。随着无人机载荷和供电能力的提升以及电子设备小型化和轻型化技术的进步,加装数百千克,乃至数千千克的预警雷达已经成为可能。

本章讨论了无人预警机的特点,作为预警探测装备平台需要突破的关键技术,以及无人机加装预警探测系统的发展途径,并展望了未来基于无人机平台实现预警侦察一体化的广阔发展前景。

6.1 无人机平台和关键技术

6.1.1 无人机作为预警平台的优势

无人预警机具有如下突出优点:

(1)与有人运输机相比,无人机可在初始设计中既全面考虑飞机与雷达天线的匹配设计,又无需考虑人员的辐射防护等问题,匹配设计较为容易,有利于全面发挥预警系统的效能。

（2）无人机的重量明显减小，机载系统可显著简化，通常研制和维护费用成本能够适当降低。

（3）性能优良的无人机平台在不加油的条件下续航时间仍可达数十小时以上，作战半径和留空时间远大于有人飞机，可实现全天时、大范围的空域覆盖。

（4）高空无人机可以在短时间内升空达到 15km 左右，甚至更高，并连续留空，较目前有人运输机高出数千米，对应预警探测系统的视距可以接近 600km，更有利于发现远距离低空目标，同时，还可以更好地兼顾对临近空间目标的有效探测。

（5）无人机载预警探测系统的信号处理、数据处理、情报分析和指挥控制均可在地面进行，可精简人员编制，并可以合理安排作息时间，有利于战斗力的发挥。

6.1.2　无人机载对地监视和侦察系统

虽然目前加装机载预警探测雷达尚有差距，但 SAR 雷达已不再局限于大型空中平台，开始大量加装于无人平台。在满足主要功能、性能指标的同时，无人机载 SAR 雷达系统的设计普遍表现出以下特点：

（1）大多采用 SAR/MTI 的工作体制，不仅对地成像，也对低空和地面慢速运动目标进行检测；采用 U/VHF、X、Ku 和 Ka 等波段。

（2）提高分辨力，实现目标高清晰成像和准确的分类识别。

（3）推行信息机上自动处理、实时传送。

（4）增加续航时间。续航时间长是无人机的重要优势，应该远大于有人机才是比较理想的，如数十小时。飞行平台的续航时间决定了无人机的持久感知能力，对热点地区提供大范围、持续不断的高精度目标信息，实现对战场态势的长时间跟踪，了解敌方运动目标的运动意图，知道是什么目标在运动？从哪里来？到哪里去？在运动途中经过哪里？目标活动区域的场景情况等。

目前使用的几型无人机功能限于情报侦察和火力打击，还没有显著突出预警探测功能。

1．"全球鹰"（Global Hawk）无人机

RQ-4A"全球鹰"是美国研制的一种高空长航时无人侦察机（图 6.1.1），是目前世界上无人机中最大的一种，主要用于在低等至中等威胁环境下执行远程和长时间的侦察监视任务。RQ-4A 机长 13.5m，翼展 35m，机内装一台涡扇发动机，升限 19800m，其最大航程可达 25930km，飞行速度 635km/h，续航时间达 42h，有效载荷 900kg。该机活动半径 5560km，在指定空域巡航时间 24h，最大续航时间 36h。任务载荷有光电组合传感器、红外传感器、SAR 雷达、移动目标指示器和拖曳式诱饵等。制导与控制采用视距和超视距卫星中继两种链路。由 4 人操纵的任

务控制单元和 2 人操纵的发射与回收单元组成的地面控制站。各地面站部分能同时控制 3 架无人机。发射与回收采用跑道常规轮式起飞和着陆。

图 6.1.1 RQ – 4A"全球鹰"无人机

RQ – 4A("全球鹰"基本型)上装备雷声公司的 HISAR 雷达,该雷达具有显示移动目标的功能,是 1992 年在 U – 2 侦察机的 ASARS – 2 雷达和 B – 2 轰炸机的 APQ – 181 雷达的基础上开发而来,雷达天线直径约 1.2m。RQ – 4B 是"全球鹰"无人机系列的升级型,其翼展为 39m,比 RQ – 4A 的翼展长约 4m,机身也大于 RQ – 4A,载荷由 RQ – 4A 的 900kg 提高到 1350kg;RQ – 4B 的续航时间增长,可自主控制飞行。此外,RQ – 4B 采用开放的系统结构,使其能够"即插即用"各种增强型载荷。除携带信号情报和电子情报(ELINT)载荷外,RQ – 4B 还携带了采用有源相控阵体制的多平台雷达技术嵌入项目(MP – RTIP)载荷,拥有先进的 SAR/GMTI 功能,技术水平比 RQ – 4A 有了很大提高。

自 20 世纪 90 年代开始,北约(主要是欧洲)就开始寻求机载对地监视的新手段,最初的方案是改装 4 架空客 A321 喷气客机和 4 架"全球鹰"无人机来构建对地监视系统。随着无人机技术水平不断提高,造价不断降低,到 2007 年 7 月,欧洲北约成员国与诺斯罗普·格鲁曼公司谈判后决定购买 8 架搭载 SAR 载荷的 RQ – 4 型"全球鹰"无人机,实现探测、跟踪地面动目标以及固定目标成像。

2. "捕食者"(MQ – 1/9)无人机

"捕食者"是美国通用原子能公司研制生产的中空和高空、长续航时间无人机(图 6.1.2),主要用于执行战区级战场侦察、监视、电子战和通信中继任务。MQ – 1A 型无人机的样机于 1994 年试飞成功,主要用于执行战术侦察监视任务,机长 8.15m,翼展 14.85m,最大起飞质量 1020kg(任务载荷 200kg),升限 7620m,最大平飞速度 220km/h,最大续航时间 40h,作战半径 920km。

MQ – 1A 经过升级后为 MQ – 1B 型。机体为下单翼机,细长机身倒 V 形尾翼。动力装置为一台 84.5kW 四缸四冲程涡轮增压发动机。任务载荷有光电/红外传感器、SAR/GMTI、敌我识别器等。制导与控制采用组合导航系统,任务期间可重新编程改变航路。测控与信息传输链路有视距和超视距卫星中继两种链路。美国空军的一套标准系统包括 4 架无人机、1 个地面站和 28 人机组。

图 6.1.2　MQ-1A"捕食者"无人机

目前,美空军建立了两个"捕食者"无人机中队,已经生产出 60 架"捕食者",累计飞行时间 24000h 以上。

"MQ-1B"的改进内容主要如下:

(1)增强整体性能。

增大无人机的尺寸和起飞重量,将螺旋桨活塞发动机更换为大功率的涡轮风扇发动机,将升限提高到 15km ~ 18km,飞行速度提高到 389km/h ~ 500km/h。

(2)增加通信中继。

进行"从无人机向战斗机传送图像"的试验,利用一架安装了超高频和甚高频无线电通信设备的"捕食者"无人机进行中继通信,成功地将视频图像传送到美、英的作战飞机上。

(3)侦察打击一体化。

根据美空军提出的前沿空中控制无人机(PACUAV)概念,美军在充分利用"捕食者"无人机上现有的、先进的目标侦察、跟踪、定位和通信能力的基础上,使其还能同时完成空中拦截、近距空中支援,以及搜索与救援等任务,实现侦察打击一体化,成为一种武装无人机。美国空军已在该型无人机上成功地进行了 3 次发射"海尔法"反坦克导弹试验。美国空军还计划为"捕食者"加装"尾刺"空空导弹,使"捕食者"具备空空作战能力。随着"捕食者"的不断改进,将展现出越来越多的作战能力。

3. 以色列无人机

以色列于 2010 年 2 月装备的"苍鹭"TP 型无人机的机身长 15m,翼展达 26m,大小和波音 737 飞机客机相当,飞行高度可达 12km,可以连续飞行约 20h,远程奔袭能力较以往装备的无人机明显增强。以色列始终坚持发展无人预警机的设想,但以该型无人机的载荷和供电等潜力,能否适应加装预警雷达仍有疑问。

展望未来,由于无人机升空高度指标可以高于有人运输机,达到 15km,甚至更高,雷达视距也更远,再考虑合成孔径雷达的能耗较低,更适宜加装此类雷达,未来有广阔的应用前景。

美国还考虑研制无人机反导红外预警系统,采用宽窄视场结合的方式,捕获和跟踪目标。多谱段红外探测器主要用于捕获弹道导弹助推段的喷焰,可见光摄像机用于跟踪导弹关机后中段冷却弹头和再入段气动加热弹头,配装的高能激光设备进行测距,对弹道导弹助推段喷焰的探测距离达 1000km,可实现对目标的三维定位和弹道全程跟踪。美国期望将无人机反导预警系统部署在航母上,与"宙斯盾"武器系统、机载激光(Airborne Laser, ABL)武器系统等整合,一同构成一个完整的早期拦截系统。无人机反导预警系统对中近程弹道导弹的探测较高轨导弹预警卫星更有效,跟踪和识别能力更强,可实现对弹道导弹的全程跟踪和立体跟踪,可直接与拦截系统的制导雷达交联,缩短数据传输与引导控制时间,支持上升段,甚至助推段拦截。

6.2 无人机载预警探测系统的发展途径

6.2.1 无人机载预警探测系统的关键技术

从目前军用无人机发展水平看,无人机载预警探测系统的发展受到无人机平台以下几个性能的限制:

(1)载荷和供电能力。

载荷安装空间与平台载荷决定了雷达的天线口径,平台供电能力决定了雷达的发射功率,因此,飞行平台决定了雷达的发射功率和天线口径,也就是决定雷达威力的重要因素。虽然美国和以色列等国均公开表示下一代的空中预警很可能是以无人机为平台,但目前大部分无人机还只能满足对地成像雷达的使用,尚难以达到加装对空预警监视雷达所需要的功率口径积(数千瓦的平均功率、至少数平方米的天线面积和数吨的重量),这也是目前空预警监视雷达还没有在无人平台上成功应用的主要原因。

(2)飞行高度和航时。

如前所述,平台飞行高度是决定雷达探测距离,特别是低空探测距离的重要因素。若平台高度较低,则地形起伏较大时,雷达波束易在目标区域被地形遮挡,形成探测的阴影区。飞行高度越高,地形引起的阴影越小。安装在飞行高度较低的飞行平台上的战场监视雷达面对山区、城市等地形起伏剧烈的地区,将无法实施远距离有效侦察与监视。若无人机平台飞行高度和续航时间明显优于有人机,则对于加装预警探测系统具有极大的吸引力。

(3)系统的信息传输能力。

为减少机载任务设备重量和系统的复杂性,与加装机载预警探测系统的有人预警机不同,无人预警机情报的处理、分发以及作战指挥功能要移至地面和其他空中平台,因此需要在不同环境条件下均具备传输容量大、传输距离远和实时性好的通信信道,同时能够及时传输控制命令信息。

（4）系统的可靠性。

长航时无人机载预警探测系统的续航时间应远大于有人预警机,并且处在无人操纵和维护的条件下,因此对系统的可靠性和稳定性提出较高的要求,必须采取各种措施保证系统的可用度。

为解决无人机载预警探测系统面临的上述难题,亟需发展以下关键技术：

（1）高空长航时的气动布局设计技术。

高空长航时是无人预警机相对于有人机主要优势,具有高升阻比且适合于无人预警机的气动布局设计是无人机平台设计中的关键技术。

（2）数据链路高速可靠传输技术。

要提高无人机数据链速率和提高抗干扰能力,必须发展宽带数据链实现空地和空空通信。同时,无人机还有可能远离本土作战,或在没有地面通信网络支持的情况下执行任务,此时通常需要有可靠的卫星通信链路、空地通信链路或空空通信链路。无人机平台没有人工语音通信能力,无法进行语音沟通,因此要求通信链路不仅保证能够将无人机探测系统获得的情报数据实时传输给其他平台,还要能够保证地面指挥机构或其他平台的控制命令或协同信息迅速传输到无人机平台。

（3）平台大载荷与任务系统轻型化技术。

预警雷达的重量和耗电远大于对地监视使用的 SAR 雷达,与有人机相比,无人机平台的载荷较小,成为限制预警雷达加装于无人机的主要因素。美空军计划研制大型"全球鹰"20 型无人机,该机翼展由 35m 增加到 46m,机身由 13m 长增加到 16m,续航时间为 38h,有效载荷 2720kg,这一载荷水平可基本满足加装预警雷达的需求。

另外,以预警雷达为代表的任务系统也需要加速应用轻型化技术。近半个世纪以前研制的 E-3A 与 A-50 等大型预警机的任务系统重量普遍在 10t 以上,以"海雕"和 E-2D 为代表的中小型平台预警机得到了很大发展,其中 E-2D 预警机的机载预警雷达总重已经小于 1t,轻型化和小型化技术必将进一步发展,为加装于无人平台提供条件。

除上述因素外,无人机在飞行速度和机动能力等方面能够根据需求有所调整,更好地适应未来战场环境。

尽管困难重重,美国海军仍然表示 E-2D 预警机可能是美国海军装备的最后一型有人预警机。以色列在研制完成"海雕"预警机后也表态后续将重点发展无人机预警探测系统。事实上,"海雕"的任务系统可以在无人操作的情况下工作,只是飞行机组不能实现无人。

6.2.2 无人机加装预警探测系统的发展途径

1. 预警雷达轻型化

无人机平台和有人机相比,空间通常更为有限,要求机载雷达应尽可能做到体积小和重量轻。只有传感器的尺寸足够小,才便于移植到多种平台上,增加使用灵活性并便于分散布置,形成分布式预警和控制体系,从而提高系统生存力。同时,小型化、轻型化和低成本也是空中预警和控制系统推广的现实需求和技术路径。

与 E – 2 系列预警机类似,如果加装 P 波段或更低波段的雷达,则质量不会增加很多,无人机平台较容易满足要求,但低频段雷达也存在一些技术问题:①低频段天线不易降低天线副瓣,地海杂波严重,反杂波难度很大;②米波波段的有源干扰十分严重,各种民用广播电视信号和通信普遍集中在这一波段,飞机升空后受到的干扰会非常严重;③低频段分辨能力较差,而且装在无人机上的天线口径受限明显,难以测高。上述问题必须有效解决。

2. 传感器与平台共形设计

长航时无人预警机的设计需围绕着预警雷达天线来进行。无人机的载荷有限,需要尽量采用重量较轻、尺寸较小的相控阵雷达天线,并积极研究共形天线;其次,为了充分发挥雷达系统的效能,消除现役预警机上的探测盲区,需要对天线布局进行仔细的设计,并充分考虑天线布局对气动性能的影响,开发气动、结构和天线布局综合匹配设计技术。

能够充分利用机身和机翼的外形布设端射天线是一种理想选择。端射天线其电特性由一个高度很低(少于半波长)的平面型或曲面的天线结构所提供,具有结构简单、能共形安装、风阻小等优势,降低了对载机的要求。八木—宇田天线和螺旋聚束天线作为典型的端射天线。螺旋天线的性能对导线尺寸和螺旋节距不敏感,互阻抗几乎为零,很容易用来组阵。八木—宇田天线由有源振子、反射振子和引向振子组成,结构简单,在短波和米波波段应用广泛。上述天线增益较低,用于空基平台需要优化天线布局实现阵列天线高增益。

为彻底解决平台和天线的匹配问题,发展新型特种飞行器成为趋势,该类飞行器尚无法明确分类。2007 年 3 月 27 日美国《航宇日报》报道,美国空军研究实验室航空器部首席科学家唐纳德·保罗表示,"传感器飞机"(Sensor Craft)的技术和能力都已接近实用化。这种飞机采用与外形、结构综合设计的相控阵天线阵列,其被描述为"飞行的雷达天线"(图 6.2.1)。按美国空军研究实验室的构想,该机将是一种外形十分独特的无人机,其设计最大续航时间在 30h 以上,使用半径可达 3700km。

图 6.2.1　"传感器飞机"概念示意图

　　传统的空中平台设计时,对将要安装的传感器通常不作或只作很少的考虑,而"传感器飞机"的雷达天线与机体外形和结构进行综合,并且全机以传感器为中心进行设计,可显著提高执行 ISR 任务的效能。美国波音、洛克希德・马丁和诺斯罗普・格鲁曼公司均提出了"传感器飞机"的设计方案。美国空军研究实验室传感器部总工程师兼总设计师保罗・约翰逊预计,该机将研制成一种可满足未来需要的型号平台。美国空军官员目前之所以对"传感器飞机"持乐观态度,是因为对"主动气动弹性机翼"(AAW)技术的研究取得了很大进展。AAW 技术利用弹性机翼,可感知翼面在高速飞行时的弯扭变形,并将这种变形转化为对飞机操纵控制的输入。AAW 技术研究所取得的进展推动了"传感器飞机"构想的实现。

　　传感器飞机在多种构型设计中,联接翼(波音公司提出,又称"联翼式")与飞翼(诺・格公司提出)最受关注[37],其设计参数如下表 6.2.1。

表 6.2.1　美国大载荷长航时无人机设计参数

公司	诺斯罗普・格鲁曼	波音公司
翼型	飞翼式	联翼式
翼展/m	62.5	50.3
全长/m	22.0	31.4

（续）

公司	诺斯罗普·格鲁曼	波音公司
起飞重量/t	56.70	60.78
燃料质量/t	31.75	34.02
有效载荷/t	3.175	4.173
巡航速度马赫数	0.65	0.8
最大飞行高度/km	20.4	21.9
最大续航时间/h	50	32
最大航程/km	33336	29632

　　上述两型无人机的载荷都达到了 3t 以上，已经具备加装预警雷达和配套通信设备的条件。其中波音公司的联接翼构型便于孔径最大化，并实现 360°方位覆盖，而且结构形式上利于与传感器设备一体化设计。但其非线性特点表现明显，主要包括几何结构上的非线性，和气动的非线性；此外，强气动非线性与结构线性或非线性之间存在相互影响的可能性。据美国《每日航宇》2004 年 10 月 1 日报道，9月 22 日首次试飞了一架 7% 缩比尺寸的联接翼技术验证机。这次试飞就是为了支持"传感器飞机"的开发。波音公司对联接翼展开大量研究，主要研究包括气动稳定性分析、机动载荷分析、突风载荷分析、结构设计等内容。

　　诺斯罗普·格鲁曼公司的飞翼构型结构相对简单，便于 360°方位覆盖，外形利于隐身，但无尾外形导致操作性能差，机翼安装设备有限，机翼变形严重。大的易弯曲的机翼和大纵横比导致结构模式产生 1Hz 或更小的自然频率，在低速率飞行时容易产生体自由振翼。对于洛马公司和诺格公司所设计的大展弦比的飞翼式构型，会产生动态气动弹性稳定性问题，飞翼的弯曲变形模式与刚体的俯仰模式耦合，将产生一种被称为"机身自由颤振"的响应。为避免这种现象，可增加机身刚度，但将导致机翼质量增加大约 25%。目前的研究集中在主动突风减缓和机体自由颤振抑制等方面。

3. 仅用于接收雷达回波的无人预警探测系统

　　雷达性能主要由功率孔径积决定，受限于载机资源，单平台机载预警雷达的性能很难得到明显的提升。而不断提高的电子战水平也限制了单平台预警探测系统的能力。从系统论的观点看，通过网络优化的平台群构成的分布式网络化预警系统，总体性能将远高于各单平台性能的简单相加，特别是能有效提高系统抗干扰能力和对隐身目标探测能力。在未来网络化预警探测系统中，将无人机加装雷达回波接收和处理设备，与有人机或其他具有发射设备的无人机共同构成多基地的协同探测系统，不仅可以改善探测效能，还可以在危险区域部署接收设备的无人机，避免有人机面临的危险。

178

6.3　无人机预警侦察一体化

机载预警雷达的主要探测对象为空中和海面目标。在现代战争中除要完成对空中和海面目标的预警探测外,地面目标监视、对地快速精确打击迫切需要大范围地面战场实时侦察监视能力。空基对地监视雷达主要采用合成孔径成像和动目标检测技术,完成对地面静止和运动目标的侦察功能。

以合成孔径雷达(SAR)为主传感器的机载对地侦察监视系统可以对大范围地面战场进行全天候、连续、动态侦察监视。其基本原理是把雷达天线当作阵列天线中的一个独立收发阵元,雷达将每个位置上天线所接收到的同一目标回波信号进行存储和合成处理,就可将天线照射同一目标时运动平台飞过的距离等效为一个长阵列天线,即所谓"合成孔径天线"。SAR 雷达天线的等效长度可达上千米,从而形成一个等效的方位窄波束,实现方位高分辨力。SAR 雷达有聚焦型和非聚焦型两类。聚焦型合成孔径雷达采用与透镜聚焦相同的原理,对同一目标的每一回波信号进行相位加权,使之同相,可能达到的方位分辨力与距离和所用波长无关,为真实雷达天线口径的 1/2。非聚焦型合成孔径雷达由于对回波不进行相位加权,而是直接相加,其等效天线口径不能太长,方位分辨力低于聚焦型合成孔径雷达,实际中较少使用。

在具体的工作模式方面,对地监视雷达应能根据任务需求不同,灵活选择多种工作模式,包括对地侦察最常用的条带成像模式、分辨和识别能力更强聚束成像模式、大范围成像和动目标检测的广域地面动目标显示(Ground Moving Target Indication,GMTI)模式、同时成像和动目标检测的 SAR – GMTI 模式等。以不同工作模式为基础,实现多种作战功能,除对固定的机场,指挥所和发射架等军事目标进行高分辨宽幅监视,还要对地面、海面慢速军事运动目标(坦克、舰船等)进行广域探测与跟踪,包括对隐藏在叶簇下或森林里的军事目标进行监视。

欧美军事大国依据自身军事需求,近年来十分重视空地监视飞机的改进或研发,具体型号见表 6.3.1。

表 6.3.1　国外主要对地监视飞机

名称	JSTARS	ASTOR	AGS
国家	美国	英国	欧洲
载机平台	波音 707	Sentinel	全球鹰
天线形式	一维无源相控阵	一维无源相控阵	二维有源相控阵

美军的 E – 8 即"联合监视引导攻击雷达系统"(Joint Surveillance Target Attack

Radar System，JSTARS)的主要任务是充当美军的前沿哨所,探测和监视敌方地面固定和移动目标,为美国空军飞机和陆军战术导弹、多发火箭等各种火力系统提供精确的目标阵位。E-8除了能探测地面部队和坦克外,还能探测海面舰船、直升机和低速飞行的飞机,可为指挥人员提供战场管理信息,引导己方飞机、导弹、高射炮和机动部队对目标进行攻击。战时美军通常同时向战区派遣 E-3与 E-8,分别执行对空探测与对地监视,二者之间可以使用诸如战术数字信息链路(Tactical Digital Information Link，TADIL)或 Link16 数据链路实现信息共享。

E-8 机载电子设备包括利顿公司惯性导航系统、"塔康"导航、TADIL/Link16数据通信设备与移动地面站进行联络的卫星监视控制通信链路(Surveillance and Control Data Iink，SCDL)(传送雷达数据)等,飞机上还安装有电子对抗设备和多种网络接入设备。

E-8 系列有 E-8A、E-8B 和 E-8C 3 种型别,E-8A 为原型机,E-8C 是真正的第一种批量生产型号。E-8 能够进行实时的广阔区域监视和远程目标攻击指挥,提供战况进展和目标变化的迹象和警报。

AN/APY-3 雷达由美国诺斯罗普·格鲁曼公司研制,是一部侧视的相控阵天线雷达,雷达天线加装于机身下方12m 长的雷达舱。天线由等长2.44m 的 3 段无源相控阵的开槽波导组成,方位 120°范围电子扫描,俯仰上机械控制保持横滚稳定。3 段天线所接收信号的相参处理既使用天线相位中心偏置技术从主瓣杂波中分离出极低径向速度的目标,又能够解决相位模糊精确地确定目标角位置。所有的雷达数据都在机上进行实时处理,并以两种方式显示在飞机的仪表板上:一种是动目标显示;另一种是合成孔径图像。动目标显示是实时产生的,而合成孔径图像则需要几秒种的时间进行数据收集和图像生成。这两种数据处理结果不但在飞机上显示,同时还通过数据链传送给地面站。雷达对目标的跟踪是通过将几次扫描的动目标显示报告进行综合而建立起来的。这些跟踪轨迹可以显示在飞机的仪表板上,也可以通过联合战术信息分发系统(JTIDS)的数据链发送到其他空军节点。

该雷达具有多种工作模式,包括广域监视、动目标指示,合成孔径/固定目标指示(SAR/FTI)、低反射率指示、目标分类和扇区搜索,这些工作模式可以交替进行。动目标指示模式又可分广域与区域监视两种模式。在广域监视模式下,其雷达涵盖面可达十多万平方千米,可依据目标速度差异,显示目标区中的活动目标。在试验台系统中还能够进行距离高分辨率动目标显示和逆合成孔径目标识别。

据《简氏雷达与电子战系统》(2008—2009)报道,AN/APY-3 雷达对直升机和慢速飞行的固定翼目标探测能力有限,为此更新了系统的软件和硬件,升级后的状态被命名为表面动目标检测状态(Affordable Moving Surface Target Engagement,AMSTE)。

英国研制了具备全天候 GMTI 和 SAR 成像能力的"机载防区外雷达"(Airborne Standoff Radar，ASTOR)飞机，其核心是一部 SAR 和 MTI 双模式雷达，其侧视有源电扫阵列天线安装在机腹吊舱中。该雷达基于雷神公司为洛克希德·马丁公司的 U - 2 高空侦察机开发的 ASARS - 2 雷达技术。ASARS - 2 是一种实时、高分辨率侦察系统，具有全天候、全天时探测和监视能力，可对地面的固定目标和移动目标进行探测和精确定位。该双模式雷达工作频率范围为 8GHz ~ 12GHz，可提供 160km 距离外的战场图像，工作模式包括 MTI、条带 SAR 和聚束 SAR。其载机 Sentinel 飞机的最大工作飞行高度达到 15000m，续航时间约为 11h。

近年来的趋势是选用无人机，联合地面监视系统(AGS)被称为欧洲最重要的军事计划之一。其空中编队拟采用 4 架装备 TCAR(跨大西洋合作 AGS 雷达)的空客 A321 和 4 架装备"多平台雷达技术嵌入计划(MP - RTIP)"的"全球鹰"无人机，后又更改为 8 架全部为无人机，体现了对无人机平台的重视。

必须注意，载机飞行高度对 SAR/GMTI 性能很大。当地形起伏比较大时，目标区域雷达波束被地形遮挡，没有雷达回波反射回来，在 SAR 图像上形成阴影区，GMTI 方式也检测不到运动目标。探测的斜距 R 与载机高度和雷达波束俯仰角有关，即

$$R = \frac{h_a}{\sin\theta} \tag{6.3.1}$$

式中：h_a 为载机高度；θ 为俯仰角。

如图 6.3.1 所示，飞行高度越高，波束入射角越小，同样高度的目标在 SAR 图像上的阴影也就越短。

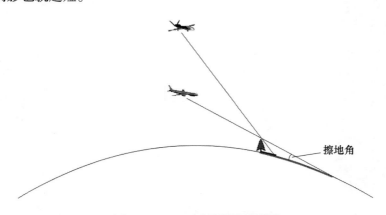

图 6.3.1　SAR 成像阴影示意图

例如，E - 8 的载机为波音 - 707，巡航高度在 10km 左右，受飞行高度的限制，其 SAR 成像在擦地角为 3°时，对应的作用距离仅为 170km 左右。

无人机平台的飞行高度较有人机可以更高,而且加装 SAR/GMTI 雷达增加的重量和功耗远小于预警雷达,无人机平台是理想的预警侦察一体化平台。

20 世纪 90 年代美国空军启动了新一代预警机的研制工作,称为"多传感器指挥控制飞机"(MC2A),代号为 E-10。这项研制计划以波音-767 为载机,计划把 E-3 和 E-8 的功能都集成在同一架飞机上。2006 年,美国国防部放弃了 E-10 的装备计划。从技术集成角度考虑,只要平台的载荷和供电满足要求,预警探测雷达与对地监视雷达加装于同一平台难度不大,之所以进展较为缓慢,主要原因之一仍是常规运输机飞行高度仅在 10km 左右,对地监视应用的 SAR/GMTI 雷达最大作用距离一般不足 250km,这一距离远小于机载预警雷达的有效探测距离,两种雷达探测距离上有一定差距,在掌握战场态势方面不匹配。在常规飞机上实现预警探测雷达和对地监视雷达集成设计遭遇了挫折。另一个原因可能是军事需求尚不明确,更无法协调多军种使用要求。

事实上,预警侦察一体化在无人机平台上的集成趋势已经出现端倪。"全球鹰"无人机系列的升级型 RQ-4B 载荷为 1350kg,除加装了先进的 SAR/GMTI 雷达外,还携带了红外探测系统,表 6.2.1 中的大载荷长航时无人机的载荷达到了 3t 以上。再考虑到无人机普遍较有人机更具有航时上的优势,若无人机的载荷和供电能力进一步提升,则可能很快具备加装预警雷达的条件实现预警探测和情报侦察的一体化设计。

"兼听则明,偏听则暗"

——宋　司马光

第7章　空基预警探测系统综合集成

空基预警探测系统需要通信和导航等辅助才能担负作战任务,本章对空基预警探测系统集成协同和信息综合等方面的战术需求和技术实现进行了论述,重点说明了需要解决的一些关键问题和需要关注的重要指标,并对 E-2D 预警机、"海雕"预警机以及"综合传感器即结构"共 3 个典型空基预警探测系统的技术特点进行了简要介绍。

7.1　支撑预警探测功能的电子系统

7.1.1　通信系统

空基预警探测实现战术功能离不开其他任务电子系统的支撑,空基预警探测系统的通信功能除实现内部乘员之间的联络交流外,还要保障空基预警探测系统与地面台站之间、与海上舰船之间,以及与空中其他飞机之间的话音通信和数据通信。对于预警探测功能而言,需要将雷达和 ESM 等获得的情报信息和空中态势传送到地面或其他平台上的指挥机构,以及地面和海面上传情报到空基预警探测系统形成战场态势。空基预警探测系统与武器平台互传信息也需要通信设备的支撑。现代战争除要求信息传输的完整、准确、及时、可靠之外,还要求信息传输实时性强、传输容量大、距离远、保密性好、抗干扰能力强。

信息实时性强能够缩短任务周期,充分利用交战时机,有效攻击更多目标,反之信息会随着时间的流逝而变得陈旧,甚至没有价值。在传输容量要求方面,除常规预警探测的情报数据,分辨率较高的雷达成像信息对通信带宽和容量的要求最大,若每个分辨单元均用独立的字节存储和传输信息,则数十平方千米的地域范围的成像数据可能需要数千兆的容量。低频段的带宽较窄,难以实现宽带大容量传输,利用高频段则不仅能够获取更宽的信号带宽,还便于提高天线增益实现远距离定向传输,但要实现远距离的全向传输将变得困难。

任务电子系统中的通信设备由以下几部分组成。

(1) 甚高频(UHF)和超高频(VHF)电台。

主要用于近距离通信,包括空对空通信、空对地通信,也可用于话音通信和数字化数据传输。UHF 通信频段为 225MHz ~ 400MHz,VHF 常用通信频段为 30MHz ~

88MHz 和 108MHz ~ 156MHz。在这些频段上,无线电波基本上是在视线内(或称在直线上)传播。在空基预警探测系统上,V/UHF 电台既用于空空通信,也用于空地通信;既用于话音通信,也用于数字化数据传输。这类电台在预警机上装备最多。通常在小型机上有 3 台 ~ 5 台,中型机上有 5 台 ~ 7 台,大型机上 8 台 ~ 15 台。

话音通信有调幅(AM)和调频(PM)方式供选用,还可选用保密机对话音加密。

(2)高频(HF)无线电台。

主要用于远距离(超视距)通信,包括话音传送和数据传输,通信距离可达 1000km 以上。高频通信的频段是 2MHz ~ 30MHz。在此频段上电波传播是通过大气电离层的反射进行的,能超越视线限制,通信距离达 1000km 以上。HF 通信采用单边带音频调制,可以传送话音,也可传输数据,上述的 TADII – A 数据链也可在 HF 信道上工作。

HF 通信传输距离远又经过电离层反射,故而传输中信号功率衰减大。同时在 HF 频段中大气噪声和各种电磁干扰(工业电磁干扰、通信干扰等)较强。为此,要求 HF 电台的发射功率比 V/UHF 电台大 1 个数量级或更多,达到 400W ~ 1000W(V/UHF 电台发射功率电平在 10W ~ 60W)。HF 电台的天线需要较大的尺寸,在飞机上不易找到适当的安装位置,也容易对机上其他电子设备造成干扰。

由于电离层的不稳定性,HF 通信的畅通率较低(70% ~ 80%,V/UHF 信道大于 95%),传输数字化数据的误码率高(不大于 10^{-3},V/UHF 信道不大于 10^{-4}),传输的速率也较低(小于 0.6kb/s,而 V/UHF 信道为 4.6kb/s ~ 4.8kb/s),不利于预警探测情报的大容量实时传输。近年来 HF 通信自适应技术有了很大进展,包括自适应选频、自适应调制解调与自动功率控制与传输调整等。HF 信道采用自适应技术后可使畅通率提高到 80% 以上,误码率可望降低到小于 10^{-4}。传输速率也可提高。但 HF 电台数量少、传输速率相对较低,仍使预警机在远距离上依靠 HF 通信时,信息传输容量受到限制。

(3)卫星通信设备。

主要用于远距离通信,如预警机与地面或舰上指挥中心传输信息。卫星通信是工作在超短波或微波频段上,它能遂行远距离通信,又没有 HF 通信的缺点,因此它是新一代预警机上的远程通信手段。卫星通信虽然对距离没有制约,但由于受到卫星高度的影响,通信信号实际经过的距离较大,会造成信号明显延迟,传输一般的话音信息没太多问题,在需要做实时相关处理的情况下会产生不利影响。

卫星通信天线设置在机背上一个专用的天线罩内,根据各国军事卫星通信系统的要求,选用 UHF、L、C 等频段。当前和今后短时期内作战飞机上能装备卫星通信设备还是少数,预警机的卫星通信主要用于与地面/舰上指挥中心传输信息。

E-2和E-3使用的是UHF段的卫星通信系统。由于频段低,可使用带宽低,速率低,只能达到几千比特/秒。由于频率低,平台运动引起的多普勒频移也小,无需进行校正,使系统实现更简单。

(4)机内话音网。

用于提供每个任务操纵员以及几个特定位置上(如飞行员舱、电子设备舱等)话音传输设备、线路与选择控制。

(5)数据链。

战术数据链(Data Link)是用于传输机器可读战术数字信息的标准通信链路,通过单一网络体系结构和无线通信媒体,将两个或多个指挥控制系统或武器系统连接在一起,从而进行战术信息交换。美军自20世纪50年代就开始研发战术数据链,其中应用于机载预警指挥控制平台的数据链包括了Link-11(TADIL-A/B)、Link-4(TADIL-C)、Link-16(TADIL-J)等,同时也发展了一系列支持大容量数据传输的宽带数据链(CDL、MP-CDL等),以及支持组网协同的协同数据链(如TTNT)。美军通过科索沃、阿富汗等几场现代局部战争,充分验证了数据链在信息化作战中的重要作用。

① Link-11。

Link-11于20世纪70年代投入使用,分A和B两种类型,Link-11A主要用于飞机和舰船等移动单元,而Link-11B则主要用于固定单元,如地面雷达站。Link-11A工作在HF或UHF频段,是一种半双工数据链,组网方式包括轮询和广播模式,采用差分QPSK调制技术,传输速率为2.4kb/s,采用M序列报文格式。Link-11B工作在VHF或UHF频段,是一种保密、全双工、点对点的数据通信链路,调制方式为FSK、QPSK,最高速率2.4kb/s,同样采用M序列报文格式。Link-11A装备的机载平台包括E-3预警机、E-2C预警机、RC-135侦察机、S-3A反潜机、P-3C反潜巡逻机等。

② Link-4。

Link-4于20世纪50年代开始应用,是一种非保密的时分数据链,工作在UHF频段,采用移频键控方式,传输速率为4.8kb/s。北约将link-4分为Link-4A和Link-4C两种,前者用于舰艇对飞机的控制,后者则用于战斗机之间的通信。Link-4A采用V系列和R系列报文,支持舰载机自动着舰、空中交通管制、空中截击控制、攻击控制等任务,不具备抗干扰能力;Link-4C采用F系列报文,提供一定的抗干扰能力,但由于其链路的标准非常独特,因此无法实现与Link-4A的互通。目前,美国海军、海军陆战队、空军都装备了Link-4,其机载平台包括E-2C、E-3、S-3A"海盗"反潜机、A-6舰载攻击机、EA-6B电子战飞机、F-14战斗机和F/A-18舰载战斗机等。

③ Link – 16。

Link – 16 是伴随着美国三军联合战术信息分发系统(JTIDS)的研制、发展和应用而形成的新一代战术数据链,由空军牵头、各军兵种参加,联合研制的通用数据链。JTIDS 系统工作在 L 波段(960MHz ~ 1215MHz),采用时分多址接入协议,数据传输速率为 115.21kb/s ~ 238.0kb/s,可与大量用户进行信息交换,具备保密和抗干扰能力。JTIDS 是一个通信、导航、识别功能一体化的系统,可在指挥控制系统与飞机、导弹等武器系统平台之间以及在其他各作战单元之间传输各种战术数据信息,有效连接信息源、指控中心与武器系统平台,实现战场资源共享。Link – 16 于 1994 年开始装备美国海军舰艇和飞机,包括 E – 2C、F – 14 战斗机和 F/A – 18 舰载战斗机。美国陆军前方战区防空系统、爱国者战区高空防空系统、地面联合战术系统、陆军战区导弹防御战术作战中心装备了 Link – 16。美国空军用 JTIDS II 类端机装备了 E – 3、E – 8 等空中平台。

在机载预警探测系统中,通信/数据链是确保信息及时、准确、可靠传输的重要保障,通信/数据链设备的设计应重点从频率范围、通信距离、数据传输速率和抗干扰能力等几个方面开展研究。

(1)频率范围。

从实现多种通信功能,保证完成任务的角度出发,应该尽量拓展通信频段,充分利用频率资源,覆盖 HF、VHF、UHF 等多个频段和 L 波段,实现不同体制的通信。一般来讲,HF 频段传播距离远,VHF 和 UHF 频段适合空地视距传输,L 波段和更等高波段频带较宽,适合设计高速宽带波形。

(2)传输速率。

预警机最大的信息传输量是雷达和 ESM/CSM 获得的目标参数。通常处理目标航迹的最大容量中的一部分要传送到指挥所,传输更新率可以根据目标的重要性不同而有所不同。当传输速率达不到要求时,任务指挥员根据目标与辐射源的重要性,安排传送容量的分配与优先次序。

(3)抗干扰能力。

预警机的通信设备也是敌方干扰的主要对象,提高抗干扰能力是一项基本要求。通信系统抗干扰能力的提升除了可以通过传统的优化信号波形,采用更强的纠错编码技术外,还可以从时间、空间、频率、能量 4 个维度采取技术措施。

在时间维度方面,采用猝发通信技术,缩短辐射信号的持续时间,增强随机性,从时间域上降低通信信号被截获的概率。

在空间维度方面,采用定向通信体制,主要通过选择强方向性的通信天线,压缩波束宽度,提高通信信号的隐身特性。

在频率维度方面,采用跳频通信模式,运用全新的高速跳频滤波器,提高跳频速度,一方面可以减少被截获的概率,同时也提升了抗干扰能力。

在能量维度方面,采用扩频通信技术,降低通信信号的平均功率谱密度,同时也可以采用功率控制技术,在保证通信质量的情况下尽量减少发射功率,降低被截获概率。

总的来看,未来通信/数据链技术将朝着网络化、高速率、低时延、强抗干扰的方向发展,宽带数据链、武器协同数据链和跳频滤波器等已成为空中平台通信系统集成的重点。

7.1.2　导航系统

机载预警雷达要根据目标的距离、方位和高度等信息推算目标的准确位置,需要获取飞机本身的精确位置信息和时间信息,导航设备即可完成这一功能。导航设备是预警机工作的基准,它为预警机提供时间同步信号和精确的实时位置、高度、速度、加速度和姿态等信息。如果导航设备的位置和时间精度较预警探测雷达高一个数量级,则不会对雷达探测的精度产生严重影响。常见导航手段包括惯性导航和多普勒导航等。惯性导航利用惯性元件测量飞机的线加速度和角速度,通过积分实时精确地计算出飞机的位置、速度、航向和姿态等信息。多普勒导航由多普勒雷达、航向基准及飞机姿态等数据组成,设备规模较小,利用多普勒频移获得飞机的速度信息,经过积分解算飞机的已飞距离和偏航距信息。

预警机可能遂行长航时和远距离的作战任务,若仅采用惯性导航或多普勒导航,系统误差积累效应会导致定位精度严重下降,对长航时的预警机影响很大。预警机如果远离国土作战,则地面导航台不能提供精确定位,采用 GPS 就很容易解决这个问题。考虑到 GPS 在战时的可靠性较差,并且存在潜在的风险,必须尽快发展本国专用的卫星定位系统,"北斗"卫星即可完成这类功能。

飞机本身为保障飞行也装备电子导航设备,如在精度、输出数据率、可靠性等指标都能满足任务电子系统的要求,则它们可兼作任务电子系统的导航设备。如不能,任务电子系统必须包括独立的导航设备。

雷达目标相对于飞机水平纵横轴与对地面垂直线为坐标的位置参数有距离,方位角与仰角。距离可从雷达上直接得出。方位角与仰角则要用导航设备提供的机身为指向方位、俯仰角及横滚角修正后才能得出。目标相对于地球坐标的位置,则要以飞机的当前地理位置与上述修正后的距离、方位及仰角相结合才能求出。

导航设备在预警机系统中遂行上述功能,对其性能指标有以下要求:

(1) 精度足够。

测定飞机的位置、姿态角与航向、航速参数等要尽可能精确;为达到此项要求,任务导航设备由精密惯导与 GPS 接收机组合而成,并与大气计算机交连以获取高度数据。当前精密机载惯导的测量精度如下:航向角优于 0.1°;姿态角(俯仰与横滚)优于 0.05°;速度优于 0.5m/s;定位漂移优于 1km/h。

GPS 的定位精度可小于 100m,用 GPS 定时校正惯导的漂移,即可使位置误差在 100m 以内。大气计算机输出的高度误差在 50m 之内。

(2) 数据更新率足够。

任务电子系统工作所需的时间、位置、速度、航向、姿态、惯性气压高度和加速度等参数的更新率要足够高,以满足雷达和电子侦察波束扫描过目标的短时间内能进行多次定位计算。为此,要求导航组合具有特殊的输出接口,通常输出数据的更新率达到每秒 10 次到数十次。特别是在飞机转弯和机动的飞行过程中,雷达需要及时准确地掌握飞机姿态变化,以便对天线波束进行修正。如果飞机输出给雷达和电子侦察等设备所需导航数据的时间延迟较大,或延迟的时间难以估计,则会对任务电子系统造成性能损失。

7.1.3　显示与监控系统

显示与监控系统是空基预警探测系统中操纵员与雷达等任务电子系统各传感器之间的人机接口,能够完成信息综合显示,还可以对各任务电子系统的工作状态进行监控,具体有以下功能:

(1) 将雷达探测到的目标定位参数与地理位置相结合,计算出目标的正确定位参数;将雷达连续扫描中获得的航迹参数输送到显示控制台(简称显控台),供操纵员观察,同时与通信数据链连接,供信息传输。

(2) 二次雷达询问的应答信号也用来建立航迹并跟踪航迹。

(3) 接收电子侦察与通信侦察设备送来的被截获目标的位置与特性参数,将它们与主雷达探测的目标关联,并将其电磁辐射参数、判定的属性与分类参数纳入同一批号目标参数组内,供显控台调用及信息传输。

(4) 根据预先制定的战术方案、预先输入的战斗机性能与武器参数,计算出引导战机拦截目标机的航线参数及关键战术点与线参数,并送往显控台,提供给引导控制员,还能遂行对地/海面目标的攻击引导,加油机会合引导和救生引导等计算。

(5) 操纵员在显控席位上的操作指令被送给雷达及其他任务电子系统,控制它们的开机和工作方式。

(6) 接收机载预警雷达和其他任务电子系统送来的机内故障自检信息,判断故障情况,发出故障发生和消除报告给显控台和记录器。

(7) 记录输入与输出的数据和信息,以便执行任务后重放与核查,可用于地面任务电子系统调整。

显控台设计以满足作战使用和执行日常警戒任务需要为根本原则,要能够满足在复杂战场环境下掌握空中和地/海面情报,并进行快速处理、上报(通报),人机界面友好,显示清晰,操作简便实用、安全可靠。

考虑到预警机总席位数量有限,最好所有席位均可灵活配置任务,在同一席位上可以同时对不同传感器进行操纵和控制,适应操纵员"一专多能"的需求。

小型预警机只有雷达显控台,中型以上预警机除多个雷达显控台外,还有系统电子工程师专用的维修监控显示席位,有时还有 ESM、CSM 与通信控制的专用显控席位。

通用雷达显控台在构成与外型上都是一致的。在执行任务时,按作战需要分工。有些重要系统控制功能只有在指挥员的钥匙(或软件密码)打开后才能执行。显控台可分配给警戒、识别、引导等任务,并且根据战术情况需要灵活变更各显控台的任务分工。

20 世纪 80 年代以前装备的显控台,通常有一个战术显示屏和一个数据显示屏。前者是一个圆形单色或 2 色～3 色的荧光屏,采用光点随机扫描制,能以符号、线条与字符显示目标的点迹、航迹识别等,航迹数据标牌、地图背景、各种战术关键点与线、各种滤除区(滤除不要显示的信号)的边杠,还有电子干扰的方向强度等。后者为一个矩形荧光屏面的数据显示器(也称表格显示器),它以表格形式显示目标的航迹数据、战术参数(如引导指令)、相关的电子侦察数据、电子干扰数据、滤除数据、气象数据、地面或舰上指挥中心的指示信息(如飞行计划、远方的或特殊的目标提示)、有关信息传输的选择数据(选定不同方式传输不同种类航迹)等。

自 20 世纪 90 年代以来显控台技术有了显著进步。一般以采用逐行扫描体制的彩色矩形荧光屏替代了原来两种显示。屏上既显示战术状况,又通过屏角开窗来显示表格数据。显控台的操作控制,主要借助鼠标与屏上的控制分类或页面分类选择,但仍保留键盘和少数旋钮。新一代显控台,既提高了图形的可读性,又减轻了操纵动作,使人机界面更友好。

由于飞机只能提供有限的载重量和使用空间,因此不仅限制了任务电子系统的重量和体积,也限制了操作人员的数量和工作及生活空间,预警机上操作人员的工作负荷很大。任务电子系统应尽可能减少操作人员的工作负荷,提高其工作效率。随着目标数量增多,信息量成倍增长,为了使操作人员减荷增效,任务电子系统必须从多方面进行改进(包括将多个传感器信息加以综合,使监视范围内同一目标的数据生成单一航迹),而人机界面是一个重要因素,因而成为当前及未来的改进重点。北约 E-3A 中期现代化计划就把提高操作人员效率 50% 作为一个目标,为此,不仅对显控台的硬件做了改进,还采用视窗技术和各种图形软件,还可在真彩色显示器上叠加地图、数字化图形等信息。

显控台通常是根据预警机系统的环境要求,包括体积、质量、耗电、散热、限制等专门设计的。近年来由于民用显示器大量出现,技术水平提高较快,品种繁多、价格低廉,具备了供预警机选用的条件。

显控台背景地图范围应包括主要任务地域和海域。每套地图应有的信息包括国境线、海岸线、省界线、政治中心、省会城市、岛屿、航道、水深、轮渡航路等。最好还有一些辅助信息,如城市、江、河、湖、主要道路、机场、空中走廊、禁飞区、军事基地、军事演习区等,可以提供充实的地理信息,用于鉴定甄别情报信息,辅助指挥引导。

7.2　多种传感器集成

7.2.1　传感器集成的基本要求

空基预警探测系统集成关系到实际工作环境下的功能和性能,尤其是任务电子系统与平台的适应性、任务电子系统内部的协同工作特性和任务电子系统与飞机航电系统的协同工作特性等。在这方面需要强化一个理念:加强系统顶层设计可以减轻系统集成的工作量,缩短集成联试的进度,保证系统开发的质量。

除了预警雷达本身不断改进之外,空基预警探测系统通常会增添新的传感器,如 ESM、CSM、ADS - B、AIS 和红外探测设备等,以提高整体作战效能,增强复杂电磁环境下的生存能力。通常对各传感器的基本要求如下。

1. 不同传感器能够提升信息的完整性和可靠性

预警探测获得的信息包括位置信息、运动信息之外,还希望获得目标的敌我属性和目标类型。单个传感器难以获得完整的信息,只有通过多传感器的情报数据融合才能够实现完整的信息。要新增加任务传感器时,除考虑带来的载荷和能耗等因素外,还需要考虑是否能够补充预警探测信息,或提升部分目标信息的准确性和精度。雷达能够提供较为可靠的目标位置和运动信息,通过运动特征分析和成像等手段也可辅助进行目标分类识别,情报信息通常连续可靠;与雷达相比,无源电子探测提供的目标位置和运动信息精度不高,但对非合作目标进行识别十分有效;IFF 能够给出具有较高置信度的目标敌我属性;红外传感器可以用于测量目标方位,有时也可用于目标识别;SSR 和 AIS 则只能提供合作目标的位置、运动和特征信息,且有可能含有虚假信息,甚至被敌方利用,成为欺骗手段。

此外,传感器获得的信息必须要有较高的可信度才能使用,否则将会给情报处理、报送和使用带来困难。

2. 不同传感器的指标具有匹配性和互补性

不同传感器的探测能力通常均有一定差异,如雷达探测信息较为完整,而且连续,但对非合作目标的识别能力较差;无源电子探测有时情报连续性较差,但经常能够获得较雷达更远的探测距离,雷达发现目标之前,若能够得到无源探测的情报支援将有利于雷达定位和跟踪,并完成目标分类识别。

红外传感器受大气衰减影响严重,难以实现远距离探测,但测角精度较高,对于通常测高精度较差的机载预警雷达具有很好的补充作用,但若作用距离太近,则不能与雷达匹配,红外探测的效能将明显下降。红外传感器和雷达的探测距离相当时,还可以提高对低散射目标的发现概率。

雷达和红外探测发现目标之后,IFF/SSR 应该能够立即提供各种属性信息,因此要求 IFF/SSR 的作用距离略大于雷达和红外探测距离。

总体上,预警探测始终追求的是远距离发现、跟踪和识别,因此希望针对各个指标的探测均达到较高的水平,理想的传感器搭配首先应该满足指标的匹配性和互补性要求。

7.2.2　多传感器情报融合

情报数据融合本质上是一种信息融合,由于多种传感器提供的目标参数的类型不同,测量参数的精度不同,情报数据的实时性不同,准确程度也有所差异,因而对正确有效的数据融合提出很高的要求。情报数据融合对于预警探测系统增强探测效能、丰富情报内容和提高情报可信度具有重要作用。数据融合分为检测(判决)级融合、位置级融合、属性级融合和威胁评估等多个层次。

检测级融合是指各传感器在信号检测或判决层次上的融合,用于判定目标存在与否。若假设系统 N 个不同传感器的检测概率用 $p_{di}(i=1,2,\cdots,N)$ 表示,则系统总的发现概率为

$$P_{ds} = 1 - \prod_{i=1}^{N}(1 - p_{di}) \tag{7.2.1}$$

位置级的融合是指各传感器的数据在时间和空间上进行融合,形成跟踪(或者说航迹)。其基本内容是获得目标的位置和速度,通过综合多传感器的位置信息建立目标的航迹和数据库,主要包括了数据校准、互联、跟踪、滤波、预测、航迹关联及航迹融合等。

属性级的融合是指属性分类或目标识别,对多个传感器的目标识别或属性信息进行组合,以得到对目标身份的联合估计。例如,在预警机上加装威胁告警传感器,以便确定来袭武器的制导装置何时照射到预警机;再如,使用雷达目标散射回波特性(也包括成像)来确定一个目标的材料、尺寸、运动状态和目标类型等。

威胁评估是指从有效保护己方,打击敌人的角度出发,估计敌方的杀伤力和危险性,同时还要估计己方的薄弱部分,并发出提示和告警。

预警机任务电子系统最常用到的是雷达与 IFF/SSR 的数据融合,通过将后者探测到的敌我属性等信息与雷达探测的目标相关联和对应。预警机的雷达发现某一个目标并获得其参数,便构成一个点迹;根据该点迹,预警机会启动 IFF/SSR 对该点迹对应的目标进行询问。如果该目标装有国际通用的 SSR,则其应答机将做

出应答,从而在预警机上形成一个 SSR 点迹;如果该目标为我方军用飞机,则带有敌我识别应答机,作出应答后将在预警机上形成敌我识别的点迹,达到对各个目标进行识别的目的。通常,IFF/SSR 的应答信号与雷达目标回波可以较为容易地实现相关。

雷达和 ESM/CSM 的数据融合较为困难,主要体现在两个方面:①雷达可提供目标的完整位置信息,也能提供目标的运动情况信息,但 ESM/CSM 只提供目标的角度信息,并且其精度低于雷达数据。例如,预警雷达的方位测角精度一般为0.5°左右。ESM 的测角精度较低,对于脉冲波形只有2°~3°,一般不会超过 1°,对于连续波则要到10°左右。目标密集切时容易出现匹配困难,甚至出错的情况。比较而言,雷达和 SSR 精度相当,匹配难度要小得多。②雷达和 ESM/CSM 的目标角度测量并不是同时完成的,需要把雷达和 ESM/CSM 对目标的位置数据校准到同一时刻,然后采用一定的准则判断两者信息源来自同一目标。比较来说,IFF/SSR 的回答信号与雷达目标回波通常是近乎同步获得,因此,这两者的相关要容易些。

鉴于传统上雷达与 ESM/CSM 融合相关一般需要靠人工完成,即由 ESM/CSM 的操纵员将侦收到的目标辐射信息不断传送到雷达显控台上,在雷达显示屏上显示出辐射源对应的方位角度线条,通常用线条的长度概略指示辐射强度(通常同距离相对应),由雷达操纵员对比雷达探测到的目标航迹与 ESM/CSM 的角度线,判断哪一目标与哪一辐射源相关。在辐射源较多或在某一方向较密集时,显示出来的方位线条会过多,人工方法操作难度较大。

机载预警雷达和 ESM 融合是典型的异类传感器融合,研究成果较多。雷达与 ESM 数据融合可以归结为航迹配准、航迹关联和航迹融合 3 个主要过程[37]。

(1)在航迹配准中,雷达与 ESM 的测量数据转化到同一坐标系下才能进行后续的关联和融合。通常的做法是对雷达的航迹进行内插,将测量数据校准到 ESM 提供信息的时刻。原因有两点:一是机载 ESM 数据一般仅有目标的方位角数据,故无法将不同载机位置的机体坐标系下方位角相互转化;二是雷达的方位角度测量精度一般要高于 ESM 的方位测量精度,更适合内插。

(2)在航迹关联中,由于一个雷达目标航迹对应一个目标,一个 ESM 航迹对应一个辐射源,且一个目标可以装载多个辐射源,一个雷达目标可以和多个 ESM 航迹关联,而一个 ESM 航迹仅能与一个雷达目标关联。建立航迹关联判别函数的方法多种多样,主要是基于统计理论实现关联判别。

(3)在航迹融合中,需要选择适当的融合方法,才能保证融合的精度不低于单个传感器的精度。假设目标的真实方位角为 θ,雷达和 ESM 方位角测量误差均值为 0,方差分别为 σ_r^2 和 σ_e^2 的高斯分布,则方位角度融合后的误差(σ_f^2 表示)方差为

$$\sigma_f^2 = k^2 \cdot \sigma_e^2 + (1 - k)^2 \cdot \sigma_r^2 = k^2 \cdot (\sigma_e^2 + \sigma_r^2) - 2k \cdot \sigma_r^2 + \sigma_r^2 \quad (7.2.2)$$

式(7.2.2)中的 k 为关联系数,在 0 到 1 之间。

为使 σ_f^2 最小,有 $\dfrac{\mathrm{d}\sigma_f^2}{\mathrm{d}k}=0$,可以得到

$$k = \frac{\sigma_r^2}{\sigma_e^2 + \sigma_r^2} \qquad (7.2.3)$$

将式(7.2.3)代入式(7.2.2)得

$$\sigma_f^2 = \frac{\sigma_r^2 \sigma_e^2}{\sigma_r^2 + \sigma_e^2} \qquad (7.2.4)$$

进而得出 $\sigma_f^2 < \sigma_r^2, \sigma_f^2 < \sigma_e^2$,航迹融合后的方位角测量方差小于单独的雷达方位角测量方差或 ESM 方位角测量方差。

事实上,雷达和 ESM 融合之外,经常需要利用 ESM 信息对雷达进行引导,由于目标和传感器平台之间发生相对运动,导致引导结束时目标的方位可能发生变化,由于目标的真实运动是未知的,需要进行一定的预测。

雷达和红外进行数据融合,主要利用红外探测获得高精度的目标角度信息和分类识别信息,特别是弹道导弹等高速目标的角度信息,有利于提升雷达的发现概率和跟踪精度,而雷达自身的测距精度较高,两者融合后可以实现高精度定位,并有利于实现目标分类识别。

总之,空基预警探测系统的情报数据融合涉及多种传感器,需要综合考虑信息的实时性、可靠性、准确性等内容,尽量提供全面、及时和可信度高的综合态势。

7.2.3 多传感器时间同步

预警机任务电子系统正常运行的一个基本前提条件是各个设备均具有精确的同步时间,因此需要为全系统提供连续、可靠、精确的标准时间和守时设备,并且时间分配网络能够在时间偏差和延迟均足够小的条件下将时间信息发送给各个任务电子设备。一般而言,系统时间来源于导航系统,有时也会使用一些特殊的授时方式,如人工授时。

美国开发的 GPS 可为用户提供精准的时间和位置信息,其他国家和地区也相继开发了可以为空中平台授时的卫星导航定位系统。此外,飞机平台也可以在地面期间获取标准时间或在飞行中通过地面无线电授时设备来获取时间。总之,预警机获取标准时间的手段是易于保障的,采用良好的短稳频率源(如铷钟)加上良好的长稳 GPS 卫星授时系统就可以满足基准的精度要求。困难在于如何为飞机内部各个用时设备提供连续、稳定和准确的时间,实现任务电子系统协同工作。时间同步便于进行数据关联和融合,保证网内各雷达输出的目标点迹或航迹数据得到良好的综合(如优选、检测、互联、相关和滤波),以实现目标信息资源共享和相

互补充。对于预警探测系统而言,由于目标和飞机平台均处于高速运动之中,因而时间精度直接影响到雷达和 ESM 的探测精度。对于任务电子系统内部不同传感器和空地之间不同传感器的情报数据融合而言,时间能够高精度同步是实现关联的前提。

此外,飞机平台的姿态和速度等实时信息也是雷达和 ESM 等实时调整工作状态的重要依据。若无源探测采用时差定位技术,则将定位问题的关键技术转化为目标本身所辐射的信号到达各接收站的时差测量。显然,时差测量精度将直接影响到目标的定位精度,此时对时间同步的精度要求较高,应达到 $0.01\mu s$ ~$0.02\mu s$ 量级。

7.2.4　系统电磁兼容问题

以预警机为代表的空基预警探测系统加装了大量电子设备,既有有源设备,也有无源设备;功率有大有小,所处的频段有高有低。通常,一架预警机配置多达上百个各种不同功能的天线,这意味着有上百个频率在同时工作。各种发射和接收天线以及相应的处理设备,再加上它们与导线、电源、回路等都必须集中在飞机机身、机舱等狭窄的空间内,要保证所有电子设备在复杂的电磁环境下能正常工作,电磁兼容性(Electromagnetic Compatibility,EMC)成为预警机系统集成中的重要问题。其中机载预警雷达发射功率较大,而接收灵敏度要求又很高,容易与其他设备之间产生不利影响。例如,由于机载预警雷达与 IFF/SSR 在升空平台上通常安装空间较地面雷达狭小许多,两者同时工作时产生互相干扰的可能性较大,需要通过频率规划、干扰滤波和隔离等手段避免互相的不利影响;某型预警机在使用中出现了雷达开机状态下,临近的卫星通信天线无法正常工作的问题,在卫星通信天线的接收部分加装带阻滤波器最终解决了问题,这就是典型的电磁干扰现象。

从产生电磁干扰的原因分析,大致有场场耦合、场路耦合和路路耦合 3 种[38]。场场耦合是指不同天线的辐射场之间的相互干扰;场路耦合是指辐射场与电路之间的相互干扰。需要注意的是,电磁场辐射既可能由机上配置的各种天线产生,也有可能由某种电路经感应产生。路路耦合是指电路(含电缆、机柜等)之间通过电流或感应产生的电磁场互相干扰。对于空基预警探测系统这样复杂的电子系统,多种电磁干扰现象均可能出现。

为解决电磁兼容问题,早期工程上一般采用"问题解决法"。由于在电子技术发展的早期,运载平台上的电子设备的品种和数量都较少,构成也较简单,一般是系统安装完成后发现电磁兼容问题时,有针对性地予以解决。后来,当系统越来越复杂时,用"问题解决法"来处理系统安装后出现的大量电磁干扰问题,将不可避免地带来大量的改造、安装和设计工作量。因此,欧美一些先进的工业国家在总结电磁兼容问题的经验的基础上率先编制有关 EMC 的标准或规范,来指导电子设备的设计、生产与安装等各个环节,这就是解决 EMC 问题的"规范法"。但对于像预警机此类复杂的电子系统,已有的规范或标准就不足以解决问题,开始采用"系统法"。这种方法要求从系统方案论证和设计开始,到制造、总装、试验等各个研制过程,都不断地作预测、分析和试验,描述出不同阶段电子设备的状态(关机、发射和接收等)和机身辐射源的特征(发射功率、时序、频段和辐射方位),从系统顶层开展保证系统正常运行的频率管理措施计划,并开发电磁频谱的动态管理系统,进而实现频率优化的设备用频方案,再及时采取各种措施,最后全面达到系统的各项性能指标。

要减少或消除电磁干扰,一是要从源头想办法,即抑制不需要信号的产生;二是从接收端想办法,抑制对不需要信号的接收。抑制不需要信号可以采用的办法是通过电路设计或器件选择来减少设备在工作频带范围以外的多余辐射功率(杂散),尽量采用线性器件以减少由于非线性调制(如限幅)所引起的新的频率分量的产生。

对于抑制不需要信号的接收,除了采用具有频率选择性的滤波器以外,一般还可采用 4 种设计方法:频率隔离、空间隔离、极化隔离和时间隔离。

1. 频率隔离

令不同电子设备尽量工作在不同的频率上。由于不同的电子设备在接收时都有频率选择性,即对不同频率的信号有不同的放大或抑制作用,因此有可能减弱一种电子设备的信号进入另一种电子设备从而造成的干扰,即起到了隔离的作用。要尽可能采取频率管理与空间隔离的措施防止干扰。频率管理与频率指配是用来防止同波段干扰、临近波段干扰及带外干扰的有效措施。一般的原则如下:

(1)各发射机的工作频率、基波频率与谐波频率必须与接收机的工作频率点错开。

(2)为防止临近波段干扰,发射机和接收机的工作频率必须保持数倍于信号带宽的间隔。通常,VHF 通信电台发射机与接收机的工作频率至少应当相隔8MHz,UHF 通信电台发射机与接收机工作频率差至少 12MHz～16MHz。

(3)要防止发射机之间互调信号(混频)的高次谐波与接收机工作频率点的重合。

事实上,在一架飞机或一个浮空器平台上,要安装众多的电子设备,其频谱要做到完全不重复是不可能的,电磁频谱实时管理十分必要,根据任务的不同,频谱优先主要任务设备的使用。例如,预警机在起飞或降落时,与此相关的电子设备优先使用,而将有重复和冲突的其它设备停止使用;而在空中巡逻,执行预警、指挥任务时,就要优先相关任务设备的使用。

2. 空间隔离

令不同的电子设备尽量在空间上相隔足够的距离。由于干扰信号的功率随距离大幅度衰减,因此,即使存在干扰,那么干扰信号进入被干扰设备的接收机时,其强度已经非常弱了。

3. 极化隔离

令不同的天线尽量采用不同的极化参数。不同的接收机对不同极化的电磁辐射会有不同的接收效果。

4. 时间隔离

令不同的设备分时工作是彻底解决电磁兼容的方法,但是,各个设备不能同时工作,必然会影响预警机系统整体作战效能的发挥。

在电子设备的设计中也要兼顾功能和 EMC 要求。既达到设备的技术性能指标,又符合相应的 EMC 规范,包括通用规范与经过 EMC 预测分析后调整的要求。当两者矛盾时,适当地折衷是必要的。例如,通信分系统频率管理中可以放弃某些电台频率点的指配,或在使用时间上进行差开控制。

需要指出,上述方法在应用中常常受到多种因素的限制。对频率隔离而言,预警机或浮空平台上现有的电子设备工作频段常常是不可更改的。例如,通信电台、IFF/SSR 和导航设备都有各自相对固定的波段,雷达工作频段选择常常受到其他很多条件的限制,也不可能仅仅从电磁兼容的角度来选定。再者,平台所提供的空间是非常有限的,要使各种辐射源的布局设计达到一定的空间隔离也是非常困难的。在极化隔离方面也有限制,以雷达为例,它受到目标类型和环境的限制,经常为得到更好的抗杂波特性和目标检测能力而选择极化方式。

预警机系统 EMC 测试的目的是核查系统 EMC 设计的实现情况。测试干扰源的发射量(辐射场强或传导的电压、电流)与敏感器件的安全余量,发现设计或工程实施过程中遗漏的 EMC 问题,与预测分析配合及时采取适当防止措施。

雷达作为预警机系统的核心部分,其大功率发射机和功率放大器很容易产生干扰,与此同时,微弱信号甚至小信号的接收机和数字电路部分对干扰又分外敏感,为使雷达在复杂的电磁环境下能稳定可靠地工作,电磁兼容性就显得非常重要。

雷达电磁兼容设计包括工作环境分析、干扰源与干扰路径分析、结构设计、接地设计、导线和电缆设计、电路设计等内容。

调查雷达工作环境是首要的具体工作,包括了解雷达各分机柜的安装位置,外部设备特别是可能干扰雷达正常工作的设备工作方式和参数,电源的供给形式、接地的方式等。

干扰源包括外部环境对本雷达的干扰和雷达内部的干扰,以及雷达可能产生的对外部的干扰。外部环境的干扰主要包括各种武器设备,如其他雷达产生的干扰、各种杂波干扰,特别是地线上的干扰、电台辐射引起的干扰和外部设备引起的电网不平衡干扰等。雷达内部干扰包括功率器件工作时产生的瞬变干扰、放大器功率器件由于分布参数引起的自激振荡、接地噪声和电源噪声、传输发射、电线、电缆印制板线等线间电磁耦合等。雷达可能对外部产生的干扰主要包括发射机的辐射干扰、功率器件对电网和地线的干扰、雷达引起电网不平衡的干扰。雷达与外部设备的干扰路径有公共电网、接口电缆和系统接地等。雷达内部的干扰路径主要是线线之间和电路之间的电磁耦合。

结构设计和电气设计是密不可分的。结构上无意的小孔、缝隙、毛刺以及外壳屏蔽不完整，都会带来严重的电磁辐射或干扰。预警机飞机经常出现穿越舱壁的电缆和光纤设计，均可能引起电磁干扰。结构上一些接触面、紧固螺栓接触不完全也会产生电磁干扰。在设计前期，就应考虑屏蔽要求，以减小结构的后期反复。在设计中遇到辐射窗口、安装孔、电缆及插头座、通风孔、电表孔，甚至入孔时，可以采用导电衬垫、弹性指簧、导电玻璃、金属网、金属编织材料和蜂窝结构进行屏蔽。

接地设计包括数字信号地、模拟信号地和屏蔽安全地。接地可以采用单点接地、多点接地和悬浮接地，接地线越短越粗越直越好。电缆线的内屏蔽层和屏蔽线的屏蔽层被认为是模拟信号地，可以采用单点接地。低电平信号传输线采用多层屏蔽，每层屏蔽均单点接地。对于低频电路，单点接地；对于高频电路，则采用多点接地（有时两端接地也可）。在信号电路频率不高的情况下，信号地与电源地可以相互连接，设备机架、基座和其他大型金属件都可被认为是地电阻。在信号电路中应使交流电源地线与直流电源地线分开，易产生干扰电路的电源地线与对干扰敏感的电路电源地线分开，高电平电路地线与低电平电路地线分开，一般电路地线与干扰电路地线分开，并使模拟电路地线与数字电路地线分开，各自归类分别连接后接至机柜不同地排。接地线采用低阻抗金属导线或导体，一般用镀银铜线、薄铜带、多股胶合线以及金属编织线作地线。

导线和电缆设计主要考虑使其耦合最小，信号线与电源线分开，敏感线与干扰线分开。不同组的电缆束在敷设时，如需交叉通过，两者要互相垂直，以减低耦合。特别是信号线与电源线交叉时，交叉的导线应彼此垂直。

电路设计中滤波非常重要，首先要根据干扰频率、强度、性质和电路特性，正确选择不同形式的滤波器。在供电电源的输入端装设电源滤波器时离供电电源的插座越近越好，输入输出线须相互隔离并避免交叉。在共用同一电源点线的几个分机之间，用旁路电容去耦合。为减少线缆间电容耦合的影响，电路阻抗要设计得尽量低。

7.3　先进战机与空基预警探测系统协同工作

7.3.1　先进战机探测系统的战术技术特点

世界主要军事强国对于先进战斗机的开发和研制从未中止，近年来更是达到高潮。随着航空电子信息技术尤其是综合电子信息系统技术的不断发展和进步，使得先进的航空电子技术在相当大的程度上决定着战机的作战功能和性能，成为当代先进战斗机的重要标志。美军的 F-22"猛禽"和 F-35"闪电"等。先进战机的探测系统具有以下特点。

1. 传感器高度综合

先进战斗机的电子设备不断增加，而飞机安装空间和布局方式受到严格限制，因此，对相关电子设备进行综合，充分利用资源的航空电子系统综合化设计思想受到重视。综合化设计不但可以在简化设备、节省安装空间、减轻战斗机负荷上取得显著效果，还可使不同设备、不同频谱的信息实现最优综合、融合和无缝链接。

综合化首先体现在系统硬件结构的综合上，通过将传统的机载火控雷达、敌我识别、电子侦察、红外探测设备、通信和导航等航电设备综合设计在一起，构成一个多频谱、多手段、自适应的综合一体化航空电子系统；其次体现在系统功能的综合上，采用多种传感器的综合及信息处理、融合、显示技术和驾驶员辅助决策技术，使飞行员获得全面的战场态势，把精力集中在高层的战术决策上。

2. 探测能力明显增强

先进战机装备不仅加装了多种传感器，而且传感器的探测距离和探测精度指标较以往战机均有显著提升，多传感器信息融合技术进一步促进了系统的性能提升。以 F-22 战斗机为例，该机装备的 AN/APG-77 固态有源相控阵雷达具有多种工作模式，包括远距离搜索、引导下远距搜索、单目标和多目标跟踪、空空导弹数传控制、目标识别、对地合成孔径雷达成像等具体工作模式。据报道，搜索模式下对 $1m^2$ 大小目标的探测距离可以达 200km，远超过传统的机载火控雷达。

F-22 战斗机的电子战设备 AN/ALR-94 无源接收机通过被探测目标辐射的各种电磁信号来识别目标并确定目标位置。据称 AN/ALR-94 发现敌方雷达搜索时，可在较小的空域方位内引导 AN/APG-77 雷达对其进行探测。根据目标的威胁等级，雷达可以调整发射功率和脉冲数量，用最少的能量实现对目标的跟踪；对于近距离高威胁等级的辐射源，若敌方雷达开机，AN/ALR-94 就能够提供导弹攻击所需的全部信息，引导空空导弹实施反辐射攻击，也可由雷达提供距离和速度数据引导导弹攻击。

F-22 战斗机借助于火控雷达口径首次实现了雷达、电子战和通信多种射频功能的综合。

F-35 战斗机加装的机载火控雷达为 AN/APG-81，技术体制与 AN/APG-77 相似，只是天线规模稍小，因而探测能力也有所降低。F-35 战斗机在机身不同位置共加装了 6 个红外传感器，可以提供完整的球形空域覆盖，用于对空空导弹和低空导弹实施跟踪，短程空空导弹瞄准，对地面目标进行搜索和瞄准等功能，此外 F-35 战斗机还加装了能够融合雷达和红外探测信息的光电瞄准系统,对固定目标和移动目标进行全天时分类、识别和瞄准。

3. 网络化水平显著提升

信息化程度高是综合航空电子系统的一个显著特征。有源相控阵火控雷达、新型数据链通信系统、综合核心处理机、高速数据总线以及高度综合的座舱显示系统,不仅提高了机内外信息的获取、处理和传输能力,而且显著增强了机内外信息的交互、利用和共享能力。F-22 和 F-35 等先进战斗机可方便地接收来自预警机、卫星和地面指控中心等机外信息资源,成为美军"网络中心战"的节点,为飞行员随时掌握战场全面态势服务。

7.3.2 先进战机探测系统与空基预警探测系统的关系

战机的探测系统由多种传感器组成,伴随技术的进步,雷达、电子侦察和红外探测能力不断增强,具有了一定的掌握空中态势的能力,与此同时,战斗机作为武器的本质上并没有改变,不可能取代空基预警探测系统。限制战机探测系统性能的包括以下 3 个因素。

1. 战斗机载荷、供电和外形尺寸有限

与运输机和大型飞艇相比,战斗机用于探测的载荷和供电都十分有限,加装雷达和光电探测器的结构也存在明显限制,特别是不能加装大口径雷达天线。

以雷达探测威力为例,在工作频率、搜索空域和所用时间一致的情况下,雷达的最大探测距离 R_{max} 与平均发射功率和天线面积密切相关,具体可表示为

$$R_{max} \propto \sqrt[4]{P_{av}A_t} \qquad (7.3.1)$$

式中: P_{av} 为阵面平均功率; A_r 为雷达接收天线有效面积,可以认为两者相等; A_t 为雷达发射天线有效面积。

F-22 和 F-35 等先进战斗机的火控雷达同样受到载荷和机身安装空间的限制,天线直径约为 1m 左右,天线物理口径面积约为 0.8m²,考虑到天线单元的加权效应,天线有效面积 A_t 和 A_r 均将小于 0.8m²。F-22 和 F-35 战斗机的 T/R 组件数量分别约为 2000 个和 1200 个(火控雷达工作在 X 波段,峰值功率约 10W/组件),阵面峰值功率约为 20kW 和 12kW,机载预警雷达的阵面面积普遍为 10m² 左右,天线阵面峰值功率约为 100kW 上下,采用供电能力较强的大、中型运输机,天线阵面峰值功率可以达到 200kW,E-2C 采用低重频的信号形式,峰值功率甚至达到 1MW。机载预警雷达按照天线面积 10m²,平均功率 15kW 计算,F-22 战斗机火控雷达按照天线面积 0.8m²,平均功率 2kW 计算,两者最大探测距离比值约为 3.1:1。

2. 战斗机隐蔽性要求不能轻易辐射大功率微波信号

有时机载火控雷达的探测距离可以接近机载预警雷达的水平,主要是使用条

件中的数据率和空域覆盖范围不同。机载预警雷达通常需要实现全方位搜索和跟踪,并需要保持数据更新速率为 360°/10s 左右,而机载火控雷达的最大范围覆盖仅为 120° 范围左右,高度覆盖也小于机载预警雷达,经常在地面或机载预警雷达的引导下在较小的方位和高度范围内进行搜索和跟踪目标,可以获得更远的探测距离。先进战机实现"先敌发现,先敌命中"决不是仅仅依靠战斗机自身完成的,而是需要整个预警探测网的强力支持。再者,先进战机采用了大量隐身技术,其中火控雷达的射频隐身要求雷达应该尽量减少开机时间,避免被对方的无源侦察设备截获,从而失去隐身效果。

3. 战斗机的雷达副瓣杂波情况复杂

先进战机飞行速度快,有时还会采用超音速巡航,明显快过预警机通常选用的运输机平台。第 3 章中对机载雷达的杂波特性进行了讨论,其中副瓣杂波对中低空目标探测具有不利影响。空基平台的运动速度直接决定了副瓣杂波频谱的宽度,战机高速飞行时雷达开机探测时,目标落入副瓣杂波的概率较高,不利于实现目标探测。

7.3.3 先进战机与空基预警探测系统的网络化协同使用方式

先进战机的一个重要技术特点是加装特种数据链系统,采用窄的笔形波束发射信号,避免被截获,从而将多架战机的传感器链接起来,进一步减少雷达发射信号。该数据链最基本的用途是"寂静攻击",同一作战编队内的飞机还可实时了解友机的飞行及战术信息(如武器数据、燃油状态数据和锁定敌机的情况等),进行战术协调以同时攻击数个目标。在任务规划时,通常指定一架飞机(长机)主导数据链的工作,若它离开编队,则由另一架飞机顶替。

预警探测网络和信息传输网络可实现态势实时共享,并迅速实施武器打击,战斗机需要从预警机、侦察机和卫星等其他平台收集信息,并共享情报数据,各种平台必须可加入同一网络。

现役的预警机数据链的数据交换速度较低,精度也不足以控制武器,而且数据链必须事先规划,不能根据作战需要进行动态实时调整。同时,传感器、平台、武器系统和指挥控制节点数量不断增加,指挥人员和情报人员需要大量技术专家付出大量努力,才能完成处理工作,而且效能不高,而最大限度地发挥装备体系整体作战能力永远是战场指挥永恒的重点和难点。"网络中心战"被认为是信息化条件下一体化联合作战的具体实施样式,现代战争正从平台中心战转变为"网络中心战",预警探测传感器联网协同是必然趋势。在传统的平台中心战概念中,各平台主要依靠自身的探测设备和武器进行作战,平台之间的信息共享非常有限。在未来战争中要遂行打击从岸边直至内陆纵深数千千米的目标,必须采用先进的信息技术,把作战部队和各种支援系统联系起来,实施协同作战。从发展趋势看,具有预警探测、指挥控制和情报传输等功能的预警机必将成为"网络中心战"的核心平台。

以空中预警机及其地面站为载体,通过战术数据链,将分布在战场各处的传感器和武器平台联网,使各军兵种的情报收集、处理和传输以及目标打击等过程实现网络化、一体化和实时化,将信息优势变为战斗力,以实现有效的侦察和打击。

战术瞄准网络技术(Tactical Targeting Network Technology,TTNT)是美国国防部预先研究计划局于 2002 年启动的项目,其目的是在未来有人、无人空中平台和地面站之间建立一个大容量、低延时和快速连接的数据链网络,满足未来空军作战飞机对机动性很强的地面目标打击的需要。阿富汗战争以后,美国空军参谋长约翰·琼珀上将说过:"我们需要一种稳健的实时目标指示能力,使我们对正在出现的目标的打击时间从现在的几小时和数十分钟,缩短到将来的几分钟,甚至数秒钟"。为应付未来类似于反恐怖主义战争的需要,发展装备的优先级应该是"信息优势",即建立"从传感器到射击手"的信息传递网络,缩短从发现目标到摧毁目标所需要的时间。TTNT 是一种高速动态网络技术,以 IP 协议为基础,采用网络无中心结构,可动态组网,新用户进入更新协议并注册的时间约为 5s,网络用户数可达到 200 个,具备很强的抗干扰能力,185km 距离的传输速率达到 2Mb/s,时延仅 2μs,最大传输距离达到 500km 以上。这一技术可使网络中心传感器能够在多种平台间建立信息联系,并对时间敏感目标进行精确定位,对于发挥预警探测信息的时效性具有重要作用。TTNT 技术用于目标探测、主动识别、瞄准、打击和毁伤评估全过程,可作为实现战场管理的核心。美国空军在 E-3 进行升级改进中首次推出了 TTNT 技术,至今该技术已经在 F-15E、F/A-18、E-2C 等平台上进行了验证,将为下一代网络目标瞄准技术提供理想化的通信链路。目前,使用的数据链 Link-16 是静态的、预先规划的网络,不能实时重新配置,无法满足高速机动平台的实时应用要求,这些技术的大部分将用于取代目前美军广泛使用的 Link-16 数据链。

"网络中心协同瞄准"(Net Center Cooperative Targeting,NCCT)系统是一种新型网络化多平台数据融合系统,可以实现多种传感器跨平台的数据融合,把空间、空中和地面的各种侦察平台加装一种"通用应用软件系统",为参战侦察平台建立一个可互连互通的情报传输网络,减少甚至消除态势形成过程中需要人工干预的环节,提升态势形成的速度和质量。整个网络内的多个预警和侦察平台快速地得到一幅共享的相关"作战图像",并及时为指战员和武器平台提供目标指示信息,提高多平台共享战场情报信息的能力。NCCT 作为一种"通用应用软件系统",信息传输速度 1.5Mb/s(将来要发展到 10Mb/s),时延小于 100μs,空对空的作用距离接近 500km,可与"全球信息栅格"系统兼容。系统目前主要装备于各种侦察平台,包括 E-3 预警机、E-8C 对地监视飞机、"全球鹰"侦察机、U-2 侦察机、RC-135V/W 信号情报侦察飞机和 EP-3E 信号情报侦察飞机等特种飞行平台,已经验证 NCCT 能迅速实现目标分类识别,并将对时敏目标的实时打击由"数十分钟"缩短到"数秒"。NCCT 和 TTNT 同样为先进战机充分发挥武器平台的作用提供大力支撑。

"协同交战能力"(Cooperative Engagement Capability, CEC)由美国海军提出,开发目标是共享战斗群中每一个传感器的测量数据(距离、方位、高度和速度等),并实时分发到每个作战单元,其基本功能包括精确提示、合成跟踪和协同交战。本地传感器可以根据来自其他传感器的提示信息进行搜索,从而尽快截获目标,进而利用不同传感器实现协同探测和跟踪。利用 CEC 网络中各传感器提供的高精度、准实时、高数据更新率的目标数据,战斗群中的战斗机或其他作战单元可以依据高精度制导数据直接展开攻击,协同探测和协同交战是 CEC 系统的核心价值。美海军 CEC 系统可实现海军水面舰艇、潜艇、陆战兵力、岸防兵力和航空兵以及相关军兵种的各种探测传感器和识别装置的作战信息共享,E-2D 预警机接收到舰载系统和其他平台发送的初始通信数据后,机上的 CEC 系统会检验这些数据,同时对目标展开探测、识别和跟踪。在增加其自身监测得到的相关情报数据后,E-2D 预警机再将所有的信息发送到军舰或战机等作战单元。这一过程允许网络内的所有作战平台在其传感器的监视容量内同时看到完整的空中图像,并能协同应对各种威胁。

传统数据链虽然满足了网络化指挥作战的需求,但随着机载传感器种类的迅速发展,它们在传输能力方面已经不能满足大容量数据的传输需求,公共数据链(Common Data Link, CDL)在这一背景下应运而生,主要用于空地、空空之间的大容量图像情报、信号情报数据的传输,成为"网络中心战"传感器信息栅格的连接纽带。MP(Multiple Platform)-CDL 是美国空军开发的多平台战术公共数据链,用以提高对时间敏感目标的定位能力,可在多个机载平台或地面设备之间以 10Mb/s~274Mb/s 的数据传输速率,极大缩短了飞机将地面移动目标的情报、监视与侦察信息传递给其他作战单元的时间;CDL-N 是由美国海军开发的海军型公共数据链,是海军"从海上推进"作战行动的支柱,加快了关键指示信息和威胁告警数据的分发,支持海上机动作战、海军火力网和未来的战区弹道导弹防御。

先进战机的存在对于空基预警探测系统的安全而言十分重要。当空基预警探测系统在接近敌方的威胁区域执行任务期间,必须有战机或地面防空火力进行支援和保卫,在作战期间,先进战机更是空基预警探测系统必不可少的卫士。

7.4 国外典型空基预警探测系统

7.4.1 E-2D 预警机

E-2C 预警机进行大量升级改进后成为"高级鹰眼"预警机,在美国海军武器库中正式编号为 E-2D 预警机。从气动外形上看,E-2D 预警机基本保持原有布局,但随着新型螺旋桨、嵌入式卫星天线和空中加油设备等逐步实施,其总体飞行性能得到显著提高。E-2D 预警机直接安装汉密尔顿飞机公司的 NP2000 螺旋桨。NP2000 螺旋桨采用数字化控制,桨叶为复合材料制造,不仅振动更小、噪声更低,而且减少了零件数,降低了维修费用,可以在机翼上直接更换单个桨叶,利用维修设备在飞机上就可以平衡螺旋桨。E-2D 预警机还继续采用 T562A2427 型发动机,但提高了发动机工作过程的实时监控能力。E-2D 预警机提升飞行性能的另一项新技术是将采用一种新型嵌入式卫星通信天线。试验结果表明,在飞机的外蒙皮中安装嵌入式天线,不但可以改善天线系统的性能,而且可以减轻飞机质量,有利于提高飞行性能。据称,新的嵌入式天线减少了 E-2D 预警机的气动阻力,从而增加预警机的留空时间,提高单机的爬升率和改善全机的飞行品质。

已知的 E-2D 预警机的主要改装如下:

(1)"高级鹰眼雷达"(Advanced hawkeye radar,AHR)。

"高级鹰眼雷达"由洛克希德·马丁公司为主研制,设备重约 998kg,采用相位扫描与机械扫描相结合的方式,方位上可进行电子扫描和机械扫描,天线阵面共有 18 个通道,工作模式十分灵活。该雷达在多方面体现了突出的技术进步:利用空时自适应处理技术提高了反地杂波能力;雷达的下视探测能力将有大幅度提高,并能显著改善抗干扰能力;波束内交错重频消除盲速;在密集信号环境下能够自动进行频率监视和选择;采用了碳化硅(SiC)宽禁带半导体的固态发射链路(包括诺斯罗普·格鲁曼公司的功率放大器),提高了输出功率,降低可能出现失效的概率;雷声公司的大带宽高灵敏度低噪声数字接收机;有信号能量均衡作用的中频采样;采用商用成品的处理链路结构,提供灵活的波形和工作模式。

有报道称"AN/APY-9 雷达作用距离较 AN/APS-145 雷达增加 50% 以上,对大多数目标而言,E-2D 预警机仅受限于雷达视距"。该雷达在探测小目标的过程中,可以降低阵面的旋转速度,甚至保持阵面静止,再利用阵面的相位扫描功能在阵面法线附近约 60° ~90°的小角度扇区范围内实现检测、定位和跟踪,最大扇区可以达到 120°角范围。

雷达的最小可检测速度水平也较 E-2C 预警机有明显提升,可以达到 25m/s 左右。

　　配套的敌我识别天线共 36 个辐射单元,具有和、差波束形成网络,可以有效提升方位指向精度。

　　(2)新型电子支援系统(ESM)。

　　采用了高增益天线,高灵敏度数字式接收机,高效率的信号处理算法和辐射源地理位置算法,还特别增加了辐射源选择识别能力。

　　(3)红外搜索与跟踪监视传感器(SIRST)。

　　为向整个航母编队提供有关导弹监视与跟踪信息,E-2D 预警机加装了红外搜索与跟踪监视传感器,计划用来探测和跟踪中短程的巡航导弹和弹道导弹,并实时计算其发射位置和弹着点。SIRST 系统的红外传感器不仅安装在 E-2D 预警机上,还将有一个配套传感器安装在航母舰队中。小型红外传感器安装在 E-2D预警机鼻锥位置,利用飞机内部的处理器、控制器和显示装置为任务机组人员提供导弹的监视与跟踪信息。该系统仅具有角度跟踪能力,虽不具备测距能力,但能利用雷达同步监测数据,实时计算导弹的发射点和攻击点,最终通过数据链为航母战斗群提供非常准确的三维位置图像和跟踪信息。E-2D 预警机还将具备一定的战区导弹防御能力,尤其是在导弹发射的初始段,事先有所准备的机载预警雷达会为拦截系统提供准确及时的引导。空基预警探测系统用于弹道导弹预警是必然趋势,特别是主动段导弹探测和防御具有突出的优势,这点应引起充分关注。

　　(4)多传感器/多源信息集成(MSI)软件。

　　E-2D 增强了协同作战能力,可以融合各种传感器的输入数据(如雷达、IFF、CEC、ESM/ELINT、SIRST 和通过卫星通信获得的外部数据),进行航迹相关,形成综合图像,实时地参与到军舰和飞机的信息网络中。

　　(5)新型通信系统。

　　将采用模块式的开放体系结构和新的通信设备,进一步改善可靠性和可维修性,减小体积和质量。E-2D 任务电子系统中卫星通信设备、视距通信电台、Link11/16 数据链和内部通信系统(AICS)均进行了轻型化设计。

　　E-2D 预警机能收集信息、验证信息、数据融合,然后形成一个完整的战术图像,并将图像实时传输给指挥机构和使用部门。指挥机构可以根据战术图像进行决策,使用部门根据数据展开作战行动。

　　(6)空中受油设备。

　　为了增加 E-2D 的空中巡逻时间,美国海军提出为 E-2D 加装空中授油设备,在机头的左上方安装了授油探头,采用硬管式加授油。E-2D 加装空中授油设备后,空中巡航时间从 4.5h~5h 增加到 8.5h~9h。加油机可以由 KC-130 加油机和能担负伙伴式加油任务的 F/A-18 战斗机承担,KC-130 主要在离陆地不太远的地域进行空中加油,F/A-18 在航空母舰上起飞加油。

　　(7)新的电源系统。

　　为保证雷达和其他电子系统的电力需求,E-2D 预警机换装了 2 部新的电源系统,单台功率 170kW,重量 56kg。它们能够在飞机所需的最大功率 255kW 时,连续工作 3h,完全可以满足 APY-9 雷达 140kW 的功率要求,甚至在满足全机对电力的需求后,还有 15% 的余量。

此外,还改进了驾驶舱,装备先进的航空电子设备和为副驾驶设置完善的战术工作站,使副驾驶也成为一名任务电子系统操纵员。任务系统设有 3 个操作席位,配备了 21 英寸战术多功能彩色显示器,可以同时显示飞行数据,3 个席位分别为任务指挥员、第一空中控制员和第二空中控制员(两人负责对雷达、电子侦察、数据链、卫通和远程武器系统操作与控制)。战术座舱主要集中了综合导航、控制和显示系统,为飞行员提供态势感知能力。飞行员或副驾驶将能够控制战术显示器,有效地减轻了任务系统操作人员的工作负荷。

7.4.2 "海雕"预警机

将任务电子系统同载机进行一体化设计,是全系统集成设计的理想方式,具体有两种途径。第一种是在选用已有载机的情况下,将电子设备天线(主要是雷达的相控阵天线)与载机外形共形,即以色列的"费尔康"和"海雕"预警机(图 7.4.1)的方式。共形天线阵能较好地解决载机气动外形与外部天线布局的矛

(a)

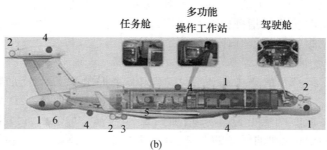

(b)

图 7.4.1 "海雕"预警机

(a) 整机外形;(b) 设备布置。

1—雷达设备;2—电子侦察设备;3—通信侦察设备;4—通信设备;5—指挥和控制设备;6—自卫设备。

盾,消除外形对载机气动特性的不利影响。第二种是使飞机外形设计与多面相控阵天线相适应。这实际上是要求专门为预警机研制一种载机,最大限度地避免了载机在外形、尺寸或布局等方面的限制,任务系统与载机的一体化设计可更为彻底,但实现更为困难。

"海雕"预警机的载机为商务客机"湾流"G550,最大起飞质量 42t,起飞 10min 后即可爬升到 10km 高度,能在接近 15km 的高度上持续飞行,是可用飞行高度最高的一个机载早期预警(AEW)系统,航程达到 12000km,空中不加油可以执行 10h 预警探测任务。

主传感器 EL/W－2085 共形相控阵预警(Conformal Airborne Early Warning, CAEW)雷达为了实现 360°空域覆盖(包括飞机在拐弯倾斜飞行期间),在机身不同部位安装了 4 个天线阵,2 个在机身两侧,机头和机尾各 1 个。机头锥形罩内安装的椭圆形平面阵实现前向 40°覆盖;机身两侧椭圆形整流罩内装有相控阵天线阵列,每一侧覆盖 135°;机尾装有喇叭形天线阵列,后向覆盖 50°。机身两侧的天线阵工作在 L 波段,组件成熟,输出功率较大,同时天线波束较宽,可以兼顾探测距离和高度覆盖能力;机头和机尾的天线阵工作在 S 波段,利用较小的天线口径实现较高的探测精度。雷达提供时间和空间能量管理,灵活分配波束,具有搜索快捷、模式多样、跟踪同步和使用可靠等特点。与"神鹰"相比,同样以有源电扫阵列天线为基础的机载预警系统,该机的通用处理速度大约增加 200 倍,信号处理速度提高 3000 倍,重量则下降 60%左右,十分适合加装于小型载机。为使系统的成本降至最小,雷达的安装对机体改动不大。雷达天线以"瓦片状"单元结构安装在机身上,天线模块至雷达电子设备的走线穿过现有的窗户孔,设备实现了因地制宜,维修更换较为方便。

EL/W－2085 雷达采用"检测前跟踪"(Tracking Before Detection, TBD)技术,有利于发现弱小目标的回波。TBD 的关键是雷达信号和数据处理能力以及储存能力。为了消除虚警,传统雷达设置"杂波和噪声"门限,低于门限的雷达回波不予考虑。在 TBD 技术中,这些微弱的目标回波被集中在全部收集的"回波图像"里,作为类似目标航迹的样品进行扫描。TBD 技术能改进对小目标的探测能力,减少虚警率而且不用大型天线或高功率发射机。该技术特别有助于机载电子扫描阵列雷达探测和跟踪小目标。当 TBD 技术指出可能目标的具体位置,雷达天线可以在该区域集中更多的能量。由于积累时间的限制,这一算法对于改善对高速和高机动目标的探测效果可能并不明显。因为需要对多处"疑似"目标进行数据处理和存储,因而需要较强的计算和存储能力。

ESM 和 ELINT 系统天线分布在机翼下方、尾翼上方和机头座舱前的雷达上方和机尾翼顶端等处,具有较强的多传感器信息融合能力。

"海雕"预警机设计自动化水平很高,既可以有人员操作(可配置 6 个操纵员席位),也可以实现无人操作。

7.4.3 "综合传感器即结构"飞艇计划

美国国防高级研究计划局(DARPA)支持洛克希德·马丁和雷声综合传感器即结构(Integrated Sensor Is Structure, ISIS)计划的目的是开发平流层飞艇传感器,能保持在空中几年,并希望能远距离探测空中和地面目标。ISIS 计划将开发能使大而轻的雷达天线合并入飞艇平台的技术,实现一体化设计,主要的技术挑战是开发超轻量的天线、天线校正技术、电源系统、工作位置保持方法和支撑极大型天线的飞艇。这种高空飞行系统的雷达天线是飞艇结构的一部分,将整个平台变成一个传感器,通过增大天线口径提升探测威力。

DARPA 探索能够覆盖宽广地理区域的大型口径,并能够同时探测空中和地面目标的方法,高空飞艇是可能提供对孔径和功率问题的解决方案,因为它们的尺寸很大。ISIS 计划就是开发使用小功率的极大口径的雷达。高空飞艇原先设计是安装小型有效载荷作传感器。然而,工程师们确定如果按照惯例安装,则大口径雷达对于飞艇会太重,因而决定将传感器集成到飞艇的结构中。将传感器与飞艇的结构做成一体减小了质量。设计人员研究了将口径安装在飞艇的外部还是内部的选择方案,结果认为安装在内部较为妥当,一个重要的优点是使系统得到保护,免受环境的影响。而安装在外部,将使口径材料暴露在环境中,因而放弃了这种方案。

ISIS 计划中飞艇(图 7.4.2)工作高度在 18km(6 万英尺)和 22.5km(7.5 万英尺)之间,在这种高度风最小,允许飞艇保持在位而不需要使用许多功率。

图 7.4.2 ISIS 的基本组成
1—太阳能电池板,采用顶部安装的太阳能电池;2—推进器,采用低速电推进器;
3—雷达阵列,曲面的阵列将与飞艇的上部结构连接。

飞艇上的雷达采用有源相控阵体制,工作在 UHF 频段和 X 波段,能对空中和地面的目标进行广域搜索,并具有极高的分辨力和极强的识别能力。该雷达还允许口径的不同部分分别进行扫描,并灵活选择信号带宽。该系统具有探测 600km 内巡航导弹和飞机、300km 内小型车辆的能力,并能够对多达 100 个以上的空中和地面目标的交战提供相关数据和信息。

ISIS 计划不使用地面支援而工作,管理类似卫星控制,因为宇宙飞船保存燃料以作机动飞行,同温层的飞艇将保存燃料,只是在回避影响同温层的风暴时实施机动。对于 ISIS 设想的同温层飞艇大小大约为 $5 \times 10^5 \mathrm{m}^3 \sim 1 \times 10^6 \mathrm{m}^3$,形状可能为传统的雪茄形、扁豆形或透镜形,飞艇的形状会影响气动阻力、太阳能阵列的布置和雷达口径。

ISIS 计划的关键技术包括先进的外壳材料、有源电扫阵列、轻量/低功率发射/接收组件和近太空环境的主电源。

在 18km(6 万英尺)高空,正常的温度范围是在白天的 −40℃ 和晚上的 −80℃ 之间,这意味着外壳材料在温度低至 −90℃ 时仍要保持柔软,不能因冷冻而变脆。同时,材料的熔点必须足够高,以允许天线材料和太阳能阵列黏结到外壳上。

ISIS 计划加装 $1600\mathrm{m}^2$ 天线,目前任务电子系统重量达到了全系统总重的 30% 左右,$20\mathrm{kg}/\mathrm{m}^2$ 的材料质量过大,需要有数量级的改变,达到 $2\mathrm{kg}/\mathrm{m}^2$ 左右较为理想。

"凡战者，以正合，以奇胜"。

——《孙子兵法》

第8章　空基预警探测系统的使用

空基预警探测系统在应用中需要基于装备的特点,研究不同作战方向和作战样式下的运用策略,包括重点地域和边境地区日常警戒、目标引导和指示等任务的实施策略。前文已对机载预警雷达和气球载雷达的工作模式设置进行了讨论,实际上工作模式设置与雷达技术特点及载机航线设计关系密切。本章从空间覆盖、时间覆盖和速度覆盖等角度分析机载预警雷达的综合探测能力,并提出多架预警机协同执行探测任务时的两种组合航线模式概念("并立"和"串接"),对不同组合航线对雷达探测性能的影响进行了分析,探讨了优化探测性能的方案。同时,本章也对多部空基预警探测系统无源侦察的协同工作方式进行了讨论。此外,还介绍了机载预警雷达和气球载雷达使用中应该注意的一些问题,以及美国、俄罗斯和巴西预警机装备使用和维护保障的情况。

8.1　机载预警雷达的威力覆盖范围

预警机、电子侦察机和电子干扰飞机等特种飞机担负预警监视、情报侦察、电子侦察、电子干扰和指挥通信等任务,通过互相支援,可以有效提升战场情报的完整性、准确性和实时性,是信息化战场条件下空基作战平台的支撑力量,预警机任务系统传感器种类多,综合探测能力强,是空基预警探测的核心。

在地面预警监视网覆盖性能较好的情况下,预警机可重点探测中低空目标,根据任务性质和任务规划安排,可以只向指挥所和地面情报中心提供3km或1km以下的目标情报,并以中低空域不漏情为主。机载预警雷达的威力覆盖范围直接与任务规划密切相关,是支撑任务规划的重要依据。机载预警雷达威力覆盖范围可以从空域、时域和速度域3个角度进行较为完善的描述。空间三维、时间一维和速度一维总共五维,在此五维空间可以较全面描述预警监视雷达覆盖情况[41]。

8.1.1　覆盖范围与空间的关系

在空间覆盖范围方面,除探测距离范围这一基本参数外,机载预警雷达还存在前文分析过的距离遮挡盲区(脉冲周期发射造成的周期性盲区)、顶空和底部盲区、机身和机翼遮挡盲区(与载机外形和机身姿态等有关)等地面雷达没有的问题。无论以目标的距离、方位和高度来表示,还是以经度、纬度和高度来表示,均要在三维空间中才能将空域覆盖描述清楚。

8.1.2 覆盖范围与时间的关系

在时间与覆盖范围的关系方面,由于载机在空中处于不断运动之中,在雷达威力一定的情况下,随着载机位置的变化,雷达覆盖的范围也会发生变化。一部分空域是雷达始终能够覆盖到的区域,可称之为"稳定覆盖区",也可称为"强效区";另一部分空域则是在部分时间内覆盖到的区域,可称之为"短时覆盖区"。"短时覆盖区"的空域交集即是"稳定覆盖区",其他部分的短时覆盖区在大量时间内是探测盲区,有可能出现漏情,这是使用中需要特别注意的。事实上,随着载机在航线上的移动,短时覆盖空域会不断发生变化,部分空域不能维持持续探测。

下面分析预警机采用常用的环形"跑道"盘旋航线飞行时,空域覆盖范围随时间变化的情况。图 8.1.1 中的跑道形航线(虚线表示)的中心为坐标原点,假设航线顶点分别在 (a,b)、$(a,-b)$、$(-a,b)$ 和 $(-a,-b)$,雷达全向覆盖距离均为 R,求解各圆的交点可求出 A、B、C 和 D 共 4 个点的坐标,见图 8.1.2。4 个点在平面中的坐标分别为 A:$(0,-b+\sqrt{R^2-a^2})$,B:$(-a-\sqrt{R^2-b^2},0)$,C:$(0,b-\sqrt{R^2-a^2})$,D:$(+a+\sqrt{R^2-b^2},0)$。由 A、B、C 和 D 共同围成的部分即是稳定覆盖区(图中阴影部分),面积为 4 个顶点组成的 1 个四边形和 4 个弓弦,可以通过平面几何分解的方法或积分方法得到,前者更为直观。

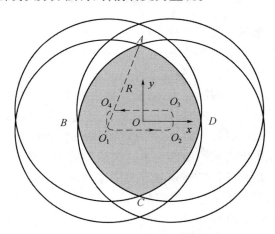

图 8.1.1　预警机环形盘旋航线覆盖范围示意图

将 A、B、C 和 D 共 4 个顶点围成的图形进行简单分解,可以得到中间的四边形和 4 条边对应的 4 个弓形弧,总的面积由上述两部分组成,弓形弧的面积可以看作圆弧对应的扇形面积与弦和圆心构成的三角形之差。若将中间 1 个四边形 $ABCD$ 的面积记为 S_1,4 个扇形中的弓形弧面积之和记为 S_2,四边形的 4 条边与 4 个圆对

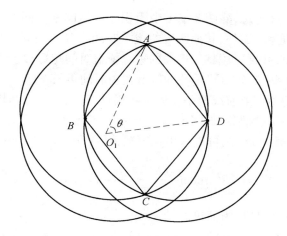

图 8.1.2　跑道形盘旋航线稳定覆盖范围计算

应的 4 个三角形总面积记为 S_3，经过计算，可得

$$S_1 = 2(\sqrt{R^2 - a^2} - b)(\sqrt{R^2 - b^2} - a) \tag{8.1.1a}$$

$$S_2 = 2R^2\theta \tag{8.1.1b}$$

$$S_3 = 2\sqrt{R^4 - (a\sqrt{R^2 - b^2} + b\sqrt{R^2 - a^2})^2} \tag{8.1.1c}$$

式中：$\theta = \arcsin\dfrac{|AD|}{2R} = 2\arcsin\dfrac{\sqrt{2}\sqrt{R^2 - a\sqrt{R^2 - b^2} + b\sqrt{R^2 - a^2}}}{2R}$（四边形的
4 条边长度均相等 $|AD| = |CD| = |BC| = |AB|$）。

稳定覆盖区总覆盖面积用 S_t 表示，可看作为"近似椭圆"，可由 3 个部分面积
组合表示为

$$S_t = S_1 + S_2 - S_3 \tag{8.1.2}$$

假设机载预警雷达探测距离为 300km（事实上由于地面杂波分布和载机机身
遮挡的影响，雷达威力不是全方位均匀覆盖的），巡逻航线的长度为 60km，宽度为
20km，则该雷达的稳定覆盖区面积为 $2.34 \times 10^6 \text{km}^2$。雷达瞬时覆盖的面积用 S_0
表示，即

$$S_0 = \pi R^2 = 2.83 \times 10^6 \text{km}^2 \tag{8.1.3}$$

若将单部预警雷达稳定覆盖面积与瞬时覆盖面积之比定义为"稳定覆盖率"
（用 η 表示），则

$$\eta = S_t/S_0 = 0.836 \tag{8.1.4}$$

显然，若载机运动航线越长，雷达的稳定覆盖区会越小，稳定覆盖率也会降低。
为考虑到机载预警雷达主要用于探测中远距离目标，没有去除近程盲区。若雷达
探测距离小于航线半径，则雷达不存在稳定覆盖区。

从时间覆盖角度考虑,除图8.1.1中面积相同但圆心不同的4个"圆"的重叠部分为连续稳定覆盖区域外,其他区域的覆盖时间也各不相同。只有1个"圆"的区域覆盖时间最短,并且区域越接近圆的边缘覆盖时间越短;2个"圆"重叠的区域覆盖的时间稍长一些,3个"圆"重叠的区域覆盖时间更长一些。

有时预警机的跑道形航线两条长边距离很近,甚至重合,此时稳定覆盖面积则近似为两个圆形的交叠部分,如图8.1.3所示。与前面的计算方法相似,若O_1点和O_2点之间的距离为$2a$,则可以求出稳定覆盖区(阴影部分)的面积为

$$S'_t = 2R^2 \arctan \frac{\sqrt{R^2 - a^2}}{a} - 2a\sqrt{R^2 - a^2} \qquad (8.1.5)$$

式(8.1.5)比式(8.1.2)更为简单。

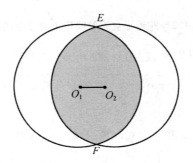

图8.1.3　环形航线稳定覆盖范围简单估算

以图8.1.3为威力覆盖近似模型,可以得到机载预警雷达稳定覆盖率随时间变化的情况,图中假设雷达探测距离分别为300km和400km,航线长度不大于200km情况下,雷达稳定覆盖的情况(图8.1.4)。

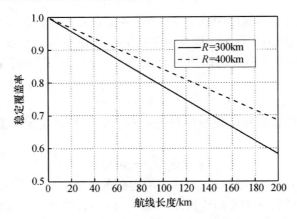

图8.1.4　稳定覆盖率与航线长度的关系

　　当然,雷达覆盖范围是立体的,上面分析的是基于探讨平面覆盖的情况。若关心的覆盖范围涉及高度信息,则仍然可以利用上述思路进行分析,不同之处在于"面"覆盖改为"体"覆盖。

8.1.3　覆盖范围与目标径向速度的关系[43]

　　机载预警雷达主要采用脉冲多普勒体制,依靠目标与杂波的径向速度差异来完成目标检测,目标径向速度大小以载机位置为参考,是目标相对于载机的运动速度,载机自身的速度在雷达主杂波跟踪时得到补偿。机载预警雷达经常采用中重频和高重频的脉冲多普勒信号形式,脉冲信号重复频率值多在千赫兹量级到数十千赫兹量级,对应的目标回波信号多普勒值容易形成速度盲区,尤其是近程杂波多普勒回波也会影响雷达对低速目标的检测。目标是否落入盲区与雷达波束的指向有关,对于与载机同向飞行的目标,无论是在载机前,还是载机后,若其径向速度与载机速度相等,则目标回波的多普勒频率落入高度线杂波中,不易被检测到。

　　通常要准确描述目标径向速度盲区较为困难,二维可见度仅能给出距离遮挡盲区和径向速度遮挡盲区,而且是不连续的,无法准确获得径向速度盲区的具体量值。图 8.1.5 表示了一种径向速度盲区的简单描述方法,即盲速的一种统计方法。图中各个同心圆的半径长度表示为径向速度值的大小,最外面的圆的半径为需要检测的最大径向速度值,通常的机载预警雷达最大可检测径向速度值在 1000m/s ~1500m/s;内部的阴影区小圆半径为最小可检测径向速度值,通常为 30m/s ~50m/s。目标速度值可以分为径向分量和切向分量,速度越大,越不容易落入径向速度盲区,除去不可检测的切向速度,只要有少部分径向速度分量即可满足检测需要;速度越小,越容易落入速度盲区,对于实际速度小于最小可检测速度的目标,无论径向和切向速度如何分配,均无法脱离速度盲区。圆周上的位置代表目标运动航向(注意,航向不代表目标地理位置意义上的方向),载机运动引起的速度盲区是一个圆,圆的半径为雷达主杂波宽度对应的多普勒频率。据此图,可以较为容易地计算出图中阴影部分的面积占最大圆面积的比例,该值即为速度不可见的比例,通常这一比例小于 10%。

　　图 8.1.5 对于切向慢速运动目标的描述是准确直观的。还有多种重频选择对应的盲区,这些速度处于最外面大圆内,分布不规则,难以准确计算面积(速度盲区的比例),但由于这部分速度范围通常远小于主杂波速度盲区范围,比例不大,对目标探测的影响较小,工程上可以忽略。

　　以最大可检测速度为半径计算出的圆面积对应所有速度总和(用"S"表示),图 8.1.5 中的两个梯形对应的面积之和为盲区速度范围(用"T"表示),T/S 即为盲速比例。以雷达最大和最小可检测径向速度分别为 1500m/s 和 45m/s 为例,S 值等于半径为 1500 的圆面积。T 值计算中涉及到梯形部分的面积,梯形的宽边长

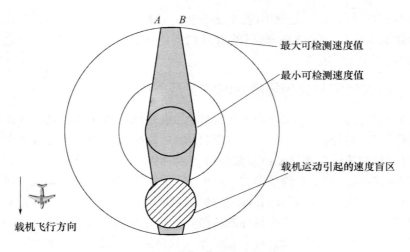

图 8.1.5 一种目标速度探测盲区的描述方法

为 45km,高为 1500km。利用三角函数解出梯形 A、B 两点长度为 78km,可求出梯形面积,进而盲速比例 $T/S = 1.8\%$。

准确描述机载预警雷达对不同目标的探测能力是十分困难的,图 8.1.6 描述的是以预警机的位置为参考,机载预警雷达对同样 RCS 大小,沿径向向站飞行目标的探测能力。

设 v_a 为载机速度,v_t 为目标径向速度,$v_{\min}$ 为最小可检测速度,θ_1 为处于检测清洁区的目标机飞行方向与载机飞行方向的夹角,θ_2 为落入速度盲区的目标机飞行方向的夹角。载机速度根据雷达探测清洁区和副瓣杂波区分布特征,清洁区内满足的条件为目标与载机相对运动速度大于 v_a。R_1 为清洁区探测距离,R_2 为副瓣杂波区探测距离。

目标速度满足于

$$v_t > v_{\min} \tag{8.1.6}$$

才可能被检测到。

清洁区和副瓣杂波区分界线处满足

$$v_t + v_a\cos\theta_1 = v_a \tag{8.1.7}$$

可得

$$\theta_1 = \arccos\left(1 - \frac{v_t}{v_a}\right) \tag{8.1.8}$$

目标机与载机尾追飞行时,若两者速度接近,则受到高度线杂波影响,还存在方位探测能力下降的一个区域,条件为

$$v_t - v_a\cos\theta_2 = v_a \tag{8.1.9}$$

可得

$$\theta_2 = \arccos\left(\frac{v_t}{v_a} - 1\right) \tag{8.1.10}$$

图 8.1.6 反映了相同径向速度、相同 RCS 的目标从不同角度朝向预警机飞行时,分别处于清洁区,副瓣杂波区和尾后时,机载预警雷达的探测距离情况。只有当目标速度大于两倍的预警机飞行速度时,机载预警雷达的威力才具有 360°全方位相同的探测能力。

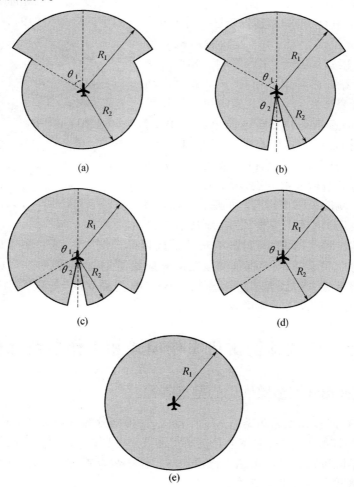

图 8.1.6　机载预警雷达对不同径向飞行速度目标的探测

$(a)v_{\min} < v_t < v_a - v_{\min}$;$(b)v_a - v_{\min} < v_t < v_a$;$(c)v_a < v_t < v_a + v_{\min}$;

$(d)v_a + v_{\min} < v_t < 2v_a$;$(e)v_t > 2v_a$。

若目标速度矢量与载机航向平行或垂直时,目标落入低速盲区的条件为

$$v_t \sin\theta_3 = v_{\min} \tag{8.1.11}$$

θ_3 为落入速度盲区的目标所在方位,可得

$$\theta_3 = \arcsin\left(\frac{v_{\min}}{v_t}\right) \tag{8.1.12}$$

图 8.1.7 为目标速度矢量与载机航向平行或垂直时,目标的探测盲区分布情况(深色部分为速度盲区),圆的半径表示速度大小,速度方向为圆的切向。目标速度矢量指向其他方向时,速度盲区的分布也是与图中的扇形类似的分布。

需要补充说明,载机大坡度转弯对机载预警雷达航迹连续性会产生不利影响。相控阵体制的机载预警雷达普遍具有电子波束稳定功能,载机飞行姿态发生变化时,雷达可通过惯导输出的姿态信息自动调整雷达波束俯仰角度,以保证波束扫描稳定。但在实际飞行过程中,当载机大坡度拐弯时,上翘机翼会造成该方向电磁波的遮挡,造成波束分裂,影响对低空目标探测,下倾一侧波束不再指向阵面法向,副瓣杂波和高度线杂波增强。虚警增多,航迹容易产

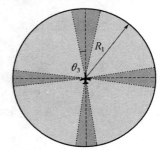

图 8.1.7 目标速度矢量与载机航向平行或垂直时,目标的探测盲区分布

生断点,短航迹相应增多,同时影响对远距离目标探测。为避免遮挡低空目标检测,减少拐弯期间虚警,同时保证测量精度和航迹质量,预警机对拐弯坡度均进行了限制,据报道 A－50 预警机坡度控制在 6°以内,"爱立眼"坡度控制在 2°以内,E－2 在使用中尽量保持无坡度拐弯。

8.2　机载预警雷达工作模式和工作参数优化

8.2.1　工作模式和参数优化的基本内容

雷达具有搜索和跟踪两类基本工作模式,又可划分为多种具体工作模式,在第 4 章中有较为详细的介绍,大体上是按照雷达波束驻留时间、探测扇区划分和探测空/海域等不同进行定义。雷达工作模式和工作参数设置主要与任务类型、目标环境、地理环境和电磁环境等有关。

机械扫描式天线的雷达,如 E－3 预警机装备的 APY－1 雷达,工作模式较为单一,对空和对海模式的信号形式不同,从使用上则主要是边搜索边跟踪的工作模式。对于相控阵体制的机载预警雷达,则可以采用多种方式调节相控阵工作参数,充分发挥相控阵具有多种工作模式和多目标跟踪能力的优点,实现对能量资源的

优化管理,相控阵雷达信号能量管理的调节措施或参数[13]:①波束驻留脉冲数;②雷达观察重复周期;③天线波束指向;④工作频率;⑤检测幅度门限;⑥检测速度门限;⑦跟踪时间间隔;⑧是否舍弃次要目标(非重要目标、无威胁目标)。

相控阵雷达信号能量管理中,按照要求实现的调节措施如表 8.2.1 所列。

表 8.2.1　相控阵雷达能量调节措施

考虑因素	调节措施
目标远近分配	(1) 波束驻留脉冲数; (2) 雷达观察重复周期; (3) 天线波束指向
目标的 RCS 大小分配	(1) 波束驻留脉冲数; (2) 雷达观察重复周期; (3) 天线波束指向; (4) 检测幅度门限
目标的运动速度高低	(1) 波束驻留脉冲数; (2) 雷达观察重复周期; (3) 检测速度门限
目标威胁程度与重要性分配	(1) 波束驻留脉冲数; (2) 雷达观察重复周期; (3) 天线波束指向
跟踪方式和搜索方式之间权衡	(1) 雷达观察重复周期; (2) 跟踪时间间隔; (3) 是否舍弃次要目标(非重要目标、无威胁目标)

通过调整分配信号能量,实现雷达工作模式和工作参数优化,满足不同条件下的使用需求,发挥整体探测性能的潜力。

8.2.2　不同地形下使用需要关注的问题

空基雷达探测性能的综合受目标特性、地/海杂波特性、雷达参数等多种因素的影响,机载雷达对于环境杂波十分敏感,即使雷达在相同航线,对同一目标实施探测,不同的目标运动速度对应的探测距离也是不同的[41]。

空基雷达用于探测空中和海面目标时均会出现虚警,并且数量通常远多于地面雷达,影响雷达的录取和操纵员的观察。雷达波束扫描一个周期所允许出现的虚警数是雷达的重要战术技术指标,若具备条件,在雷达使用时应首先检查虚警数,调整检测门限,权衡虚警数量和检测门限,兼顾探测威力和情报质量综合。

一个基本问题是究竟是预警机航线周边的杂波影响大，还是目标机航线周边的杂波影响大？稍加分析就不难发现，对于高、中重频脉冲多普勒雷达，近程副瓣杂波起主要作用，强杂波地区处在预警机航线附近时对探测性能影响最大。

此外，理论上脉冲多普勒雷达既然在频域检测，与目标同距离的地杂波不论其是强是弱都不影响在滤波器上的频域分割与检测作用。事实上，如果雷达频率源的稳定性不够，将导致主瓣杂波谱的扩散作用。这一扩散现象加宽了主瓣杂波谱的宽度，又提高了副瓣杂波区的杂波功率电平。前者增加了主杂波谱遮挡目标信号谱的概率；后者降低了副瓣杂波区的信号杂波比。这两者都导致发现概率的降低。

下面具体计算不同地形条件下雷达最大探测距离折算问题，由雷达距离方程可得杂波条件下和自由空间最大探测距离的关系：

$$R_{\max C} = R_{\max 0} / \sqrt[4]{1 + C/N} \qquad (8.2.1)$$

式中：$R_{\max C}$ 为杂波条件下最大探测距离；$R_{\max 0}$ 为自由空间最大探测距离；C/N 为杂波噪声比。

杂波噪声比 C/N 越大，杂波条件下最大探测距离 $R_{\max C}$ 与自由空间最大探测距离 $R_{\max 0}$ 相比下降越多。超低天线副瓣是降低副瓣杂波的最有效措施，这就是雷达设计者为什么努力追求超低天线副瓣的原因。

不同地形条件下的最大探测距离分别为

$$R_{\max C_1} = R_{\max 0} / \sqrt[4]{1 + C_1/N} \qquad (8.2.2a)$$

$$R_{\max C_2} = R_{\max 0} / \sqrt[4]{1 + C_2/N} \qquad (8.2.2b)$$

因此，不同地形条件下最大探测距离之间的关系为

$$R_{\max C_2} = \sqrt[4]{\frac{1 + C_1/N}{1 + C_2/N}} \cdot R_{\max C_1} \qquad (8.2.3)$$

式中：$R_{\max C_1}$ 为地形条件 1 情况下的最大探测距离；$R_{\max C_2}$ 为地形条件 2 情况下的最大探测距离；C_1 为地形条件 1 情况下的杂波功率；C_2 为地形条件 2 情况下的杂波功率。

不同地形条件下的杂波功率由下式估算：

$$C = k\gamma\sin\varphi \cdot A_c \qquad (8.2.4)$$

式中：γ 为地面反射系数；A_c 为地面有效反射面积；φ 为波束擦地角；k 为与雷达性能参数有关的常数。

在其他条件都相同,仅由于地形不同(地面反射系数不同)时,C_1 和 C_2 的关系为

$$C_2 = \frac{\gamma_2}{\gamma_1} C_1 \qquad (8.2.5)$$

式中:γ_1 为地形 1 的地面反射系数;γ_2 为地形 2 的地面反射系数。

因此,两种不同地形条件下的最大探测距离的关系变为

$$R_{maxC_2} = \sqrt[4]{\frac{1 + C_1/N}{1 + (\gamma_2/\gamma_1)(C_1/N)}} \cdot R_{maxC_1} \qquad (8.2.6)$$

式中:C_1/N 为地形条件 1 情况下的杂波与噪声功率之比。

若实际地形的地面反射系数为 γ_1,而战术技术指标规定的地面反射系数为 γ_2 时,在进行数据处理时可按式(8.2.6)折算。

实际使用中能记录的并不是杂波和噪声功率之比 C_1/N,可直接记录的是不开发射机时的窄带滤波器内噪声功率 N 和开发射机时窄带滤波器的杂波加噪声功率 $C_1 + N$,因此式(8.2.6)又可以转换为

$$\begin{aligned}
R_{maxC_2} &= \sqrt[4]{\frac{1 + C_1/N}{1 + (\gamma_2/\gamma_1)(C_1/N)}} \cdot R_{maxC_1} \\
&= \sqrt[4]{\frac{1 + (C_1 + N - N)/N}{1 + (\gamma_2/\gamma_1)(C_1 + N - N)/N}} \cdot R_{maxC_1} \\
&= \sqrt[4]{\frac{(C_1 + N)/N}{1 + (\gamma_2/\gamma_1)\{[(C_1 + N)/N] - 1\}}} \cdot R_{maxC_1}
\end{aligned}$$

$$(8.2.7)$$

若求出的 R_{maxC_2} 与 R_{maxC_1} 相差较大,则还应考虑相应的大气损耗按雷达距离方程进行修正,确定雷达的真实威力。

由于缺少实际地形条件下精确的 γ_1 和 γ_2 数据,所推出的数据 R_{maxC_2} 准确性受到影响。鉴于机载预警雷达探测性能的复杂性,在试飞和实际使用中应注意收集和分析不同地形条件下的雷达探测数据,以作为性能评价和后续使用的参考和依据。

8.2.3 雷达工作频率管理与设置

预警机在空中巡逻时容易受到各个方向、各种有源干扰的影响,这些有源干扰有敌方针对预警雷达施放的恶意干扰和我方地面、空中使用无线电设备的无意干扰,因此有必要建立战区频率管理包括建立频率资源数据库,测算和频率资源规划两项内容。频率资源数据库包含战区内地面雷达、民用辐射源、机载辐射源的频谱、辐射

功率、天线增益等参数。根据频率资源数据库对战区频率进行规划,以减弱外界电磁干扰对预警雷达探测性能的影响。预警雷达对频率管理规划使用要求如下:

(1)任务前对战区内地面电磁辐射情况进行摸底和定位,对影响较大的同频雷达或其他有源辐射源采取针对性的频率管控措施。

(2)预警雷达与视距内地面雷达工作频率至少应错开一定频段间隔。

(3)多架同频段的预警机在同一空域执行任务时,应错开频率。

(4)在频率规划时,除考虑己方频率资源外,还需考虑来自境外和敌方的干扰。

8.2.4 雷达受到干扰条件下的使用方法

1. 对抗噪声干扰的措施

雷达在检测目标时,能同时对检测背景强度进行估计,并与基准噪声背景进行实时比较,如果噪声背景明显抬高,操纵员可采取以下措施减弱干扰的影响:

(1)结合电子侦察侦察的数据,在相对"干净"的频段选择单频点或跳频工作。

(2)工作方式升级(中程升级为正常或增程、正常升级为增程、增程升级为小目标),以"烧穿"方式提高抗干扰能力。

(3)在干扰源方向设置静默扇区,以降低被敌方干扰机侦察的概率。

2. 对欺骗干扰的措施

当在屏幕上某个特定方向突然出现大量的目标,航迹基本无规律,同时该方向有时出现干扰告警线,可判断为欺骗干扰,操纵员可采取以下措施减弱干扰的影响:

(1)更换工作波形。

(2)设定半自动录取区,由人工进行判断,对虚假目标不起始航迹。

(3)在干扰源方向设置静默扇区,以降低被敌方干扰机侦察的概率。

3. 对抗无意干扰

雷达使用期间的电磁环境难以进行控制,并且常常存在大量干扰辐射源,特别是低功率设备,有时也有一些如雷达和通信等高功率设备。考核装备指标时,电磁干扰环境若与未来执行任务的要求基本相当,则没有必要剔除其影响,若典型的干扰环境下,雷达的性能仍然不能满足战术指标要求,则属于装备性能和技术质量问题,雷达应该进行改进或重新设计。

8.2.5 预警机与地面雷达协同工作

机载预警雷达在本土和近海防空预警网中主要起到拓展预警探测距离范围和预警探测高度覆盖范围的作用,实现预警探测区域的连续有效覆盖,重点是发现处于低空、超低空和海面目标的有效探测和跟踪。机载预警雷达应发挥技术优势,高度上覆盖地面雷达难以覆盖到的低空部分,特别是远距离的低空和超低空,有时还可能存在高山遮挡。因此应重点考虑地面雷达探测盲区由机载预警雷达实现补盲。通常,地面雷达威力较大,作用距离较远,为实现空地探测能力的匹配,此时预警机可以适当前出。在边境线和海岸线附近部署的地面雷达通常可以保证高空连续覆盖,机载预警雷达设计航线时,也要考虑地面雷达的部署和低空覆盖情况,确保充分发挥机载预警雷达的作用。为避免机载预警雷达与地面雷达相互干扰,应该让两者之间保持一定的距离,与地面雷达间隔部署。为拓展预警探测网的覆盖能力,预警机可尽量前出。此外,预警机在设计飞行航线时,为降低地面雷达干扰预警机任务电子系统工作的可能性,可以酌情考虑将载机飞行航线设置在地面雷达探测的顶空盲区。

地面雷达和舰载雷达可以连续开机,稳定工作,在国土防空预警时对预警机空中工作具有重要的支援作用,不仅可以弥补机载预警雷达的载机顶空和底部盲区,还通常具有较预警机更优的情报质量。此外,预警机在应用一些工作模式时,无法获得完整的战场目标信息,例如,在开方位扇区工作时,其它方位的探测必须依靠地面预警探测网的情报信息,否则无法掌握战场态势,预警机自身安全也不能得到保证。机载预警雷达探测还存在一些薄弱环节,如受天线尺寸限制,测高精度不及地面雷达;受机身和机翼影响,部分方位探测能力较差,甚至存在盲区;受信号距离—速度可见度的影响,目标航迹连续性和慢速目标探测能力不及地/海面雷达,这些情况均需地/海面雷达提供支援。

总的看,空中预警雷达和地面/海面雷达协同探测十分必要,但必须解决如何优化空地(海)分工协同和情报信息融合问题,理想的情况是空地情报能够实现自动融合。

8.3　机载预警雷达协同探测与编队航线优化设计

单架预警机执行任务的航线较为简单明确,通常选择的飞行航线为类似于田径运动场跑道的双平行线,长度 60km～90km(有时超过 100km),两线间隔20km～30km。执行任务期间预警机应用策略的核心在于阵形,"凡战者,以正合,以奇胜",预警机作为获取战场信息的核心,其阵形也要遵循科学的规律,适应作战的整体部署。预警机编队的目的是合理分配雷达覆盖范围,相互弥补探测盲区,提升情报质量,这也是确定载机航线类型和航线长度等参数的重要依据。

8.3.1　预警机执行"点状"地域的防空预警任务

对于重要的政治和军事目标防卫而言,通常警戒的空域范围较小,而且还有地面雷达等预警探测装备进行有效地警戒,一部机载预警雷达即可完整覆盖,则可将其视为"点状"地域的防空。此种情况一般机载预警雷达覆盖区域足够大,不存在短时空域覆盖盲区,需要重点考虑速度覆盖范围的情况。机载预警雷达均存在低速盲区,对于径向速度较低的目标,检测概率难以满足警戒任务的要求,因此较为理想的条件是具有两架预警机在空中同时执行任务,并且飞行航线采用"十"字形,即两架预警机的航线相互垂直(图8.3.1),可以较好地避免空中目标同时落入两部机载预警雷达的速度盲区,特别是避免落入雷达主杂波对应的低速盲区。若预警雷达的最低可检测径向速度是40m/s,目标若同时落入上述两部雷达的盲区,则理论上目标在两个正交方向的飞行速度均小于40m/s时才能同时落入两部雷达的探测盲区,此时目标的实际飞行速度一定小于56m/s(可分解为两个垂直方向的40m/s速度)。实际上,很少有空中飞行目标速度低于这一速度值,因此,可以较好的避免速度盲区,提升空基预警探测装备体系对低速目标的探测能力。

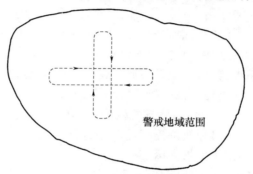

图8.3.1　两架预警机的"十"字形载机航线示意

8.3.2　预警机执行"线状"地区的预警探测任务

对于边境地区或海上地理环境,通常需要警戒的区域较为广阔,必须有多架预警机同时升空执行任务,才能构成较为严密的空中警戒网络。考虑到预警机一般处于战场核心区域的一侧,离开对方空中战机等武器装备可以轻易展开攻击的范围,因此预警机的有效警戒范围实际上只有探测范围的50%。

如果采用相同型号全向覆盖的预警机,则可以有两种基本组合航线(图8.3.2),可分别称为"并立"方式和"串接"方式,"并立"指多架预警机各自在任务区域独立构成航线,即以各自的短航线飞行,完成预警探测任务协同;"串接"指多架预警机沿共同的航线飞行,为完成与"并立"方式大小相当区域的预警任务。预警机沿此类航线飞行时,其完成一个周期的航线长度显然将大于独立飞行预警机的情况。

下面具体分析两种组合航线。为简化分析,以图8.1.6(e)中各方位均匀覆盖为模型。

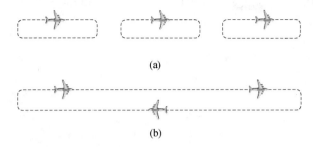

图 8.3.2　由 3 架预警机组合的不同类型组合航线

（a）"并立"组合航线；（b）"串接"组合航线。

1. "并立"型组合航线

考虑到雷达情报交接通常需要有 3 个 ~ 5 个搜索周期的覆盖区域，对于一般的空中目标，相邻预警雷达重叠覆盖区域宽度要达到 10km ~ 20km。

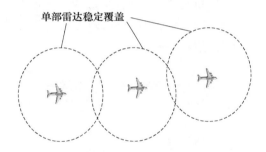

图 8.3.3　边境线地区多架预警机组合覆盖示意

通过简单计算可以得到，对于稳定覆盖范围为 $2.8 \times 10^6 km$ 的机载预警雷达，要实现距离边境线 150km，区域面积 $1 \times 10^7 km^2$ 的空域连续稳定覆盖，需要同时有 4 架预警机在空中执行探测任务。

"并立"型航线使用方便，各架预警机之间协同容易。科索沃战争期间，北约派遣 3 架 E - 3 同时在亚得里亚海（意大利和波黑之间）上空监视战区空情时，采用的航线即近似于此种"并立"型航线。在海湾战争期间，美国空军的 3 架 ~ 4 架 E - 3 在沙特上空执行对科威特和伊拉克战场监视任务时采用的也是此种形式的航线。

为进一步减少雷达覆盖盲区，还可以优化载机航线和航向，改善雷达探测效果。下面以雷达全方位覆盖的两架预警机的航线设计为例，来说明预警机执行典型任务时的编队方式。对具有边境地区狭长特点的地域实现多架预警机联合预警，其相邻预警机的航线若大致相同，可以优化的主要参数只有载机的飞行方向，若两架飞机同步飞行,则大致上它们的运动轨迹可以分为同向和反向两种,如图8.3.4所示。

(a)   (b)

图 8.3.4　相邻两架预警机航线示意

（a）同向飞行；（b）反向飞行。

对于同向飞行的两架预警机而言,其机载预警雷达在同一方位具有基本相同的速度盲区,落入一部雷达盲区的目标很可能也会落入另一部雷达的盲区。若两架预警机运动速度相反,则可以有效避免此类情况。

由于主要关注方向通常为"线"状区域的中心部分,此种情况下,阵位在任务区域接近"线"状两端的预警机可以适当前出,形成一定的"围堵"态势,提升探测效果,如图8.3.5所示,在重点探测方位的探测效能将有所提升。前出预警机的具体阵位调整可依据战场使用情况实施。

重点探测方位

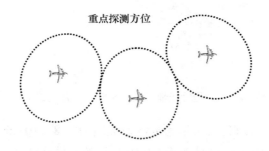

图 8.3.5　"并立"航线的两端预警机可适当前出

需要补充说明,若"并立"航线中的每架预警机(同样探测能力)均可以严格同步飞行,即始终保持同样的距离间隔和飞行方向,则一架机因运动造成的短时覆盖区会被相邻的另一架机覆盖,从而实现连续覆盖,因而多架机整体形成的稳定覆盖范围将大于图8.3.5中给出的单架预警机稳定覆盖叠加的总和。

2. "串接"型组合航线

为达到整体探测覆盖范围最大,各架预警机的机载预警雷达需要发挥同样的探测能力。多架机的"串接"航线应为同航向飞行,航线长度显然大于单机飞行的航线长度,这是一种最大程度减少载机转弯的组合航线。虽然在实际中较少使用,但对于载机首尾有盲区的机载预警雷达而言,有时是一种较为理想的组合航线方式。以 3 架机为例,分析此航线在 3 个典型时刻的雷达探测覆盖情况。若航线长度大于单部预警雷达威力覆盖的距离,若航线长度较长,则此种情况下单架预警机的雷达可能不存在"近似椭圆"形状的"稳定覆盖区",故而图中的威力覆盖用"短时覆盖区"来表示。3 架机等间隔匀速运动,如果不计载机转弯时间,随着时间推移,雷达空域覆盖会发生显著变化,下面给出 3 个典型时刻载机位置和雷达距离覆盖范围的变化情况,见图 8.3.6 中典型时刻预警机的位置及相应的威力覆盖范围。

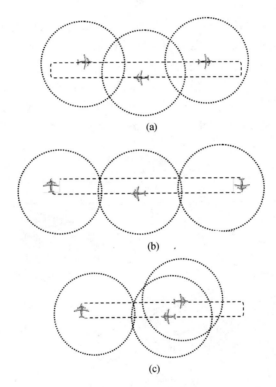

图 8.3.6　由 3 架预警机组成"串接"航线的典型威力示意图

(a) 第 1 个时刻;(b) 第 2 个时刻;(c) 第 3 个时刻。

从"串接"方式典型时刻的威力覆盖分析可见,某些时刻,组合后的航线并不能保证所有线状区域均能够被有效覆盖,这点不如"并立"航线,例如,图 8.3.6(c)中 3 架预警机的该时刻空域覆盖只相当于两架的能力。"串接"方式下载机必须统一沿顺时针或逆时针方向等间隔飞行,无法灵活地调整航向和航速,因此若载机转弯时探测威力不会明显下降,则应优先选择"并立"航线。

必须指出,上述讨论主要考虑空域覆盖的连续性(在规定的目标高度和探测概率条件下区域内盲区情况),没有考虑覆盖严密性(区域内各雷达探测目标的覆盖范围应有一定的重叠能力)。若需要对重点区域(主要是居中探测区域)提升覆盖严密性,则可以考虑采用"串接"航线。

此外,对于预警机的无源探测而言,使用"串接"航线较使用"并立"航线具有更长的探测基线,因而可以获得更好的方位测角精度,对提高辐射源定位精度有帮助。

以图 8.3.6 中 3 架预警机间隔随机组合为例,具体分析"串接"型航线随时间变化整体威力覆盖的情况。

假设机载预警雷达在探测当面的覆盖为"矩形",3 架机的组合探测最大边境线长度为 3 个矩形的边长。当需要覆盖线状区域较广,但预警机的数量不足时,某些地域会出现不能连续有效覆盖的情况。

每架预警机完成的 1 个"之"字形覆盖,即形成经过整个"串接"航线,回到出发点(可称作一个长周期),图 8.3.7 用特殊的图形来分析覆盖随时间变化的情况(端点 A_1,A_2,A_3,A_4 表示 A 飞机对应的覆盖区域变化情况,其他类似)。

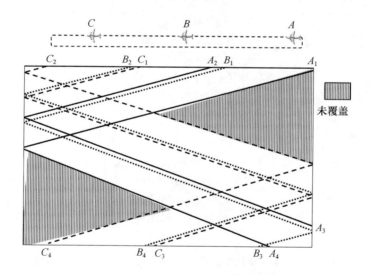

图 8.3.7　非等间隔 3 架机"串接"航线覆盖区域随时间变化情况

图 8.3.7 演示了 3 架预警机组成的"串接"组合航线覆盖区域随时间变化情况,图中近似认为每部雷达覆盖探测当面的宽度是一样的。图 8.3.7 中的 3 架预警机没有经过仔细的航线规划,各架飞机在"串接"航线上的间隔距离不一致。图 8.3.8 中的 3 架预警机等间隔飞行,而且雷达威力能够覆盖探测当面,威力稍有重叠。"串接"航线中的平飞距离远大于转弯期间的飞行距离,为显示方便,此处忽

略载机转弯期间的飞行距离。

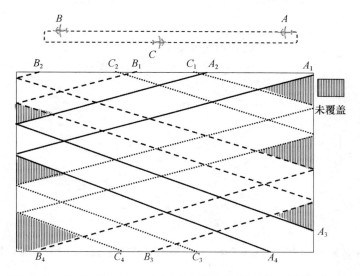

图 8.3.8　等间隔飞行 3 架机"串接"航线覆盖区域随时间变化情况

不同预警机威力覆盖重叠面积次数用 K 表示,预警机架数用 N 表示,任何两架预警机均可能出现重叠覆盖,形成一个组合,则

$$K = C_N^2 \qquad (8.3.1)$$

具体地讲,3 架预警机完成 1 个周期长航线飞行后,雷达重叠探测的"块状"面积为 6 个。从图中可以较为容易地估算在一个长周期内,雷达协同探测期间面积覆盖随时间变化的情况。

从图中情况可以看出,"串接"航线对载机的飞行间隔具有明显的限制,只有保证相等的飞行间隔,才能发挥理想的探测性能。同时也应该注意,与"并立"型航线相比,"串接"型航线的雷达协同探测中会出现覆盖盲区,必须保证雷达具有较高的重叠才能确保得到较高的覆盖率。

图 8.3.9 中 4 架等间隔预警机以"串接"组合航线探测覆盖区域随时间变化情况,可以发现威力覆盖较 3 架机明显增强,只有个别时刻存在盲区。

由图 8.3.7、图 8.3.8 和图 8.3.9 可以看出,不同的"串接"组合航线对应的探测覆盖情况明显不同,其中探测盲区和重复覆盖区域差异尤其值得关注。

"串接"航线可以避免载机频繁转弯对雷达探测性能的影响,特别是与"爱立眼"类似具有首尾探测盲区的雷达,能够保证雷达具有较长的有效工作时间,但"串接"航线对载机飞行保持同步具有很高的要求,同时会出现一定比例的探测盲区。3 架机协同探测时在责任区内会出现比例较高的探测盲区,出现目标探测漏情的概率较大。若增加为 4 架机并采用等间隔飞行,则能够获得较高的覆盖率,同

229

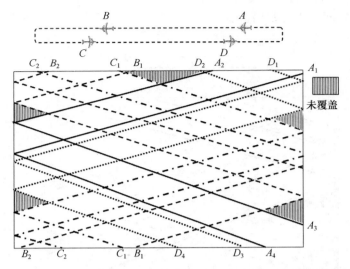

图 8.3.9　由 4 架等间隔预警机以"串接"组合航线覆盖区域随时间变化情况

时,重叠覆盖的区域面积也有所增加,对提升责任区域覆盖的严密性有一定好处,探测效能较为理想。使用中还需要仔细权衡盲区和重叠覆盖区域的情况。

　　"并立"航线对各架预警机实现容易,单机的稳定覆盖区域可以保持不变,不同预警机之间互相无明显的依赖,通过分析单机覆盖情况,可以较为容易地得到各预警机协同探测的效能,分析也较为简单。如果多架预警机可以实现较为严格的协同飞行,则相邻预警机可以实现互相填补短时覆盖盲区的效果。对于 2 架或 3 架机而言,若预警雷达不存在方位覆盖盲区,则采用"并立"型航线较"串接"航线更优,因为避免了"串接"航线带来的大量盲区,而且 2 架机或 3 架机组成的"串接"航线对于减少载机的转弯次数收效不大。

　　从以上分析可以得出一个结论,"串接"型航线较适合探测距离较远,预警机数量较充足的情况(因为远距离处较为容易满足探测宽度重叠的要求)。对于存在首尾探测盲区的雷达而言,"串接"型航线则可以较好地避免目标从探测盲区进入,形成漏情。

8.3.3　大型与中小型预警机协同工作时的航线设计[42]

　　现役大型预警机的预警雷达探测距离远,可实现全方位覆盖;中型预警机的雷达探测距离略近,部分型号的机身首尾方向探测能力较机身两侧有明显下降,如"海雕"预警雷达,部分预警雷达还存在首尾盲区,如"爱立眼"。为提升空基预警探测装备体系整体效费比,多个国家采取"轻重互补"机载预警雷达装备策略。在大型和中型预警机联合执行大范围地域预警探测任务时,需要考虑如何进行有效搭配,设计具体的任务航线。为说明在空域、时域实现盲区互补的思路,此处以装备全向覆盖的 AN/APY - 2 雷达的 E - 3 和装备"爱立眼"雷达的"萨博"协同工作为例,用"并立"式组合航线说明大型和中型预警机协同实现预警探测,降低探测盲区的方式。以下提供两种典型情况的探测覆盖分析。

(1)假设利用 1 架 E - 3 和 2 架"萨博"在大约 500km 的边境线巡航警戒。考虑到"爱立眼"雷达首尾探测存在盲区,且在载机转弯期间难以实现有效探测,需要考虑利用具有全向探测能力的 AN/APY - 2 雷达进行补充。AN/APY - 2 雷达的探测能力强,应该居中部署,充分发挥其探测能力。为了发挥大小互补的潜力,可考虑在时间上优化调度。图 8.3.10 为 1 架 E - 3 和 2 架"萨博"的一种协同方式。E - 3 航线居中(覆盖 300km 左右),"萨博"(覆盖 200km 左右)在分布两侧,需要调整 3 架机的航线、航速和转弯半径确保在周期稳定性。图 8.3.10(a)和(b)分别为间隔半个周期的两个时刻(分别用 K_1 和 K_2 表示)的载机位置和威力覆盖情况。"萨博"转弯期间,"爱立眼"雷达不能正常工作,该段航线上的雷达无探测能力,因而图中未画出航线。

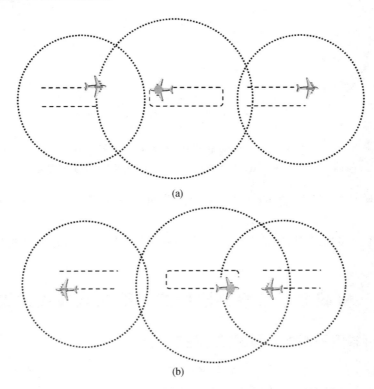

图 8.3.10 间隔半个周期的两个时刻航线和威力示意

(a) K_1 时刻的载机位置和威力覆盖;(b) K_2 时刻的载机位置和威力覆盖。

（2）假设利用2架E-3和1架"萨博"在同样跨度大约500km的边境线巡航警戒，如图8.3.11所示。

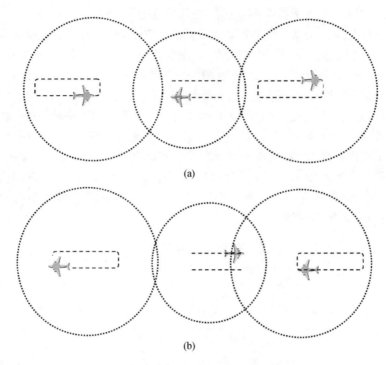

(a)

(b)

图8.3.11 间隔半个周期的载机位置和威力
（a）K_1 时刻的载机位置和威力覆盖；（b）K_2 时刻的载机位置和威力覆盖。

由于上述3架飞机的飞行方向在大部分时间里相反，有易于互相补偿速度盲区。

如果3架飞机采用"串接"航线，也可以由AN/APY-2雷达来填补"爱立眼"雷达盲区。

8.4 机载电子侦察协同探测与编队航线优化设计

8.4.1 机载电子侦察协同探测的基本方法

无源定位的一个特点是经常需要多个接收站协同工作，表现为空基移动、多次测量和多站间信息通信，采用单站长基线飞行再实现定位的方式需要至少数分钟的时间，一般适用于地面辐射源定位，对于动目标进行预警探测强调信息的实时性，单平台无法满足要求，而且目标相对于平台的运动状态未知，使得单个接收站难以确定目标的位置信息。机载多平台无源探测采用多个站同时对目标辐射信号参数进行测量,多个平台测量参数的联合处理进行(近)实时定位。定位方法可采用测向交叉定位与时差定位等方法[44]。针对不同的作战条件可选用不同的定位方法。

多机时差定位原理利用信号到达各站的时间差对辐射源进行二维双曲线或三维双曲面定位。假定采用 3 个无源接收站实现对目标的探测,目标位于以系统两组接收站的站址为焦点的双曲线的交汇点上,如图 8.4.1 所示。图中 A、B、C 为 3 个侦察站,D 为辐射源位置。根据 A、B 两站测得的辐射源发出的信号到达时间确定某一根双曲线,同样,根据 B、C 两站测得的辐射源发出的信号到达时间确定另一根双曲线,两根双曲线的交点 D 即为辐射源的位置。

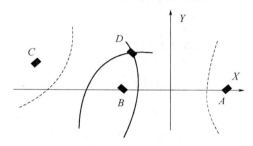

图 8.4.1　多站无源探测原理

由于系统采用 3 站配置,可直接解算出目标所在位置 D 的坐标,然后可转换成距离、方位。如果再增加到 4 个接收站就可以同时定位出目标高度。

多机测向交叉定位利用目标相对于观测站的测向线在空间中相交,从而确定目标的位置。最少需要两条不同观测站的测向线才可以进行交叉定位而确定目标的位置。在二维空间中,每个观测站确定一条测向线只需要一个角度即可,在三维空间中,确定每条测向线需要两个角度。

8.4.2　空基平台的阵位和编队阵位优化设置

与多机时差定位不同,多机测向定位只需要 2 个空基接收平台即可,实际中较为容易实现,而多机时差定位至少需要 3 个空中平台,显然,实际使用中很难派出 3 架预警机同时部署到合适的阵位用于实现多架无源定位,因而此处重点说明采用双机测向定位手段时,基线长度和基线指向与测量精度之间的关系。

若两个空基预警探测系统(如预警机)上 ESM 设备的接收机均能接收到目标机发射的同一组信号,并据此确定辐射源相对于各自接收机的方向,而两部接收机之间的距离是已知的,则相当于以辐射源和两部接收机的位置为顶点的三角形的两个角的大小和一条边长已经确定,三角形也唯一确定。图 8.4.2 为双站无源定位原理，D 为两个预警探测系统之间的距离，M 为两个系统距离中点，R_E 为辐射源到 M 的距离，θ_1 和 θ_2 分别为辐射源到基线两端的夹角。

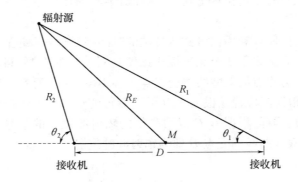

图 8.4.2　双站无源定位原理

通过简单的计算，可以估算出辐射源到基线中点 M 的距离 R_E，即

$$R_E = \frac{D \cdot \sin\theta_1 \cdot \sin\theta_2}{\sin(\theta_2 - \theta_1) \cdot \sin\left(\dfrac{\theta_2 + \theta_1}{2}\right)} \tag{8.4.1}$$

R_E 的精度与两个接收站各自的测角精度、基线长度和各接收单元的时间统一（简称时统）等因素有关。两个接收站自身的测角精度决定于方案体制、设计水平和辐射源信号强度，与协同探测的阵位设计无关。时统可以采用非常稳定而准确的时钟（如铷钟），在任务前将两个时钟对时后再使用，或者采用子母钟的方式，将母钟的时间分发至各个子钟（需扣除信号传输所需要的时间）。两种方式均可保证时间精度达到纳秒级，对于辐射源为常规空气动力目标的情况而言，这一时间差基本不会影响测量精度。需要重点研究的是基线长度对测距精度的影响。

利用正弦定理可以求出辐射源到两个接收站的距离 R_1 和 R_2，其中

$$\frac{R_1}{\sin\theta_2} = \frac{R_2}{\sin\theta_1} = \frac{D}{\sin(\theta_2 - \theta_1)} \tag{8.4.2}$$

令 $\Delta R = R_1 - R_2$，求解上述方程，可以解出 ΔR 的大小为

$$\Delta R = \frac{D \cdot (\sin\theta_2 - \sin\theta_1)}{\sin(\theta_2 - \theta_1)} \tag{8.4.3}$$

利用三角公式，可以得到

$$\Delta R = \frac{D \cdot \cos\left(\dfrac{\theta_1 + \theta_2}{2}\right)}{\cos\left(\dfrac{\theta_2 - \theta_1}{2}\right)} \tag{8.4.4}$$

考虑到使用中一般要求对辐射源进行探测的距离应该达到 300km 左右,或者更远才较有意义,此处假设 θ_1 不大于 90° 的情况进行分析,并假设一种典型情况,即两个接收平台的距离为 300km,目标到基线的垂直距离也为 300km。此时,目标位置变化对应的 θ_1 角度范围为 45° ~ 60°,θ_2 角度变化范围为 90° ~ 120°。当辐射源位置偏向基线一侧时,辐射源与两个接收机构成了直角三角形(图 8.4.3),此时 $\Delta R \approx 125 \text{km}$,此时辐射源到两个站之间的距离差异最大,辐射源的信号被两个接收站同时接收的概率较低;当辐射源在两个接收机的法线方向附近时,ΔR 的值接近 0,即两个接收站很可能会同时接收到辐射信号,要么就会均不能接收到信号,这种情况使用中较为有利于两个站协同工作。可见,通常基线长度增加,定位精度提高,但需要保证两个接收站对目标信号均有较高截获概率的前提下,才可以考虑适当增加基线长度。

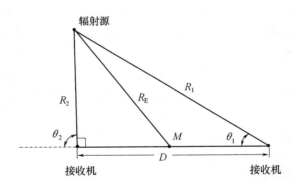

图 8.4.3　辐射源偏离基线中心法向的情况

无源探测需要配合机载预警雷达有源探测手段共同使用,因此空基预警探测系统的阵位设置需要综合考虑预警雷达和电子侦察等传感器的探测效果,根据具体作战任务和战场环境设计阵位。

无源电子侦察组网使用有许多技巧,例如有研究表明:为提高定位精度,在多个接收站使用方位测量时,应该尽可能让接收站接近目标;在使用距离差或时间差时,应该尽可能使两个接收站到目标的夹角一半达到最大,即夹角越大越好;在使用距离和或时间和进行定位,应该尽可能使两个接收站到目标的夹角一半的余弦达到最大,即夹角越小越好[44]。

8.5 预警机部署和保障的基本样式

8.5.1 日常部署和训练

预警机一般部署在二线基地,并要求这些基地具有如下条件:一是良好的基地保障能力;二是具有情报传输和处理能力;三是预警机出动后便于对部队进行指挥控制;四是确保安全。为了保障安全和便于侦察、指挥控制,这些飞机通常分散部署在战区的基地上。

美军舰队飞机联队的基本行政组织和战术单位为中队。根据中队任务的类别,可以分为攻击机中队、战斗机中队、战斗攻击机中队、电子攻击机中队、空中预警机中队、巡逻机中队等。舰载空中预警机中队的任务:参加航空母舰执勤部署;为舰队、航空母舰战斗大队及友军提供全天候海上或岸基雷达预警和侦察勤务,担负航空母舰舰载机的空中指挥引导。美国海军共有现役空中预警机中队 11 个,每个中队装备 E-2C 预警机 4 架。空中预警机中队参加航母作战部署时,每艘航空母舰配属 1 个中队。西部的空中预警机中队驻文图拉郡和厚木等海航站,隶属于太平洋空中预警机联队;东部的预警机中队驻诺福克,隶属于大西洋空中预警机联队。预警机部队的战备训练单位为第 120 中队。另有 2 个后备役中队,隶属于第 20 航空母舰舰载机联队。

美国空军 E-3 预警机主要集中在俄克拉何马州廷克空军基地、冲绳岛嘉手纳空军基地、阿拉斯加州埃尔门多夫空军基地等处。平时,预警机部队依托主基地组织和实施统一的培训、训练、装备维护保障和部队日常管理。战时,预警机部队根据空军司令部的命令,按照作战需求统一调配使用。美军预警机部队建立了作战、训练资源统一管理,第 552 联队的作战大队下设训练中队、作战中队和作战保障中队。作战保障中队负责制定应急作战计划、训练计划,管理作战飞机的使用情况并致力于提高使用率。第 552 空中控制联队拥有空战司令部中最大规模的正式飞行培训部门,陆续建造多个"任务训练中心",可以对全机组人员同时进行模拟训练。每个"任务训练中心"可仿真 E-3 预警机的任务电子系统,能进行任务提示(简令)、任务汇报、事件回放以及保密的视频会议等。这种"任务训练中心"可进行分布式任务操作(DMO)、独立训练和有目标背景的任务模拟训练环境训练。利用"分布式任务操作"的网络,可以连接到空军作战司令部、太平洋空军、驻欧空军的战斗机、轰炸机以及 $C^2 ISR$ 模拟器等,可以进行逼真的、动态的、安全而高效的训练,可以进行较大规模的联合演练和远征作战训练。有目标背景的任务模拟训练环境是与美国联邦航空局在美国本土各地的雷达相连接,接收各雷达的实时数据,这样各雷达发现的目标都反映到模拟器上,因此在俄克拉荷马城的廷克空军基地就可以控制雷达所在地上空的飞机。通过完成对实际装备各任务分系统的模拟功能,对指挥员、雷达情报员、指挥引导员、电子对抗操作员、通信操作员进行操作训练和战术协同训练,实现作战推演、战法研究以及机上任务电子系统记录的数据进行重放、分析和评估,还能对训练情况进行分析、评估和考核。

苏联空军装备的 20 多架 A－50 预警机曾分散部署在 4 个预警机基地,1998年后由分散部署改为集中部署,在伊万诺沃市合并组建了俄罗斯空军 A－50 预警机作战使用基地,担负整个俄罗斯国土的防空警戒任务。俄 A－50 预警机由前苏联时分散在多个不同作战方向部署,改为集中部署、机动使用,军费不足是一个重要原因。使用时,在不同作战方向需要时采用机动转场办法。

8.5.2　战时部署

在防御性制空作战和进攻性制空作战中发挥情报支援作用,也可在对地作战、对海作战和战场搜救等任务中发挥指挥引导作用。特别是没有地面雷达进行情报保障或地面警戒系统尚未健全的条件下,预警机将作为情报保障的主体,在战争期间提供广泛的警戒任务。如海湾战争中的准备阶段,E－3 预警机在 RC－135 支援下(属战略空军的第 55 战略侦察机联队)成为多国部队在沙特集结的第一道侦察警戒空中控制防线。部署阵位接近伊拉克警戒范围,但在地面火力之外。

海湾战争中,E－3 预警机在执勤的 100% 时间内通过电台和电子数据线路为有关战区指挥控制中心提供原始空情。E－3 与海军陆战队、海军、陆军、空军及沙特阿拉伯部队协同作战,向联军的大多数指挥中心提供从波斯湾到红海大范围空情以及实时信息。E－3 监视整个科威特和伊拉克的纵深地区以及伊朗边境地区的空中情况,3 架 E－3 沿沙特边境分成东段、中段和西段飞行,可提供重叠覆盖,从而确保为进攻部队提供态势情报和指挥引导等保障。另有 1 架E－3 在其后上空作为备份机,若正在执行任务的其他 E－3 出现技术故障或进行空中加油时,这架备份机可以迅速顶替。同时,E－3 与地面监视雷达相配合,可以对阿拉伯海至红海区域实施不间断的空域覆盖。

在形势紧张时期和战争期间,美军一般同时派出多架 E－3 预警机,在战区保持 24h 警戒巡逻。连续警戒时间的长短,完全取决于当时的实际情况需要,少则几天,多则几十天,甚至数月或更长时间。

8.5.3　地面保障

预警机功能的发挥,除了前述各种设备之外,还离不开地面支持系统或地面保障系统。

预警机地面支持系统能够完成预警机的任务前任务加载、任务中地面指挥和任务后地面分析等功能。地面作战支持系统还能够对预警机进行地面维护、对战勤人员或战区指挥员进行培训和战情模拟。

地面保障系统包括对载机的保障系统与对任务电子系统的保障系统。前者与一般军用机基本相同,只是在供电与冷却系统方面应满足其特殊要求。因此本节着重论述任务电子系统的保障系统。

主基地为预警机的常驻基地。预警机系统平时(及战时)经常性任务为预警探测,即远距离目标搜索与探测告警。执行此类任务时预警机可按预定计划出动,飞行至较远距离的任务巡逻区,在那里执行任务后再返回主基地,任务电子系统应配备全套一二级维修设备、任务保障设备和保障设施。前进基地是远离主基地,在有限的时间内保证预警机执行任务的基地。该基地具备预警机起降的条件,如跑道、停机坪、特种保障车辆、通信设施、一级保障设备以及其他必要的保障设施。预警机系统在战时要遂行战术指挥功能,即对作战飞机的控制、引导等,一般选择一到两个前进基地。这样使预警机操作控制人员与作战飞机飞行员有面对面的交流机会。前者对作战飞机的性能与限制了解更清楚,控制引导的有效性或成功率就更大。在前进基地上只要求能完成一级保障维修。舰载预警机必然以航空母舰为其前进基地,同时又是技术保障基地。

预警机的维修分为一级(基层级)、二级(中继级)和三级(后方基地级),任务电子系统可以按此级别来进行维修规划,根据实际情况也可以考虑省去其中的二级。

一级维修通过机内自检或原位检测将故障隔离到外场可更换单元(LRU),更换有故障的LRU。对任务电子系统,一级维修是指通过自检或外场检测设备,将故障隔离到LRU,拆卸并更换故障LRU,利用自检或外场检测设备进行测试,恢复系统良好。对任务电子系统的检查、维修、调整工作由基地外场工程师/技师与预警电子工程师配合在机上进行。

二级维修将故障LRU在内场通过检测设备将故障隔离到内场可更换单元(SRU),更换并进行更换备件的测试。

在二级维修站中主要的专用测试设备是各分系统测试台。例如,雷达接收与馈线微波系统测试台、雷达信号处理器测试台、天线转台与控制器测试台、低压电源测试台、二次雷达测试台、惯导组合测试台、数据处理系统测试台、显控席位测试台、各种通信机测试台等。雷达发射机的控制保护系统、高压与低压电源系统、调制器、微波频率源等各有专用的测试台。但整个发射系统的测试需要有一套"热模"(Hot Rig),它具备大功率电源、冷却系统与大功率假负荷等特殊附属设备。

有的预警机系统在二级维修站配备一套完整任务电子系统热模。任务电子系统安装在类似载机舱的舱房内,各分系统的安装位置、连接线路都与机载情况相似。这一系统的用途包括:

（1）各分系统在更换 LRU 之后的系统性能测试。特别是发射机系统测试,有了这一全系统热模,就不需另购置发射机专用热模。

（2）分系统维修后对全系统影响的测试,考核能否保证全系统的性能指标。当然,由于不能在室内发射全功率,天线、馈线的性能只作部分测试。

（3）各分系统之间接口的测试。

（4）任务电子系统软件的测试。

显然,后面几项全系统的测试,如没有这样一个系统热模是难以进行的。

除了作为保障设备之外,系统热模还可作为:①任务飞行后重放雷达、二次雷达、ESM/CSM 等传感器的纪录与操作、通话的纪录。可用来分析任务中的战术态势,讲评操作优缺点、总结任务经验。②在地面训练操作人员。此时可通过模拟器输入假想战术情况或重放实战纪录情况。三级维修即送厂修理,将前两级不能修复的设备送专业修理工厂修理。

任务电子系统的维修保障设备和工具应随任务电子系统同步研制。通常,一级维修保障设备和工具随机交付;二级维修保障设备应同步研制,在预警机设计定型时完成鉴定,达到可订货状态。各分系统应制定详细的场站设备技术要求提供给使用方,由使用方进行研制和采购。

承制方应制定预警机的一级、二级维修保障设备及场站保障设备目录。根据任务要求和维修需求,制定任务电子系统随机备件清单和任务电子系统初始航材备件清单。同时,承制方应提供综合保障建议书,主要内容包括:技术保障人员的编配比例和技术水平要求;场站保障装备、设备、设施建设的建议和要求。

8.5.4　保障性分析

保障性分析是确定任务电子系统修复性、预防性维修的工作项目及相应保障资源的前提和基础。开展保障性分析工作用来确定维护规程技术内容和相应保障资源要求(包括设施、设备、工具、备件及人员)并制定预防性维修大纲。

保障性分析包括以下内容:

（1）以可靠性为中心的维修分析(RCMA)。

首先要对维修对象进行分析,哪些适应预防性维修。对有明确寿命期或寿次数的机械构件、机电部件,诸如不包含电路的各种天线、波导开关等射频结构件、有触点的继电器,按键开关等,实行定期维护和定时更换方式。其他的预防性维修工作项目还有对雷达设备、电子对抗、敌我识别/二次雷达、通信、任务导航、信息综合显示和监控设备等进行定期保养、定期使用检查和功能检查。

（2）使用和维修任务分析(MTA)。

使用和维修任务分析是为保障装备总的人员要求(人员数量和专业技术等级),优化保障资源,达到最佳保障性。

（3）维修级别分析（LORA）。

维修级别分析的目的是确定维修工作在哪一级维修机构进行为最高效或者最经济。根据维修级别分析，有的 LRU 可在一级直接报废更换；大部分 LRU 进入中继级，通过维修检测设备进行维修；还有少数由于维修困难或其他原因直接进入三级维修。

（4）备件保障分析。

备件保障分析的重点是确定随机备件和初始航材备件的需求量。任务电子系统初始航材备件主要是一级维修所需的 LRU 周转备件和二级维修所需的 SRU 周转备件。

8.6　外军预警机使用情况

8.6.1　美军 E-3 预警机使用情况

美军规定，在战争期间或在作战主要方向上，应保证 24h 内始终有一架或数架 E-3 预警机升空担负空中警戒任务。一架 E-3 的空中值勤时间一般为 12h，而地面待命的 E-3 接替空中值勤的飞机需要 1h 的准备时间。美军规定，地面或空中始终要保持至少一架值班备份预警机，以备在空中警戒的 E-3 预警机发生故障。另外，当预警机在空中接受加油时，需要有另一架相邻的预警机接替指挥。因此，按照作战使用要求，美军必须同时配备至少 3 架以上的 E-3 预警机，才能保证正常完成作战任务，即一架在空中值勤，一架在地面待命接替，另一架作备份或维护检查。

E-3 在实施空中警戒时，主要是在空中进行盘旋，主要有 5 种飞行任务盘旋航线：环形盘旋航线、"8"字形盘旋航线、圆形盘旋航线、随机盘旋航线和直线盘旋航线，具体如下：

（1）跑道形（环形）盘旋航线。跑道形航线是预警机最常用的盘旋航线，如图 8.6.1 所示。

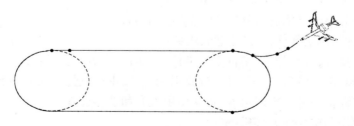

图 8.6.1　环形盘旋航线

（2）"8"字形盘旋航线。"8"字形盘旋航线类似于环形盘旋航线，常用于在大风环境中为飞行提供帮助，以使飞机在侧风中飞行，而不是正对着风或迎风飞行，并使 E－3 预警机保持比较恒定的地速。"8"字形盘旋航线如图 8.6.2 所示。

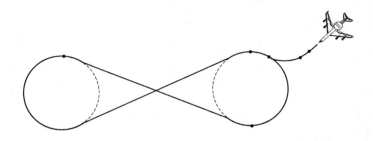

图 8.6.2　"8"字形盘旋航线

（3）圆形盘旋航线。圆形盘旋航线的范围由一组正弦半圆坐标、一个围绕正弦半圆点旋转的半径和一个转弯方向确定。圆形盘旋航线很少使用，仅在特殊情况下使用。

由于在脱离固定航线前始终都是一个重复的航向控制，因此这种固定的航向控制使 E－3 预警机保持在一个稳定并且是可预测的航路上。E－3 预警机在圆形、环形盘旋航线和"8"字形盘旋航线上飞行时，使用恒定转弯半径，如图 8.6.3 所示。

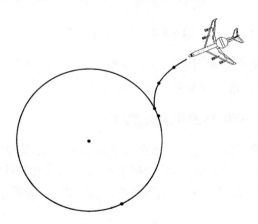

图 8.6.3　圆形盘旋航线

（4）随机盘旋航线。随机盘旋航线使敌人难以预测 E－3 预警机的航路和未来位置。飞机可以按综合导航系统生成的盘旋航线进行闭合式随机盘旋飞行，如图 8.6.4 所示。随机盘旋航线可由任务组自定航向飞行，增加了飞行员的工作量。

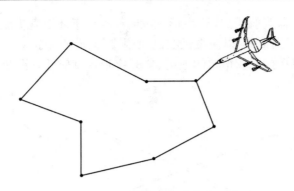

图 8.6.4　随机盘旋航线

（5）直线盘旋航线。如果想要自己对目标进行三角定位测量时,直线航线可提供一条长基线,如图 8.6.5 所示。

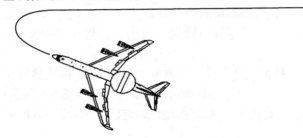

图 8.6.5　直线盘旋航线

上述航线在使用中通常还会有一定的调整,此外,还可能根据使用需求设计一些特殊的航线,美军在这方面具有较为丰富的经验。

8.6.2　俄罗斯 A - 50 预警机使用情况

俄罗斯出动预警机的时机经常选在攻击机群行动之前,也就是预警机往往首先飞至预定区域进行空中警戒,然后指挥引导攻击机群攻击目标。有时,预警机也伴随攻击机群同时出动,主要遂行攻击机群的指挥引导、远距离情报信息传递及通信中转等任务。

A - 50 遂行任务时常见飞行方式与 E - 3 相似,大致有 3 种:盘旋飞行、过往飞行和伴随飞行。

（1）盘旋飞行。主要是进行定点监控指挥,多在重点保卫目标(包括重点目标群、冲突地区、演习地区)当面或一侧盘旋飞行(或环形飞行),为重点目标提供早期预警和侦察敌兵力部署的变化情况,对演习和冲突地区实施空中指挥引导。海湾战争期间,俄出动 1 架 A - 50 预警机在黑海上空盘旋飞行,搜集以美为首的多国部队空军活动情况。

（2）过往飞行。主要是进行大范围监控和侦察。平时,俄空中预警机经常以此种方式沿边境线内侧、海岸线外侧飞行,监视敌方兵力部署变化情况。

（3）伴随飞行。多用于攻击机群远距离攻击的预警、指挥与协调,或重要人物专机长途飞行的保障与通信中转等。1993 年,俄罗斯空军"东方"-93 演习中,A-50 预警机伴随攻击机群远距离奔袭,滞空 12h,遂行了不间断的预警指挥、战场协调、通信中转等任务。近年来,俄罗斯直接参与的局部战争较少,因此预警机并未有大量使用。

8.6.3　巴西 R-99A 预警机使用情况

巴西空军的预警机使用频繁,除用于防空预警探测外,还用于反走私贩毒等多样化任务。其中,预警机最主要的任务区域为亚马逊地区。此外,预警机还经常转场到其他地区执行任务,任务繁忙时,每月升空次数达到 30 次以上。为了确保雷达探测性能,巴西还专门在预警机基地建设了微波暗室,可以进行天线性能测试和校准。为保证预警机国内主要方向均可使用,在各防空区均建有预警机基地。同时,巴西的预警机和侦察机 R-99 为混合编制,便于协同工作。

8.7　气球载雷达使用中的特殊问题

气球载雷达作为一类特殊的预警探测装备,主要完成低空补盲探测任务,因此,在部署时应重点考虑将其与地面雷达及机载预警雷达等统筹安排,实现预警探测网覆盖的连续性和严密性。此外,在使用时还应关注以下问题:

（1）关注安全性设计和安全性工作。

气球载雷达是一种规模较大、抗摧毁能力较低的设备。为了防止突发性近区雷电灾害,通常应配属有气象雷达和雷电预报设备,防止气球的系留缆绳被雷电击断引起气球随风飘流危及飞行安全。

（2）关注阵地周边的气象环境和电磁环境。

气球载阵地选择应该重点考虑电磁环境条件和气象条件,应该尽量避免存在大量干扰辐射源的地域和容易在本地易生成突风等特殊气象的地点。美军将气球载雷达全部部署在南部边境低纬度地区,用于监视海洋和部分陆上边境地区。该雷达部署的区域在北纬 15°左右,该地区气象状况总体平稳,极少出现灾害性天气。同时,该区域海上也较少出现风浪,雷达探测效果较好。

（3）关注阵地的地理环境。

由于气球载雷达撤收和转移周期较长,阵地选址时还要注意避免容易发生洪水、泥石流和山体滑坡等自然灾害的地区,此外还应有畅通的道路,便于保障设备和氦气运输。

（4）关注阵地周围保持一定的禁空区。

由于气球体积巨大，位置又不固定，一旦和飞机发生碰撞，会造成重大飞行事故。如果部署不当，会对飞机的飞行安全产生一定影响。因此，一般气球载雷达应配置在战区纵深地区，并避开我机飞行空域和主要进出航路。

（5）必要时应有防御攻击的措施。

为保护气球载雷达安全，应在雷达站周围配置必要的防空火力和防护装置。

8.8　空基预警探测装备的阵位选择

对于预警机和气球载雷达而言，部署阵位选择与多种环境因素密切相关，通常要考虑以下原则：

（1）优先选择水面上空。

通常，水面杂波较陆地杂波更弱，使得空基雷达副瓣杂波得到一定程度的控制，同时水面电磁辐射源少于陆地，可以降低雷达被干扰的概率。在科索沃战争中，只有意大利和波黑之间有较为狭窄的亚得里亚海，其他战场周边均为陆地，美军的预警机主要沿亚得里亚海顺势部署。美军 E-2 和 E-3 预警机在境外的飞行航线也主要在海面上空。

（2）优先选择地形平坦区域上空。

陆地上空工作时地形多种多样，与起伏较大的地形相比，平坦的地形条件下电磁波的反射系数更小，可以降低近程杂波的强度，尽量避免在陆海交界处等强杂波区域飞行。美军 E-3 预警机在境外飞行时若必须在陆地上空执行任务，也多选择地形平坦的区域，如海湾战争期间，预警机在陆地上空飞行时大多选择在沙漠地区。

（3）优先选择海拔较低的陆地上空。

预警机的飞行高度和气球载雷达的升空高度在设计中均以海拔高度计算，地面的海拔高度越高，预警机相对于地面的飞行高度就越低，气球载雷达相对于地面的升空高度也越低。雷达平台相对于地面的高度越低，则雷达回波信号中的主瓣杂波越强，不仅对接收通道的动态范围提出了更强的考验，而且接收通道滤波器的副瓣信号还可能影响目标检测，甚至产生虚警。

（4）优先选择当面无遮挡的区域。

若主要探测当面有明显的高山遮挡，则可能导致空基雷达不能有效探测来袭目标，选择阵位时应尽量使雷达的波束指向方位无明显遮挡。

（5）优先选择地面和空中无干扰或干扰较弱的区域。

阵位选择应尽量避开地面同频段雷达、地面和空中通信设备等干扰源，降低空地之间的不利影响。日常值班期间，也应尽量避开民航航路，确保飞行安全。

（6）优先选择地面预警探测网覆盖困难的区域。

在地面预警探测网覆盖性能较好的情况下,预警机重点探测中低空目标,根据任务性质和任务规划安排,可以只向指挥所和地面情报中心提供 3km 或 1km 以下的目标情报,并以此空域不漏情为主。在远海作战或地面预警探测网不完善的情况下,预警机需完成高中低目标探测。对于重点关注的威胁当面或区域,应保证机载预警雷达可连续获取情报,做到"目标不漏情,属性不判错,空情不积压"。在国境线内具有较好的地面引导保障网时,采用间接引导为主,即将机载预警雷达和气球载雷达的引导情报发送到地面引导保障网,经情报融合后形成统一的引导情报,实施引导情报保障。在地面引导网未覆盖的区域内,再由空基预警探测系统保障引导情报,实施空中引导。

在考虑预警机安全因素的基础上,应重点考虑最有威胁方位和区域的探测,条件允许时,应尽量提升该类区域探测覆盖的严密性,弥补地面预警探测网的不足。

8.9　自卫手段

预警机不仅执行重要的战场预警指挥任务,而且自身价值昂贵,数量稀缺,因此它必然成为敌方力求击毁的对象。根据西方专家估算,在常规战场,如果能够摧毁对方的预警机,那么航空兵的突防成功概率将增加数十倍。预警机的载机通常是由运输机改装,体积大、飞行速度慢、机动性能差,在执行任务时的飞行航线比较单一,因此它是易于被探测、易于受攻击并且生存力差的飞行系统。虽然从预警机装备各国部队以来,在历次战争中都没有受到攻击的记录,但这是以作战双方实力对比悬殊为条件的。事实上,对预警机的防护是战术上与技术上都要着重考虑的问题。据报道,俄罗斯新型防空导弹系统 S－500 的导弹射程为 600km,不仅可以击落 40km 高空的弹道导弹弹头,而且可以跟踪并打击预警机。

预警机在执行空中预警及指挥任务时,最直接、最致命的威胁来自敌方空空和地空雷达制导的武器系统,现代化武器系统大多数以电子或光电技术为制导控制手段,使其作用距离远,命中精度高,严重威胁预警机的生存。在战术上对预警机的防护措施如下:

（1）预警机的巡逻航线处在己方防空火力控制范围内,一般要离开敌方控制区或战斗地区前线 150km～200km 之外。

（2）预警机执行任务时,有专门保护它的战斗机群在其附近巡逻。

（3）如发现敌机或敌舰出现,并有可能对预警机实施进攻,则应立刻告警。此时预警机应即飞离此等有威胁目标,并引导护卫战斗机来对付它们。

预警机任务电子系统中包含自卫电子分系统是预警机的防护技术措施。

预警机最可能遭遇的攻击武器是空空导弹、地空导弹和舰空导弹,因此预警机自卫设备的功能是探测和对抗这些导弹武器。

探测手段主要有下列几种：

（1）雷达告警系统。它是用来探测机载或地/舰面导弹制导雷达的辐射信号。雷达告警系统能在大于制导雷达有效跟踪距离之外探测到后者的信号并发出警报，预警机可及时机动飞离威胁目标。当前几乎各型预警机，不论大小，都已装备ESM系统。因此这种RWS系统已成为预警机最基本的自卫分系统设备。

（2）激光告警系统。它是探测敌方激光照射指示信号和激光雷达脉冲信号，前者是为激光制导导弹照射目标的，后者是以激光替代微波的跟踪制导雷达。激光告警系统的探测头安装在机身两侧。方位探测范围360°。

预警机自卫电子对抗手段主要有下列几种：

（1）关闭主雷达，使反辐射导弹失去寻的源。同时，载机还可能作大机动脱离原来航线，甩开来袭导弹。由于导弹的雷达散射截面小，只能在较近距离上被发现和告警，上述这些对抗动作要在几秒内进行，因此前两项动作通常由自动开关与告警信号同时启动。

（2）投射箔条弹与红外火焰弹。通常在机头与机尾两侧各安装一个投射器，内装64发~128发箔条弹与红外弹。箔条弹内包含对应导弹制导雷达和导弹导引头等各种发射波长的箔条干扰丝。红外弹在燃烧时的光谱功率峰值要与载机发动机尾喷管的红外谱相重合。当预警机发出敌导弹发射或接近的告警时，由人工或由自卫控制系统自动发射出两种干扰弹。在1s~2s内箔条散开形成一个干扰反射云，红外弹则燃烧成火焰。火焰的红外辐射功率要超过载机发动机的尾喷管红外强度，并且能够持续较长的时间，至少达到数秒，这样才能吸引来袭导弹去攻击这些假目标，使机动飞离的预警机得以逃脱。据2009年11月18日《简氏防务周刊》报道，波音公司宣布，"楔尾"预警机已经顺利完成其电子战防御辅助装置的测试，在华盛顿州海岸外进行的干扰投放系统（CMDS）试验中，共飞行了19个飞行架次，投放了500组箔条和曳光弹。机组人员用装在"楔尾"预警机上的5个高速电视摄像机和试验伴随飞机上的另外一部电视摄像机收集数据。

（3）启动有源干扰系统。系统包括干扰引导器与干扰发射机两部分。引导器利用预警机上EMS分系统所获得的敌方雷达辐射源之频率与方向，控制干扰发射机的频率与辐射指向。也有干扰系统自己具有独立的侦察与引导器。干扰机通常具有双模干扰方式，既能用噪声调制的连续波干扰连续波雷达，又能以回答式欺骗干扰对付脉冲跟踪雷达。欺骗方式有角度欺骗、距离门拖引和相干速度门拖引等。引导器还能对干扰机进行功率管理，使后者以时分方式同时对多个威胁辐射源进行干扰。

有源干扰系统工作频段是根据要对付的辐射源类型来选定。例如，对机载制导雷达工作频段应为8GHz~18GHz；地舰和面空导弹所用的制导雷达应为

4.5GHz ~ 10GHz;对导弹末制导导引头应为 34GHz ~ 40GHz。所以预警机要根据载机的"负担"能力(包括载重、容积、电源及系统电磁兼容限制等)与战术需要之间折衷来选定一个或几个频段。

有源干扰系统通常安装在载机机舱内。但根据系统总体考虑亦可采用吊舱方式,挂在机翼下。更特殊的方式是采用曳引式,即干扰机装在由载机曳引的小飞行舱内。平时此小舱收放在载机尾部,预警机起飞执行任务时,从尾部放出由曳绳牵引在机后几百米处。这种方式的优点是干扰机可作为反辐射导弹的诱饵,使载机在主雷达关闭后可免受攻击。还有一种方式是投掷式,即从载机投放出多个小型干扰器。它们由电池供电,由降落伞悬浮。对于导弹末制导导引头而言,这是一种有效干扰方式,并具有诱饵作用。

有源干扰系统的覆盖区域,最好是方位上全向 360°,仰角上 40° ~ 60°,如限于实际条件则至少应在方位上覆盖前后向各 120°。对干扰机的功率要求应根据载机本身 RCS 的大小、对方雷达抗干扰性能指标以及必须保证对载机的自卫距离等来计算确定。由于载机一般具有较大 RCS,而必须保证的自卫距离又较大,因此对干扰机的功率要求是高等级的,例如,平均功率谱密度在几百瓦/兆赫或更高。

(4) 使用机载激光武器。目前,美国已经研制成功作用距离可达数百千米的机载强激光武器,主要应用目标之一是配备到预警机平台,使预警机具有进攻能量,完成对来袭导弹等空中目标的打击。

一架预警机的自卫系统究竟应包含那些设备,应根据该机的作战任务要求与可能加装设备容量来具体选定。最基本的是 RWS 系统,其次是箔条与红外干扰弹投射系统,最后还可以选择各种有源干扰系统,理想的情况是未来可能配置激光武器等反导装备,对来袭武器能实现主动反击。

附　录

附录1　国外主要空基预警探测系统[①]

1　"鹰眼"（Hawkeye）E-2系列预警机

1.1　概述

"鹰眼"（Hawkeye）E-2系列预警机最早是美国海军的舰载型预警机,后来也被一些国家用在陆上,是截至目前全世界装备数量最多的预警机,包括E-2A、E-2B、E-2C和新研的"高级鹰眼"E-2D预警机。

E-2A是E-2系列的第一个型号,1957年开始研制,1964年服役,部署在太平洋舰队的航母上,取代了E-1B预警机。E-2A装备的S波段机载预警雷达AN/APS-96由美国通用电气（General Electric,GE）公司研制。为了降低杂波强度,减小大气的不利影响,提高对小目标的探测能力,同时获得更大的输出功率和更远的探测距离,从AN/APS-96雷达开始的所有雷达工作频段均改为UHF频段。

1971年,E-2A机载计算机完成更新,利顿（Litton）公司的可编程数字式计算机L-304代替原来的磁鼓存储计算机,E-2A改称E-2B。AN/APS-96雷达在近海区域探测性能较差,通用电气公司改进设计,推出了AN/APS-120雷达,该雷达采用了当时最先进的动目标检测技术,并提升了雷达频率源稳定度。此外,又将飞机螺旋桨材料从铝质改为由钢芯、塑料蜂窝结构与玻璃钢外皮组成,降低了螺旋桨电磁散射对信号产生的调制作用。

格鲁曼（Grumman）公司又陆续研制出杂波抑制性能更好的AN/APS-120雷达和AN/APS-125。一般把装备AN/APS-120或AN/APS-125的E-2C统称为E-2C的原型。自交付第一架E-2C以来,E-2C的雷达多次改进,又经历了AN/APS-125、AN/APS-138、AN/APS-139和目前装备的AN/APS-145 4个型号。到20世纪90年代初E-2C生产量已超过100架,堪称预警机领域的"常青

[①]　本部分内容主要来自公开报道,与实际情况可能略有差异。

树"。

1.2　E-2C 的主要性能

1. 载机技术数据

（1）研制厂商：美国格鲁门公司。

（2）载机尺寸：机长 17.6m，翼展 24.56m，机宽 8.94m（翼收缩），机高 5.58m。

（3）载机动力与载荷：发动机 2 台（Allison 公司的 T56-A-427 涡轮螺旋桨，每台为 5100 马力），机载燃油 5634kg，空重约 18.4t，起飞质量约 24.7t。

（4）载机性能数据：最大升限 11278m，最大巡航速度 602km/h，最大平飞速度 626km/h，着陆进场速度 191km/h，正常巡航速度 480km/h，活动半径 320km，续航 4h，最大航程 2854km，巡航 6h，最短起飞距离 564m，最短着陆距离 439km。

（5）机上乘员：5 人。飞行组由驾驶员和副驾驶员组成；任务系统操作组由战斗情报中心指挥员、空战指挥引导员和雷达操纵员组成。

2. 雷达 AN/APS-145

（1）体制：机械扫描，低重频脉冲多普勒。

（2）工作频率：400MHz~450MHz（分为 16 个可选频点），频率稳定度 10^{-9}（脉间稳定度），脉冲重复频率约 300Hz（3 种可变 PRF，以消除"盲速"），脉冲宽度 13μs。

（3）发射机：主振放大链末级为 7648 束射四极管，峰值功率 1MW，平均功率 3.8kW~4.0kW。

（4）探测距离：当载机飞行高度为 9100m 时约 650km（大型目标，如轰炸机），约 270km（巡航导弹或战斗机），约 360km（舰船）。

（5）目标容量：同时跟踪 2000 个航迹（显示 250 个目标），可同时处理 300 个~600 个目标（雷达/IFF 跟踪识别 300 个，被动探测和其他传感器探测 300 个）。

（6）虚警率控制：每次扫描的覆盖区域划分成 5000 个距离方位单元，并根据单元内环境条件更新而改变设备参数。

（7）测角精度：方位 0.5°。

（8）测速范围：6 节~200 节（3m/s~103m/s）。

（9）天线型式：APA-171（伦特公司研制）双层八木—宇田阵列天线。

（10）极化方式：水平线级化。

（11）天线罩：0.76m×7.32m，圆盘形。

（12）天线重量：772kg。

（13）波束宽度：7°×20°。

（14）副瓣电平：-34dB（平均），-26dB（最大）。

（15）天线转速：5r/min（机扫）。

（16）检测方式：数字式动目标检测（DMTD）（即 MTI 为 16 或 32 点 FFT）。

（17）杂波改善因子：50dB ~ 55dB。

（18）抗干扰措施：脉冲压缩、跳频、MTD、无源定位。

3. 电子支援系统（ESM）AN/ALQ – 217

ALQ – 217 由 4 副天线（分别位于机体的前、后、左、右，实现方位 360°覆盖）、在机体两侧的前端设备（放大器）、接收机/处理器组成，主要性能参数如下：

（1）MTBF：1400h。

（2）体积：0.05m³（接收机和处理器），0.1m³（前端设备和天线）。

（3）质量：42kg（接收机和处理器及其托架），44kg（前端设备和天线）。

4. 敌我识别询问器 AN/APX – 76

北美 BAE 系统公司研制的 AN/APX – 76 敌我识别询问器是一种空对空设备，采用垂直极化小型八木—宇田阵列天线，具有 A、B 两种生产型号，型号 B 的特点是采用了固态发射机。其技术参数如下：

（1）频率：1030MHz（发射）；1090MHz（接收）。

（2）模式：1,2,3/A,4。

（3）输出功率：2kW。

（4）工作比：1%（最大）。

（5）动态范围：> 50dB。

（6）MTBF：225h（APX – 76A）；400h（APX – 76B）。

（7）质量：15.8kg。

5. 敌我识别应答器 AN/APX – 100（V）

Honeywell 公司研制的 APX – 100（V）是模块式的固态敌我识别应答器，可安装在仪表板或设备舱上，在数字电路和射频电路方面充分利用了微电子技术。其他技术特征如下：

（1）综合的密码技术。

（2）3 级 S 模式和 GPS 报告。

（3）双信道分集。

（4）内置测试技术。

（5）数字编、译码。

（6）频率：1030.5MHz（接收）；1090.5MHz（发射）。

（7）峰值功率：500W ±3dB。

（8）工作比：1%（最大）。

（9）质量：4.53kg。

（10）尺寸：137mm × 137mm × 213mm。

1.3　E-2C 的发展

E-2C 的最大改进计划是"更新发展计划"（Update Development Program），包括 Group I 和 Group II 两项改进。完成两项改进的 E-2C 预警机分别称为 E-2C Group I 和 E-2C Group II，原来的 E-2C 则称为 E-2C Group 0。

Group I 计划主要更换发动机和雷达。发动机改用 T56-427 涡轮螺旋桨发动机，雷达改用 AN/APS-139 雷达。AN/APS-139 和 AN/APS-138 相比，主要改进有两项：一是增加非 AMTI 工作模式，用于检测地面/海面的固定目标和低速目标，AMTI 模式只用于在陆地上空或高海情海面上空检测空中目标；二是对 10 个 UHF 雷达信号通道进行连续监视，只选择一个最不受干扰的信号通道作为工作通道。

Group II 计划旨在缓解雷达饱和、跟踪过载和在高目标密集环境下跟踪地面"杂波"问题（这种环境在海湾战争期间遇到过）。为了在 AN/APS-138 和 AN/APS-139 的基础上进一步提高 E-2C 预警机的性能，AN/APS-145 雷达采用了所谓"环境处理技术"，即根据各距离单元的杂波情况，逐个单元地调整雷达灵敏度。为了能发现远距离的大型飞机，AN/APS-145 新增了一个较低的脉冲重复间隔（PRI），E-2C 预警机的旋罩转速也相应从 6r/min 降为 5r/min。另外，还采用了第三个 PRI，以便在天线扫描时雷达能工作于不同的 PRF，更有效地消除盲速。采用 AN/APS-145 后，E-2C 的作用距离增加 40%。此外，Group II 改进项目还包括加装联合战术信息分发系统（JTIDS），提供保密通话和数据传输通路，增强和其他飞机（特别是 E-3 预警机）的通信能力。

据 2009 年 7 月 27 日《航空周刊与空间技术》和 2009 年 7/8 期《国际电子战》报道，诺斯罗普·格鲁曼公司已从美国海军航空系统司令部得到 1.54 亿美元合同，通过海外军事贸易项目将中国台湾 6 架 E-2C 由 Group II 升级至"鹰眼"2000 配置。升级工作包括增加新的任务计算机，新的战术任务系统显示器和新的导航系统。

"鹰眼"2000 的任务计算机是一种多功能控制单元，可以管理多种类型的航空设备，包括导航传感器，通信系统和存储器。多功能控制单元还可以提供 GPS 飞行管理、计划和控制及惯性导航升级能力。

2002 年 1 月，诺斯罗普·格鲁曼公司与美国海军签署总价值 4900 万美元的合同，主要针对"高级鹰眼"的任务系统，建立了物理体系结构，拟定了技术规范，并提出了整个项目发展计划。2003 年 8 月，美国海军与诺斯罗普·格鲁曼公司综合系统分部签订总价值 19 亿美元的系统开发与验证（SDD）阶段合同，正式启动"高级鹰眼"（E-2D）计划。

2 "哨兵"(Sentry)E-3系列预警机

2.1 概述

"哨兵"(Sentry)E-3是美国空军现役主力预警机。美国空军实际拥有32架E-3B/C预警机(1995年在阿拉斯加坠毁1架,另将1架交给波音公司做为试验飞机)。

1965年12月美国空军设立了"机载预警与控制系统"(Airborne Warning And Control System,AWACS)项目办公室,AWACS计划正式启动。1970年7月,美国空军选择波音公司为AWACS的主承包商,为了对两种候选雷达进行比较性测试,改造了两架波音707-320B飞机,分别安装上西屋(Westinghouse)公司和休斯(Hughes)公司的候选雷达,进行试验飞行。经过5个月约300h的飞行测试和比较,最后选中了西屋公司的雷达作为预警机的监视雷达,命名为AN/APY-1。该雷达具有当时看来高超的技术性能,例如,通过高重复频率的脉冲多普勒技术与数字式信号处理技术的结合,从多普勒频率域很好地把运动目标与地面杂波区分开来;采用了超稳定度的信号源和发射机以及先进的信号处理技术,可以使天线主波瓣的杂波在接收机中被对消掉;实现了超低副瓣天线及其天线罩,最大限度地减少杂波和提高检测处于副瓣杂波区的目标的能力。实际上,雷达的不少高性能都归功于超低副瓣天线,该超低副瓣天线也成为雷达发展史上的一个里程碑。该天线在当时之所以成为可能,是因为采用了波导裂缝阵列,数字计算机精确设计和精密的天线制造工艺。

1975年10月,加装全套任务电子系统的预警机通过了美国空军进行的试验鉴定,转入生产阶段。

1977年3月,第一批E-3A预警机交付美国空军,其任务电子系统包括:

(1)AN/APY-1脉冲多普勒雷达(无海上监视能力)。

(2)4PiCC-1计算机。

(3)AN/APX-103询问器及AN/APX-101应答器。

(4)9个空情显示控制台及2个辅助显示器。

(5)AN/ASN-119惯性导航系统。

(6)AN/ARN-120奥米加导航系统。

(7)AN/APN-213多普勒导航系统。

(8)UHF、VHF、HF通信电台以及link 4A(TADIL C)数据链。

1979年,西屋公司为AN/APY-1雷达增加了海上监视能力。从当时的技术水平看,E-3预警机规模大、功能全,总研制费为14.88亿美元,加上建立生产线的费用,全部投资达20亿美元。

经过 30 多年的完善和改进,战术性能不断提升。至今,E-3 预警机共推出了 5 种型号:E-3A、E-3B、E-3C、E-3D 和 E-3F 预警机。

E-3A 具有对高、低空空中目标捕获能力和良好的对陆地下视探测能力,初始研制阶段不具备对海面目标的监视能力。波音公司共生产了 24 架 E-3A 基础型。从生产的第 25 架(包括出口部分)开始,雷达采用具有海上监视能力的 AN/APY-2,计算机则采用能力更强的 4PiCC-2,还增加了 HF 电台、无线电传打字机、自卫与干扰设备等,这种预警机则称为 E-3A 标准型。到 1984 年 6 月,波音公司共向美国空军交付了 34 架 E-3A 预警机。

E-3B 为 E-3A 的改进型,对 AN/APY-1 雷达作了改进,重新命名为 AN/APY-2 雷达,成为标准型,增加了对海面目标的监视功能,装有抗电子干扰和通信设备,加载了 1 部高频电台、5 部特高频电台和 5 台状态显控台,计算机改用 4PiCC-2,并且增加了 5 个空情显示控制台和其他一些设备(包括 5 部 UHF 电台、Have Quick 保密通信设备、JTIDS 终端机、无线电传打字机和自卫设备等),换装了 CC-2 型计算机。第一架 E-3B 预警机于 1984 年 7 月 18 日交美空军使用。北约采购了 18 架,组成了 E-3A 分队,其任务是"为达成联盟的目标提供多国的,立即可用的空中监视、警戒和指挥控制能力"。

E-3C 预警机为经过改进后,从 1984 年开始对装备美国空军的最后 10 架 E-3A 预警机改进后的命名。

E-3D 预警机是为英国皇家空军研制的机型,一共 7 架,部署在英国沃丁顿皇家空军基地。采用 AN/APY-2 雷达并加装了具有抗电子干扰和保密能力的 Have Quick 通信、数字语音通信记录器、电子支援措施(放在吊舱中)、加油管路及标准空中加油接头。

E-3F 预警机是为法国空军研制的机型,共 4 架,部署在阿沃尔德。其探测性能、通信能力、计算能力、导航及飞机与地面之间的数据传输等方面均在 E-3 系列中保持先进。

E-3 预警机系统中还有一个关键设备是波音公司研制的"接口适配器"(Interface adaptor),它提供了全系统的时间基准,并将各个分系统联结成一体。雷达与计算机配合工作,可以同时处理 600 个以上的目标,并对其中 200 个目标进行识别,可以引导 100 架拦截飞机。

2.2　E-3 系列的主要性能

1. 载机波音 707 技术数据

(1) 尺寸数据:机长 43.68m,机高 12.6m,翼展 39.27m,机翼面积 282m^2。

(2) 载机动力与载荷:动力装置为 4 台 TF33-PW-100A 涡轮风扇发动机 (A、B 和 C 三型使用),每台推力 9526kg,空重 78t,最大起飞质量 147.55t,任务电子设备重达 20t;D 和 F 型采用 CFM56 - 2A - 2 型涡轮风扇发动机。

（3）载机性能数据:最大平飞速度 853km/h,实用升限 12200m,起飞距离 3350m,值勤巡航速度 562km,值勤巡航高度 9140m。值勤持续时间(无空中加油,值勤站在起飞点)11.5h,(值勤站距起飞点 970km)8h,(值勤站距起飞点 1600km) 6h,值勤时间(空中加油)24h。

（4）机上乘员:配有 4 名飞行员,包括正、副驾驶员、导航员和飞行工程师。任务系统操纵员为 13 人:1 名战术指挥官,1 名战斗机分配员,2 名兵器控制员,1 名监视管制员,3 名监视操纵员,1 名联络管理员,1 名通信操纵员,1 名雷达技师,1 名通信技师,1 名计算机/显示器技师。E - 3B/C 预警机任务电子系统操纵员可增加至 17 人。

2. 机载预警和引导雷达 AN/APY - 2

AN/APY - 2 脉冲多普勒雷达同时具有监视陆上空中目标和海上目标的能力。方位扫描时可将监视空域分成 32 个扇形区域,每个扇形区域可设置各自的工作模式。在后续方位扫描中,可以程控选择工作方式。在特别关注的区域或者战术形势及地形环境变化时,可以为各扇形区重新安排工作模式。抗干扰措施除采用无源工作模式外,还有箔条过滤、频率转换、平台机动、多平台协同工作和超低副瓣天线等。

工作模式包括脉冲多普勒仰角不扫描工作模式(PDNES)、脉冲多普勒仰角扫描方式(PDES)、超视距(BTH)工作模式、无源搜索工作模式、海上工作模式、测试和维护工作模式等。

雷达主要技术性能参数如下:

（1）工作频段:S 波段(3.2GHz ~ 3.4GHz)。

（2）作用距离:约 600km(大型高空目标),约 440km(中型目标),约 300km(小型低空目标)。

（3）发射机:液冷行波管本振和激励级,高功率宽带速调管输出级。

（4）脉冲重复频率(PRF):30kHz ~ 300kHz。

（5）脉冲宽度:约 1μs。

（6）发射功率:兆瓦级(峰值),8kW ~ 10kW(平均)。

（7）天线副瓣: - 45dB(峰值), - 60dB(平均)。

（8）天线类型:波导裂缝平面阵列,28 根主波导,2 根辅助波导组成的裂缝波导平面阵,最长一根主波导长 7.3m。

（9）天线尺寸:7.3m × 1.5m。

（10）旋罩尺寸:9.14m × 1.83m,质量 1540kg(天线罩旋转时会下顷 2.5°,以减少空气动力惯性)。

（11）天线转速:6r/min(工作时);0.25r/min(不工作时)。

（12）仰角扫描：±15°，±30°（电子方式）。

（13）天线波束宽度：0.73°（方位）×3.5°（仰角），为降低副瓣而对天线孔径加权时方位波束宽度可增大至1.2°。

（14）接收机：频率分割式多普勒接收机与脉冲压缩接收机。

（15）信号处理：大动态 A/D 变换、主杂波对消、快速傅里叶分析（FFT）和恒虚警率（CFAR）、频率捷变、多 PRF、杂波滤波、无源干扰定位和机动飞行控制。

（16）抗干扰措施：超低副瓣天线，频率转换，多种脉冲重复频率，无源探测。

（17）目标容量：同时处理600批，引导100批。

（18）雷达总质量：3629kg。

（19）电源：AC400Hz、180kV·A。

（20）雷达寿命：6000h。

3. 敌我识别询问器 AN/APX-103

该询问器提供装有协调应答器的飞机的距离、方位、高度和识别信息。标准结构为冗余配置的两套收发机和一台信号处理器，以数字式分裂波束（Digital Beam Split）方式工作。后来的改进型 AN/APX-103B/C 则采用了单脉冲技术和先进的目标检测和代码处理算法。作为 E-3 的一项任务设备，AN/APX-103 与数据处理器接口，从数据处理器接收指令以发射询问信号，接收到的应答信号解码后传送到数据处理器进行分析。AN/APX-103 询问器所用天线安装在雷达旋转天线罩内，该天线也作为 TADIL-C（战术数字信息链 C，也称作 Link 4A）的发射天线。以 AN/APX-103 询问机为基础的高方向性敌我识别系统，可在一次扫描中询问200个以上的空中、海上或陆上目标，既提供 Mk X 选择性识别（空中交通管制）又提供 Mk XII 军用敌我识别。Mk X 和 Mk XII 的多目标和多模式工作，与 AN/APY-2 雷达相结合，可使操纵员及时获得雷达监视空域内所有目标的距离、方位、仰角、识别代码和敌我属性情况。具体技术参数如下：

（1）工作频率：1030MHz（发），1090MHz（收）。

（2）模式：标准模式 1，2，3/A 和 C，加密模式 4。

（3）接收机带宽：10MHz（3dB），20MHz（20dB），50MHz（60dB）。

（4）接收机动态范围：50dB。

（5）天线类型：由48个对数周期偶极子组成的矩形阵列（高72cm，宽406cm）。

（6）波束宽度：5.2°±0.8°（方位），27°±10°（仰角）。

4. 敌我识别应答器 AN/APX-101

E-3 机上的 AN/APX-101 应答器接收地面询问器和其他飞机询问器的询问信号并将其解码，然后发射一个编码应答信号。具体参数如下：

（1）工作频率：1090MHz（发），1030MHz（收）。

（2）发射峰值功率:1kW（最大）,0.3kW（最小）。

（3）发射带宽:8MHz(-3dB),20MHz(-20dB),160MHz(-60dB)。

（4）脉冲宽度:0.45μs ±0.1μs。

（5）脉冲重复频率:1200Hz(模式1,2,3/A 和 C),500Hz ~3000Hz(模式4),1500Hz(应急模式1,3/A),800Hz ~1000Hz(应急模式2)。

（6）最大应答速率:1200 次/s。

（7）接收机带宽:9MHz(3dB),16MHz(16dB),50MHz(60dB)。

（8）天线类型:l/4 波长片状天线。

（9）波束宽度:360°(方位),50°(仰角)。

5. 战术数据链 TADIL – C

TADIL – C 意为"战术数字信息链 C",又称为 Link 4A,是一种标准化的数字数据通信系统,用于控制站向飞机或武器提供引导指令。工作在 UHF 频段,采用移频键控方式,起止不同步。各个端机按照时分多址形成离散地址,报文传输则为顺序时分。它虽不是加密系统,但是具有抗电子干扰能力。TADIL – C 可用来控制防空截击机。具体参数如下:

（1）工作频段:300MHz ~325MHz。

（2）频道间隔:25kHz。

（3）调制方式:频移键控。

（4）载频频移:±20kHz。

（5）传输速度:5000b/s。

6. 战术数字通信系统端机 JTIDS 端机 AN/URQ – 33(V)

AN/URQ – 33(V)是联合战术信息分发系统(JTIDS)的Ⅰ类端机。JTIDS 是美国研制,供陆海空三军使用的大容量抗干扰信息分发系统,也是一种通信、导航和识别集成系统。JTIDS 的一个重要特色是同步时分多址接入方式,许多用户同步在一个公用频道上依次使用一个或多个时隙发送信息。JTIDS Ⅰ类端机及其改进型 HIT(HIT 的体积重量较原型减少)用于大型指挥和控制中心,如 E – 3 预警与指挥机。JTIDS Ⅱ类端机及其改进型 2H 类的体积缩小,重量减少,性能更好,可用于较小型飞机。具体参数如下:

（1）频率:分为 969MHz ~ 1008MHz,1053MHz ~ 1065MHz,1113MHz ~ 1206MHz 三个子频段。

（2）工作模式:窄带(969MHz),宽带(969 MHz ~1206MHz)。

（3）发射峰值功率:1.086kW(窄带),208W(宽带)。

（4）发射带宽:3.5MHz(–3dB),9MHz(–20dB),26MHz(–55dB)。

（5）天线类型:喇叭型开口天线。

（6）波束宽度:360°(方位),40°(仰角)报文传送速率:28.8kb/s(Ⅰ类),

115kb/s(Ⅱ类)。

　　(7) 质量:192kg(Ⅰ类),155kg(Ⅱ类)。

　　(8) 体积:0.26m³(Ⅰ类),0.15m³(Ⅱ类)。

7. 预警机通信系统(WACS)

　　E－3 的整个通信系统(WACS)是以通信自动管理系统为核心,由抗干扰电台组(HF、VHF 和 UHF 频段)、保密机组、数据链、卫星通信终端机、机内通话器、程控交换机以及多路数据总线等构成的一个综合化系统。其视距通信由 VHF/UHF 电台组完成,超视距通信由 HF 电台组和卫星通信终端机完成。HF、VHF 和 UHF 电台中一部分用来传输话音,一部分与数据链配合用来传输数据。HF、VHF、UHF 电台组和数据链将预警机与各种飞机、舰艇指挥中心、地面指挥中心联结起来;卫星终端将预警机与航天平台(卫星)联结起来。

　　E－3 预警机上通信设备多,系统组成较为复杂,因此电磁兼容性(EMC)问题较为突出。在设计上,要把机上所有电子设备都设计成相互兼容的;在操作上,要实时地为各种通信发射机和接收机分配恰当的工作频率。

2.3　E－3 预警机的改进情况

　　E－3 预警机自 1977 年部署以来历经多次改进,主要改进计划有 Block 1、Have Quick Block 20/25、Block 30/35 和 RSIP(雷达系统改进计划)等。

　　为了进一步提高 E－3 预警机的性能和生存能力,1987 年制定了 Block 30/35 升级计划,当年美国空军与波音公司签订了一项价值为 2.4 亿美元的合同,并由波音公司负责系统集成。经过一系列研制和试验之后,1995 年—2001 年完成了对美国空军整个 E－3 机群的 Block 30/35 升级,总耗资 9.5 亿美元,主要包括 4 项内容:①加装电子支援措施(ESM)系统 AN/AYR－1,能在 10s 内识别 100 个辐射源;②联合战术信息分发系统(JIDS)终端传输速度提高了 4 倍,并提了抗干扰能力;③IBM 公司利用超大规模集成电路和磁泡存储技术将 4PiCC－2 计算机改进为 4PiCC－2E,计算速度提高了 4 倍,存储容量扩大了 5 倍,以适应加装 ESM 和改换 JTIDS 2H 终端以及进一步扩展的需要;④采用了惯性导航/全球定位(GPS)组合导航系统 LN－100G,提高了定位精度。

　　为了对付日益突出的"低可观测性目标",1989 年制订了"雷达系统改进计划"(RSIP),重点是提高 AN/APY－2 雷达的灵敏度。当年诺斯洛普·格鲁曼公司获得了 2.23 亿美元的合同进行全面研制,到 1997 年已完成了有关的研制工作,随后安装在 2 架飞机上进行试验。从 2001 年开始大约花费 3.24 亿美元对整个 E－3 机群实施"雷达系统改进计划"工程。通过脉冲压缩将距离分辨力提高 6 倍,并采用了新的自适应信号处理器及其处理算法,新的任务计算机及其软件,从而使雷达灵敏度提高了 10dB 以上;此外,还提高了抗干扰能力,改善了可靠性和可维修性,人机界面也更友好。

1992 年—1997 年,实施 Block 1 改进,包括加装无源探测系统、彩色显示器、Have Quick II 电台和 Link 16 保密数据链,并扩展了中央计算机的内存。

Have Quick 改进计划的目的是提高通信设备的抗干扰性和保密性。Block 20 改进计划将 E-3A 原型提高到 E-3B 标准。主要内容有增加抗干扰通信设备;增加 1 个短波(HF)电台和 5 个 UHF 电台(电台总数达到 12 个);用速度更快、容量更大的 IBM CC-2 计算机代替 CC-1 计算机,增加 5 个空情显控台(使总数达 14 台);使主雷达具有对海监视能力,增加 Have Quick 所需的设施;增加自卫设备。Block 25 改进计划将标准型 E-3A 提高到 E-3C 标准,主要内容有增加 5 台空情显控台;增加 5 台 UHF 电台和 1 部 Have QuickA 网络保密通信系统。

Block 30/35 改进计划包括加装电子支持措施(ESM)系统和 GPS 接收机,改进数据处理计算机并和联合战术信息分发系统(JTIDS)2H/TADIL-J 终端一体化,目的是保持 AWACS 飞机的有效性和生存力。加装 UTL 公司研制的电子侦察系统 AN/AYR-1ESM,其作用是用无源方式识别收到的电磁信号和测定信号发射平台的方位并识别敌我属性。该系统的天线分别装在机头、机尾和机身两侧,提供 360°的方位覆盖。还加装空间导航系统和联合战术信息分发系统终端等设备。按照该方案进行改进后的 E-3 飞机将具备无源探测能力,可瞬间全向搜索,并在 10s 内识别出 100 个辐射源。加装 GPS 接收机 NAV/STAR 终端后可使 AWACS 飞机能对自己迅速定位。GPS 的时间精度为 $0.1\mu s$,测速精度为 $0.1m/s$,定位精度为 16m。数据处理机的改进主要是采用磁泡存储器和超大规模集成电路,提高处理机的存储量和吞吐量。经改进后,4PiCC-2 计算机改称为 4PiCC-2E。

"雷达系统改进计划"(RSIP)主要目的包括增强探测小目标能力、抗干扰能力和人机交互能力,以及提升可靠性和可维修性。事实证明,RSIP 计划提高了雷达灵敏度和可靠性,增强了截获巡航导弹等低可探测目标的能力和抗干扰能力。

从 2000 年开始实施"中期现代化计划"包括:

(1)革新计算机体系结构,采用开放式系统体系结构和现成民用产品(COTS),使之具有更大的灵活性,以便快速、经济、有效地适应未来的变化。

(2)采用多传感器集成(MSI)系统,实现多传感器的数据融合,可以显著增强对目标的精确跟踪、识别和分类能力,提取更多的有用信息。

(3)改善人机界面(MMI),采用民用视窗技术、数字化图形技术以及真彩色平板显示器等,大幅提升操纵员的效率。

(4)提高自动化的通信交换能力,增加通信设备,减少同站干扰,减轻通信操纵员负担。

(5)在敌我识别系统中增加 S 模式,适应欧洲空中交通管制要求,并在询问器中使用了新的处理器,改进了对目标的定向能力。

（6）采用了惯性导航/全球定位系统（INS/GPS），可显著提高定位精度。

JTIDS 是美国 1971 年开始研制的融通信、导航和识别于一体的高速大容量保密抗干扰抗截获的时分多址（TDMA）信息分发系统。美国于 1977 年将 JTIDS Ⅰ类终端装于 AWACS 飞机。JTIDS 有 3 类终端，Ⅰ类终端为指挥控制终端，Ⅱ类终端为战术终端，空中预警平台主要使用Ⅰ和Ⅱ类终端。E-3 预警机原使用Ⅰ类终端的改进型 HIT 终端。Block 30/35 改进计划是采用Ⅱ类终端的改进型 2H 类终端。Ⅱ类终端机执行 TADIL-J（link 16）标准，同时保留与早期的Ⅰ类终端及 TADIL-A（link 11）/TADIL-C（link 4）及 Link 14 的联网运行功能。

此外，美国空军还拟订了一项"扩充的鉴别全球导弹发射的机载系统（EAGLE）"计划，研制可安装在 E-3 预警机上的一套 EAGLE 设备，共有 5 种：两种能探测和跟踪战区弹道导弹（TBM）发射的红外传感器，一种能测量导弹距离的激光测距仪，一种能确定导弹位置（以标准的地球坐标表示）的惯性导航系统，一种能计算导弹发射点、弹道和弹着点的计算机系统。计算机系统还将导弹信息转化为"联合战术信息分发系统"（JTIDS）所用的格式。使用时，红外传感器首先发现处在弹道上升段的导弹，然后指引激光测距仪以获取高精度的弹道，再将弹道数据可转发给终端防御、要点防御和其他可摧毁导弹及其发射架的武器装备，形成由各协同装备组成的灵活反应网络，提高战场管理能力。EAGLE 系统的主承包商是波音公司。1995 年 8 月，美国空军首先授予波音公司一项价值 4350 万美元的合同，研制和演示红外传感器。为此，波音公司及其子承包商得克萨斯仪器公司（Texas Lnstruments）密切合作，设计并试验了样机，但其进展情况鲜有报道。目前，美军的机载激光武器已经具备在 500km 外攻击弹道导弹的能力，可以用于重点地域的反导，因而有军方人士建议未来在预警机上增加小型化的机载激光武器。

美国的 E-3 预警指挥机还将继续改进。尽管美国启动了 E-10"多传感器指挥控制飞机"计划，试图把 E-3 预警指挥机和 E-8 对地监视飞机的功能集成在一架飞机上，但是对 E-3 预警机的改进工作并未停止。最近重点是 Block 40/45 改进计划，这是 E-3 预警机装备部队以来最大规模的一次改进，主要涉及提高 E-3 的空战任务计算能力，把过时的主机处理技术与专用计算机封闭式结构转变为可扩充的开放式体系结构，并充分利用现成的民用计算机与网络技术，系统软件由高度模块化的部件组成；同时增强与有关飞机的联通能力，缩短从发现目标到摧毁目标的时间；提高雷达可靠性。以上改进由美国空军的专家和主承包商波音公司合作开发，其中关键的部件包括：

（1）多源信息综合（MSI）系统。它收集并融合多个传感器的数据，使监视范围内的每个目标形成单一的航迹，所生成的综合空情图像可显著改善操纵员对空中态势的感知能力和敌我识别能力。

（2）先进的数据链基础结构（DLI）。能利用新的软件将目标报告按轻重缓急排列,并随时与有关探测设备联网,确保最危急的威胁目标信息能准确及时地传送给攻击武器或指挥员,最大程度地减少系统等待时间。

(3)主显示器(PAD)。是一个可视化系统,采用 Java 语言编写程序,可向操纵员提供全面的空情图像,并可在真彩色图像中添加地面部队位置和地理特征等数据,从而进一步改善操纵员对态势的感知能力。

波音公司还尝试为空军的 2 架 E-3 预警机综合了网络中心能力,在加利福尼亚州进行的"帝国挑战2008"(Empire challenge 2008)军事演习中,E-3 预警机通过快速战术目标定位网络技术系统与其他飞机和节点连接,获得外部的网络数据,并使其他飞机和节点能够更好地使用预警机的任务数据。机组人员可以全面观察敌军和友军目标的空中航迹,进行武器/目标配对;还可以通过卫星通信同地面的战斗管理员联络。

2.4　E-767 预警机

E-767 预警机飞行距离大于波音707,可在 1000 英里的半径区域内连续工作9h,而老型 E-3 预警机只能续航 6h。AWACS 的此次技术升级包括提高雷达灵敏度,改进 ELINT、ESM、红外搜索与跟踪、海上目标探测与信号调制处理及宽带数据链等。

E-767 预警机的任务电子系统大致与经过 Block 30/35 改进的 E-3B 相同,载机技术数据如下:

(1)载机尺寸:机身长 48.51m,翼展 47.57m,机高 15.85m。

(2)载机动力与载荷:2 台通用电气公司的 CF6-80C2B6FA 涡轮风扇发动机,每台推力为 273.6kN,空重 83.2t,最大起飞质量 175t。

(3)载机性能数据:最大飞行速度 805km/h 以上,升限 10360m～12220m,最大续航距离 10370km(空中不加油),空中值勤时间 9.25h(1852km 半径)/13h(557km 半径)。

(4)机上乘员:飞行员为 2 名(E-3 为 4 名),任务电子系统操作人员可达 18人,包括任务指挥官 1 人,战术指挥官 1 人,战斗机分配员 1 人,武器控制员 2 人,监视控制员 1 人,链路管理员 1 人,监视操纵员 7 人,通信操纵员 1 人,通信工程师1 人,雷达工程师 1 人,计算机/显示器工程师 1 人。

为了将波音 767 飞机改装为预警机,对机体做了如下改造:

(1)安装了承重的圆顶梁。

(2)安装了加固的舱门和两块安放旋转天线罩部件的隔板。

(3)用 4 台 150kV·A 发电机代替了原有的 2 台 90kV·A 发电机。

(4)安装了第二套环境控制系统。

(5)安装了液氧系统(以防备机舱减压)。

（6）安装了内部布线系统。

由于雷达天线与波音 767 机体的结合是一个新问题,因此合同规定 E-767 必须通过美国联邦航空局(FAA)的适航性认证。为此,进行了 130 次飞行测试和 290h 的地面测试,才获得了美国联邦航空局颁发的适航证书。日本订购的 4 架 E-767 已分别于 1998 年和 1999 年交付日本空中自卫队,其中 2 架部署在静冈县的滨松空军基地,另 2 架部署在北海道的千岁空军基地。自 2000 年 5 月,这 4 架 E-767 开始担负值班任务。

3　A-50 预警机

3.1　概述

A-50 预警机由苏联研制,现于俄罗斯空军服役。A-50 载机为伊尔-76 军用运输机,机上任务电子系统如下:

（1）Sheml 监视雷达。

（2）4 台 EC-ABM 计算机。

（3）敌我识别系统。

（4）卫星通信/导航系统。

（5）12 部 VHF/UHF 通信设备。

（6）惯性导航设备。

（7）Duran-B 导航和地图测绘雷达。

（8）电子对抗和自卫设备。

（9）8 个显示控制台。

A-50 预警机可探测和跟踪陆上低空目标以及海面上的军舰,可指挥引导米格-29、米格-31 和苏-27 执行拦截任务,对低空目标的发现距离约 200km～300km,对军舰的探测距离可达到 400km。巡逻时在高度 8km～10km 处沿“8”字形航线飞行,“8”字形的两圆心距离约为 100km～120km。该预警机可以同时跟踪 50 个目标,引导 10 架战斗机拦截目标。

A-50 预警机于 1986 年开始装备苏联空军和防空军,以替代老化的图-126 预警机。80 年代末出现了改进型 A-50M 预警机,于 1991 年服役。目前,俄罗斯空军大约装备了 15 架～19 架 A-50 和 3 架 A-50M 预警机。最新的改进型称为 A-50U,配备了改进的 Sheml-M 雷达和推力更大的发动机。机上的数据链能够与空中战斗机和地面防空中心相联结,引导和指挥 10 架～12 架己方战机作战,同时向其他防空系统转发战区信息。

1998 年后,在位于莫斯科东北部的伊万诺沃市合并组建了俄罗斯空军 A-50 预警机作战使用基地,空军装备的 20 多架 A-50 预警机由分散部署改为集中部署,担负整个俄罗斯国土的防空警戒任务。

3.2 A-50的主要性能

1. 载机技术数据

（1）载机尺寸:机身长45.59m,翼展50.50m,机高14.76m,旋转天线罩10.2m（直径）×2m（厚度）。

（2）载机动力与载荷:4台D-30KP-2涡轮风扇发动机,每台推力12000kg,空重119t,载油65t,最大起飞重量190t。

（3）载机性能数据:最大飞行速度850km,巡航速度700km～750km,升限12000m,最大航程5500km,能在9km～10km高度上巡逻7.5h,在离基地1000km的地方可以巡逻4h,经空中加油可以延长滞空时间。

虽然是大型载机,但由于A-50机内电子设备的尺寸和体积庞大,致使飞机内部空间布置十分拥挤。A-50预警机除了5名机组操作人员外,还有10名任务电子系统操作人员。前舱内有8个显控台分别位于左右两侧,供给任务指挥员、6名雷达操纵员和1名雷达工程师使用。在显控台上方与舱后部安装了4台计算机、12个UHF与HF电台、雷达信号处理分系统、有源电子干扰分系统、低压电源机柜等,挤满了机舱空间。后舱主要安装雷达发射机、微波接收机、IFF询问机和冷却系统设备,还有一套与E-3A预警机的TADIL-C相对应的S波段定向发射引导数据链。后者的天线也是与IFF询问机天线一起装在雷达天线背面。任务电子系统供电由机身左侧携带的辅助发电机组（APU）给出。该APU有强大的供电能力（4×120kW）,涡轮发动机产生的巨大噪声使机舱内的总噪声达到80dB以上。拥挤的机舱内没有乘员休息室,也不能加乘轮换作战人员,乘员工作比较艰苦。此外,A-50机载电子设备的技术水平不高,计算机为数字模拟混合式,处理能力不理想。

2. 机载监视雷达Sheml（"雄蜂"）

Sheml雷达为三坐标脉冲多普勒体制,方位上机械式扫描,仰角不扫描,通过3个堆积波束用比幅法测量目标高度,主要参数如下:

（1）工作频率:3.4GHz～3.7GHz。

（2）脉冲重复频率:25kHz,另有300Hz的低脉冲重复频率。

（3）发射功率:20kW（平均）。

（4）脉冲宽度:1μs。

（5）天线类型:平板裂缝阵列（9.4m×1.8m）。

（6）天线罩尺寸:10m（直径）×2m（厚度）。

（7）天线最大副瓣:-30dB（方位）,-24dB（仰角）。

（8）探测距离：230km（对战斗机大小的空中目标），400km（对大型舰船）。

（9）最大跟踪目标批数：50或100两种。

（10）同时引导飞机批数：10。

Sheml雷达与E-3A的AN/APY-1/2相似，也采用S波段速调管作功率输出发射机，平行开槽波导堆叠成平面天线和PD体制等，其不同之处是Sheml雷达天线口径较大，发射机有平均功率（20kW）较高，但天线的副瓣电平稍高且仰角方向没有相位扫描控制。为了确保仰角方向有足够的探测范围，天线仰角波束由3个4.2°波束堆积合成。由于电子技术水平相对落后，与美国研制的各型机载预警雷达相比，A-50预警机的信号处理电路与数据处理计算机都还采用小规模集成电路，导致元件数目多、体积大、可靠性低，在一定程度上限制了探测性能。

Sheml雷达总体性能不及E-3系列，陆地上空下视小型战机的最大作用距离为230km，测高精度为距离的1%。机上计算机可接收和储存来自人造卫星的信息与指令。

A-50预警机没有电子侦察系统，但有电子自卫系统，该自卫系统包括雷达告警分系统、X波段和C波段的有源电子干扰机，还有装在机头和机尾两侧的干扰箔条与红外弹投射器。

3.3　A-50的改进情况

据2009年12月14日俄《空军报》报道，按照俄政府国防采购计划和俄军方的要求，俄别里耶夫航空科技综合体目前正在联合"织女星"无线电制造康采恩，加紧实施对俄空军现役A-50预警机的现代化改装工作。来自上述两家企业的消息人士透露，此次改进工作的重点是为俄空军现役的A-50预警机更换新型机载无线电技术系统，此举可大幅度降低各种设备和飞机整体的重量，使得A-50预警机可以携带更多的燃料，滞空执行作战任务的时间更长。作为这次升级工作的一项主要内容，改进后的雷达探测对低空和小型空中目标的侦测能力都有明显改善，抗干扰能力也有大幅度提高。除此之外，A-50预警机上搭载的新型雷达还可精确跟踪直升机和海面目标，精确测量目标的位置。据悉，改进后的A-50U预警机将能够保障搜索600km范围内的轰炸机和300km范围内的歼击机，同时跟踪的目标数量可达300个。

4　"萨博"（S-100B）预警机

4.1　概述

瑞典国防装备管理局于1982年向美国仙童（Fairychild）航空公司提出在该公

司 Metro Ⅲ 飞机上加装雷达,为减少飞行阻力,天线选择"平衡木"形式。1987 年仙童公司把样机交付给瑞典,由爱立信公司加装经研制的雷达 PS-890,并承担系统集成。1992 年年底瑞典国防装备局向爱立信公司订购了 6 架,载机改为瑞典 Saab 公司生产的 Saab-340 飞机,Saab-340 的体积较 Metro Ⅲ 稍大。萨博公司对 Saab 340B 机体做了改造,在延长的尾锥内安装了一部辅助发电设备;改进了空气循环冷却系统;在后机身下部加装了一对有稳定效果的机腹导流片;在尾翼和方向舵加装旋涡发生器;加装显示台和通信设备后,基本上具备了控制、引导己方飞机的功能。

1994 年 7 月,首架安装了 PS-890 雷达以及相关电子设备的 Saab 340B 通过了飞行测试。1996 年—1999 年,瑞典皇家空军陆续接收了改进后的 6 架,又称为"百眼巨人"(Argus)。

4.2　"萨博"(S-100B)的主要性能

1."萨博"载机技术数据

(1)载机尺寸:机身长 19.73m,翼展 21.44m,机高 6.97m。

(2)载机动力与载荷:两台通用公司的 CT7-9B 涡轮螺旋桨发动机,单台功率 1870 轴马力,空重 8.9t,最大起飞质量 13t。

(3)载机性能数据:最大飞行速度 653km/h,巡航速度 528km/h,升限 7620m,最大续航距离 1807km,值勤时间 5h~7h。

爱立信公司还设计了"空中监视、地面控制"(ASGC)和"空中监视、空中控制"(ASAC)两种方案供选择。

S-100B 预警机的任务电子系统也称为 FSR-890,包括:

(1)爱立信微波系统公司研制的 PS-890"爱立眼"雷达。

(2)法国汤姆逊无线电公司(现为 Thales 公司)研制的 TSB 2500 敌我识别系统。

(3)HF/VHF/UHF 通信电台组(包括 4800bit/s 的 VHF/UHF 数据链)。

(4)GPS/惯性导航组合系统。

(5)1 个~3 个操纵员控制台。

此外,机上的航空电子设备还包括:VHF 全向信标(VOR)/仪表着陆系统(ILS),彩色气象雷达,近地告警系统,科林斯(Collins)公司的 APS-85 自动飞行控制系统,双操作座舱电子驾驶仪系统。

S-100B 预警机与 STRIC 防空系统结合使用时,采用"空中监视、地面控制"方式,机上乘员为 1 名驾驶员,1 名副驾驶员,1 名技术操纵员。

2.机载预警雷达 PS-890

PS-890 雷达又称"爱立眼"(Erieye),具有低、中脉冲重复频率工作模式,能自适应完成波形产生和信号处理,天线副瓣低,可以频率捷变。机首与机尾方向各

有 60°盲区,雷达对目标不测定其仰角或高度。雷达的具体技术参数如下:

（1）工作频率:3100MHz ~ 3300MHz。

（2）探测距离:约 400km(天线阵面法向附近,战斗机大小的目标),约 150km(对低空巡航导弹),视距(海面舰船)。

（3）发射功率:每个阵面平均功率 3kW(组件平均功率 15W)。

（4）天线类型:两个背靠背平面裂缝波导阵列。

（5）天线罩尺寸:9.7m × 0.8m。

（6）天线尺寸:8m × 0.6m。

（7）固态收/发组件:192 个,每个组件与 1 列 12 个天线振子相连。每个组件内有一个电子开关,在控制信号的作用下使组件与左面或右面天线阵相连。阵列组件直接由冲压空气冷却(天线罩前、后端均有开口)。

（8）扫描范围:每个阵列方位 ±60°。

（9）波束宽度:0.7°(方位) ×9°(仰角)。

（10）天线副瓣: -35dB(最大), -50dB(平均)。

（11）天线质量:900kg。

（12）杂波抑制能力:大于 80dB。

（13）目标跟踪容量:300 个(同时)。

（14）电子设备质量:700kg。

（15）辅助电源吊舱(APUT - 62T):输出 60kV · A。

3. 敌我识别询问应答系统 TSB 2500

法国汤姆逊无线电公司的 TSB 2500 系统包括组合式询问器/应答器(CIT)、天线控制器(ACU)/天线适配器(AAU)。天线控制器与电子扫描天线配合使用,而天线适配器则与机械式扫描天线接口。CIT 完成信号发射、接收和数据处理,并通过 MIL - STD - 1553 数据总线与主机平台相连。具体技术参数如下:

（1）频率:1030MHz ± 0.2MHz(询问);1090MHz ± 0.5MHz(应答)。

（2）功率:大于 32dBW(询问)500W(+2dB,应答)。

（3）工作模式:1,2,3/A,4(询问器,可升级至 5 模式);1,2,3A,4 和 S(应答器,可升级至 5 模式)。

（4）尺寸:32mm ×193mm ×290mm(AAU);230mm ×115mm ×105mm(ACU);229mm ×157mm ×194mm(CIT)。

（5）质量:小于 4kg(AAU);5.5kg(ACU);小于 10kg(CIT)。

4.3 "爱立眼"雷达的改进情况

巴西政府为了增强防空力量,支持亚马逊河流域的经济开发,保护其宝贵的热带雨林资源,1994 年投资建设由卫星、预警机、对地监视飞机和地面雷达网及通信系统组成的空间、空中和地面一体化监视系统,称为亚马逊监视系统(SIVAM)。20世纪90年代末,瑞典爱立信公司、巴西飞机工业公司和法国泰勒斯(Thales)公司联合研制预警机,2002年交付巴西空军使用。载机为40座客机EMJ-145,该预警机在世界范围内普遍称为EMB-145 SA预警机。

爱立信公司和巴西飞机工业公司还拉上一个合作伙伴——泰勒斯(Thales)公司,前身为法国汤姆逊(Thompson)无线电公司,负责提供与北约兼容的敌我识别系统、电子支援设备(ESM)DR 3000A和通信系统,使之符合北约标准。

巴西的"亚马逊监视系统"空中部分除EMB-145 SA预警机(2002年交付,巴西空军将其命名为R-99A或E-99)外,还有EMB-145 RS遥感飞机(巴西空军命名为R-99B)。EMB-145 RS配备的任务电子系统包括:

(1)合成孔径成像雷达。

(2)Ystem System公司的前视红外(FLIR)系统Star Safire。

(3)Sensy Tech Imaging集团的机载多光谱扫描仪。

(4)数据链系统。

(5)雷达和通信频段的电子支援系统。

2005年2月印度国防部与巴西航空工业公司签订了一份备忘录,开发基于EMB-145的空中预警与控制系统。

EMB-145 SA预警机的任务电子系统包括:

(1)瑞典爱立信公司的PS-890"爱立眼"有源相控阵脉冲多普勒监视雷达的改型(每个阵面方位扫描范围增加到±75°以上)。

(2)集成的敌我识别/二次雷达。

(3)雷达频段和通信频段电子支援设备(ESM/CSM)。

(4)惯性导航/GPS组合导航设备。

(5)由HF和VHF加密数据链路等组成的通信设备。

(6)4个(最多可达6个)操纵员显控台。

(7)2003年加装法国Alkan公司研制的ELIPS-ADS干扰投放器。

据Jane's Radar and Electronic Warfare Systerm(2008-2009)报道,EMB-145 SA预警机的主机舱分隔成3段:前段是5座位的休息区,并有厨房、卫生间;中段设有4个操作显示控制台和电子设备间,电子设备间的左侧安装有雷达处理设备,右侧安装有通信设备和电子支援(ES)设备;后段有6个燃油箱。机上有两名飞行员和4名任务电子系统操纵员。

EMB-145载机技术数据如下:

(1)载机尺寸:机身长29.87m,翼展20.04m,机高6.75m。

(2)动力装置与载荷:两台艾利森(Allison)公司的AE-3007A涡轮风扇发动机,单台推力3368kg;空重10.0t,最大起飞质量:17.8t。

（3）载机性能数据：最大飞行速度 1200km/h，巡航速度 920km/h，升限 11278m，最大续航距离 2460km，值勤时间约 9h。

EMB－145 SA 预警机的任务电子系统包括瑞典爱立信公司的有源相控阵脉冲多普勒机载预警雷达 PS－890"爱立眼"，集成的敌我识别/二次雷达，雷达频段和通信频段电子支援设备（ESM/CSM），惯性导航/GPS 组合导航设备，由 HF 和 VHF 加密数据链路等组成的通信设备，4 个（最多可达 6 个）操纵员显控台，法国 Alkan 公司研制的 ELIPS－ADS 干扰投放器等。

在巴西之后，希腊于 1998 年 12 月宣布采购 EMB－145 预警机，1999 年 7 月签订 5 亿美元合同订购 4 架，2002 年开始交付。希腊空军给其命名为 EMB－145H，其任务电子系统组成如下：

（1）"爱立眼"雷达的改型。

（2）泰勒斯公司研制的 TSB 2500 敌我识别系统。

（3）泰勒斯公司研制的 DR 3000 电子支援设备的机载型。

（4）5 个操纵员工作站。

（5）增强的设备冷却系统。

（6）可提供 Link 11、Link 14 和 Link 16 等数据链。

系统配置与巴西空军的预警机略有不同，敌我识别、ESM、通信电台和加密数据链等设备由希腊提供并在其国内组装试飞，与北约 E－3 预警机等装备互通。2001 年初墨西哥政府也购买 1 架 EMB－145SA 预警机用于边境巡逻和打击毒品走私，系统配置与 R－99A 基本相同。

瑞典空军改进现有的 Saab 100B 系统，提升为 Saab 100D，把操纵员显示控制台增加到 3 个，使其具有独立的预警和指挥引导能力，除在国内执行任务外还可参加北约的作战行动。瑞典还着手加装符合北约标准的敌我识别系统、Link 16 数据链和超短波抗干扰电台（技术状态与希腊空军的 EMB－145 预警机相似）。到 2015 年，再将载机由现在的 Saab 340 换成 Saab 2000，增加飞行高度和续航时间。

5　"楔尾"（Wedgetail）预警机

5.1　概述

"楔尾"（Wedge Tail）空中预警与控制系统以波音公司的 737－7001GW（增重型）飞机为载机（机体比 E－3 预警机小，属于中型），以西屋公司（现在是诺斯洛普·格鲁曼公司的电子传感器与系统部）的"多任务电子扫描阵列"（MESA）有源相控阵雷达作为监视雷达，该机于 2004 年 5 月首飞。澳大利亚与波音公司签订合同，订购 6 架，土耳其和韩国分别订购了 4 架，包括地面保障设备。

"楔尾"预警机的 MESA 雷达工作在 L 波段,天线安装型式为"背鳍式",长 10.82m,固定在机背上 T 形截面的长条状整流罩内,两侧面各有一个天线阵面,其波束覆盖飞机两侧各 120°,其上还有一个扁平雷达罩的"顶帽"结构阵面覆盖前后各 60°,合起来可以在方位上覆盖 360°。这种独特的天线结构用组合在一块的 3 个阵面就提供了 360°的方位覆盖,并且保持了背负式天线阵的低阻力外形。支撑结构采用一种先进的三层复合式超轻泡沫夹层结构(也称为"三明治"式结构),使雷达天线重量远小于同类系统。与首飞时相比,真正装备后的雷达天线罩比最初设计的略微加高。此外,该雷达天线也为敌我识别系统共享,进一步减少了全系统的重量,提高了可靠性,简化了目标的相关处理。该雷达有两种工作体制:脉冲多普勒体制,用于探测和跟踪陆上低空目标;普通脉冲雷达体制,用于探测和跟踪海上目标。在机体方面,为了抵消机背上长条天线整流罩对空气动力效应的负面影响,波音公司在后机身下方增加了两条导流片。

E-737 的任务电子系统如下:

(1)S 模式的敌我识别询问器。

(2)通信设备:包括 3 部 HF 电台、6 部 VHF/UHF 电台、4 部 UHF 电台 Link 4、Link11 和卫星通信终端等。

(3)电子支援设备:美国政府不允许提供 ESM 系统,因此 ESM 采用的是以色列 ELTA 电子工业公司生产的 EL/L-8300 系统的衍生型。

(4)自卫设备:自卫系统由 BAE 公司澳大利亚分公司提供。

(5)任务计算机:采用开放式体系结构(OSA),软硬件的 80% 选用现成民用产品。

(6)6 个显控台(可增至 10 个):6 名~10 名任务电子系统操纵员。

载机机头下部安装有 AN/AAQ-24(V),"复仇女神"新型定向红外对抗系统,由导弹预警子系统和干扰发射子系统组成,主要用于在红外制导导弹攻击飞机时提供告警和对抗。

5.2 "楔尾"(Wedgetail)的主要性能

1. 飞机技术数据

(1)载机尺寸:机身长 33.6m,翼展 35.7m,机高 12.5m。

(2)载机动力与载荷:2 台发动机 CFM56-7B24,单台额定推力 118kN,空重 45.6t,最大起飞重量 77t~78t。

(3)载机性能数据:最大飞行速度 1010km,巡航速度 852km,正常飞行高度 9100m~12200m,最大续航距离 4900km,中速巡航时间约 9h,具备空中加油能力。

2.　机载相控阵监视雷达 MESA

（1）工作频段：1.2GHz ~ 1.4GHz。

（2）体制：有源相控阵。

（3）波束宽度：2° ~ 8°（可选）。

（4）扫描范围：360°（方位）。

（5）扫描周期：3s（对海探测），12s（典型对空探测和对海探测组合模式），40s（对空探测和对海探测的增程组合模式）。

（6）重复频率：中重频（对空探测）和低重频（对海探测）。

（7）作用距离：370km（对战斗机大小的目标）。

（8）跟踪目标：同时 3000 批。

（9）天线罩尺寸：长 9.8m，高 2.1m（短边）到 2.7m（长边）。

（10）质量：约 2270kg。

3.　电子支援设备（ESM）EL/L – 8300

EL/L – 8300 是以色列 ELTA 公司的产品，其衍生型已用在澳大利亚皇家空军 AP – 3C 海上巡逻飞机上，具体指标如下：

（1）工作频段：0.5GHz ~ 18GHz。

（2）瞬时带宽：4GHz。

（3）灵敏度：– 70dBm ~ 80dBm。

（4）测向精度：2°（RMS）。

（5）方位覆盖范围：360°。

（6）仰角覆盖范围：135°。

（7）系统质量：175kg。

据 2009 年 4 月 15 日《简氏防务周刊》报道，3 月 16 日波音公司成功演示了从澳大利亚皇家空军 E – 737"楔尾"预警机上同时指挥控制 3 架"扫描鹰"（ScanEagle）无人机。在美国华盛顿州进行的这次飞行表演是一个重要里程碑，因为它证明对无人机的操纵可以综合到预警机战斗管理软件中。这意味着美国空军使用无人机将减少对专用地面站的依赖。期间，预警机上的操纵员用波音公司的无人机战斗管理软件，经由一条 UHF 卫星通信数据链和地面站中继，发布基于北约标准的传感器和飞行器指令。

3 架"扫描鹰"无人机从东俄勒冈州波音公司博德曼试验场升空，距离在空中的"楔尾"预警机约 190km。预警机上的操纵员指令无人机进行地域搜索、侦察、点状监视和目标指示，验证了范围更广的感知能力，持久的情报、监视与侦察（ISR）能力，有人、无人机混合编队能力及实时回传地面目标视频能力。

"扫描鹰"无人机装载惯性稳定的光电和红外线照相机，能探测、跟踪地面固定目标和活动目标，能在 4880m 高度巡航 24h 以上。

另据2009年6月3日《简氏防务周刊》报道,在澳大利亚举行的"阿纳姆雷"演习后期,"楔尾"预警机由堪培拉飞到悉尼北部的威廉姆顿皇家空军基地,对2架"扫描鹰"无人机成功进行控制,无人机从南澳大利亚州伍默拉试验场向西南方向飞行约1730km。

总的看,"楔尾"因其先进的技术和较好的性能受到许多国家的关注,有可能成为近年来销量最大的陆上预警机。澳大利亚、韩国和土耳其等国均决定采购这一新型预警机。澳大利亚订购的4架已于2009年开始交付。韩国空军已于2011年9月在庆南金海空军基地举行了首架该型预警机的接收仪式,韩国称为"和平之眼"(Peace eye)。韩军国防部部长表示,"和平之眼"收集的情报能够使韩军先于敌人行动一步,将成为保卫半岛不受外敌威胁的"安全堡垒"。

6 "费尔康"(Phalcon)系列预警机

6.1 "费尔康"机载预警系统

20世纪80年代初,以色列飞机公司(IAI)所属的埃尔塔(ELTA)电子工业公司认为采用有源相控阵雷达技术已经成熟,遂开始研制"费尔康"(Phased Array L – band Conformal,Phalcon)雷达,代号为EL/M – 2075。该雷达的天线由多个固态有源相控阵列组成,主要子阵列紧靠在机身的外侧面(即所谓的共形),对飞机空气动力特性的影响相对较小,而且雷达波束不致被机体遮挡,在机头和机尾还安装有小的阵列天线,以覆盖前后方向。

除预警雷达外,任务电子系统还包括:

(1)固态相控阵单脉冲敌我识别设备EL/M – 2610,用单脉冲技术实现方位测量。

(2)电子支援(ESM)/电子情报(ELINT)系统EL/L – 8312,用到达时间差(DTOA)技术获得精确的方位数据。

(3)通信支援(CSM)/通信情报(COMINT)系统EL/K – 7031,能覆盖全部通信频段(UHF、VHF和HF),采用一个数据记录装置把感兴趣的情报从操纵员控制台转送到任务指挥员控制台。

(4)计算机系统,是松耦合的分布式系统,即由3条数据总线(MIL – STD – 1553B)连接的多台计算机,雷达信号处理器的处理速度为12亿次/s。

(5)控制台,包括3个雷达操纵员控制台,1个任务指挥员控制台,2个ESM/ELINT工作站,1个CSM/COMINT工作站。

(6)通信系统包括以色列自行开发的ACR – 70数据链和4部UHF电台。

1993年5月"费尔康"系统通过了首飞测试,6月便在巴黎航空展中亮相。随后智利空军订购了一架以波音707为载机的"费尔康"系统,并于1995年5月交付使用(就是通过飞行测试的那架飞机),智利空军称为"神鹰"(Condor)预警机。智利国土狭窄,高山遍布,边界和海岸线很长,地面雷达很难满足防卫要求,转而依靠预警机。

"神鹰"预警机所配备的监视雷达 EL/M – 2075 与以色列 ELTA 公司原始设计方案不同,原始设计共包括6个天线阵(机身两侧前、后各有1个长方形天线阵,机头有1个圆形天线阵,机尾下部有1个小天线阵),可实现360°全方位覆盖。"神鹰"预警机为了降低成本,只有3个天线阵(机身两侧和机首),总共使用了256个固态发射/接收(T/R)组件,每个组件与阵列天线中的一列辐射单元相连(机身两侧的天线阵各有96列,机头天线阵有64列)。该预警机上还安装有电子支援设备(ESM)和通信支援设备(CSM),以及一套C波段的地空数据链,13个显示控制台。

1. 波音707"费尔康"预警机的技术数据

(1) 载机尺寸:机身长 4.61m,翼展 44.42m,机高 12.93m。

(2) 载机动力与载荷:动力装置为4台 P&W 公司的 JT3D – 7 涡轮风扇发动机,每台推力为 8626kg;空重 80t,最大起飞重量 150t。

(3) 载机性能数据:最大飞行速度 880km/h,升限 11885m,最大续航距离 6920km,续航时间大于 10h。

(4) 机上乘员:飞行员3人,任务电子系统操纵员6人~13人。

载机除采用波音707外,还可根据客户要求选用伊尔 – 76、波音767和747、C – 130和空中客车 A300 系列等。1998年,以色列飞机公司与美国雷声公司联合参与澳大利亚预警机竞标的方案是以空中客机 A310 – 300 为载机,但未夺标。

2. L波段相控阵监视雷达 EL/M – 2075

EL/M – 2075 雷达共3个天线阵,每个天线阵都安装在一个"浮动座"上,以尽量减小机体弹性变形(如因收/发组件被液冷时所致)对发射方向图的影响。在组件级实现最初的信号处理,再通过"控制单元/信号处理器/任务计算机"完成数据分析并生成显示图像。其主要参数如下:

(1) 工作频段:1.28GHz ~ 1.4GHz。

(2) 脉冲重复频率:2kHz ~ 4kHz。

(3) 天线尺寸:12m × 2m(机身两侧),2.9m(机头)。

(4) 收/发组件:256个。

(5) 发射功率:15W/组件。

(6) 扫描范围:260°(方位)。

(7) 目标识别时间:2s ~ 4s。

(8) 探测距离:370km(对战斗机大小的目标),180km(对直升机)。

(9) 跟踪目标容量:100(最大)。

3. 电子情报/雷达频段电子支援设备(ELINT/ESM) EL/L - 8312

EL/L - 8312 与监视雷达 EI/M - 2075 和其他传感器配合工作,提供全方位的同步覆盖。该系统采用窄带超外差接收和宽带瞬时测频技术,提高了截获空中和地面辐射源的概率和精度。利用两个工作站和到达时间差测量法(DTOA),可在数秒钟内识别辐射源并测定其方位。EL/L - 8312 系统由 EL/L - 8312 R 微波接收机、EL/L - 8321 脉冲数字化仪、EL/S - 8610 计算机和 EL/S - 8570 字符显示器等单元组成。具体参数如下:

(1) 覆盖频段:0.5GHz ~ 18GHz,可扩展至 40GHz。

(2) 测向精度:优于 1°(均方根值)。

(3) 测频精度:1MHz。

(4) 频率分辨力:优于 1MHz。

2000 年 7 月,以色列开始与印度谈判购买预警机,载机按印度空军的要求选用俄制伊尔 - 76 运输机,相控阵雷达由以色列埃尔塔公司研制和生产。雷达采用传统的背负圆罩方式。与 E - 3 一样,机身上面也有一个"大蘑菇"罩,罩内安装天线。不同的是圆罩固定不动,罩内不是一个天线而是有 3 个天线。3 个天线呈等边三角形布置。三角形一边与机身纵轴方向垂直,顶角指向机尾。3 个天线在计算机控制下以电子扫描方式实现 360°方位覆盖。雷达的基本工作方式有高脉冲重复频率搜索和全跟踪、边扫描边跟踪、慢扫描旋停/低速直升机探测、低脉冲重复频率舰船探测工作方式等。这些模式可重叠使用,以提供任一扇区中的多模式作战功能。雷达还可以无源模式工作,探测和跟踪干扰发射机。其载机为伊尔 - 76TD 运输机。印度订购了 6 架,2009 年上半年开始交付。据报道,雷达对常规战斗机目标的探测距离为 370km,对海面大型舰船探测距离为 400km。这种布局方式的优点是飞机改装技术成熟,主要的缺点是罩内 3 个天线阵面、大量的发射和接收模块以及电源、冷却等设备很重,为保证结构强度又使罩体质量增加,从而减少了续航时间。

6.2 "湾流"G550("海雕")预警机

以色列并未装备以波音 707 为载机的预警机,主要原因在于两个方面:一是以色列空军装备的波音 707 多为电子战飞机,已经接近使用寿命;二是以色列当时已经拥有多架美制侦察机、自制无人机和侦察卫星等,基本建立了从地面到太空的立体侦察网,能够对邻国实施全方位侦察。2001 年年底,以色列空军向美国湾流航宇公司订购了 1 架用于情报侦察的"湾流"G - V 飞机。2003 年 4 月,国防部再次购买 4 架全新的"湾流"G550 商用喷气机及另外两架的优先采购权,湾流航宇公司提供大规模改装,使其中的 3 架成为预警机的合格载机,另一架改装成信号情报(SIGINT)飞机。

"湾流" G550 公务机翼展 28.5m,机身长 29.39m,高 7.87m。2 台 Rolls-Royce BR710C4-11 涡扇发动机,发动机功率 2×68.4kW,最大推力载荷 302 kg/kN。最大飞行速度为马赫数 0.885,巡航高度可达 15540m,机舱容积 47.26m³。任务飞行高度 12500m,使用空重 21909kg,最大燃油重量 18733kg,最大起飞质量 41314kg。G550 平台能够在起飞后 10min 内直接飞到 12500m。续航能力 9h,航程 12310km,座位 14 到 18 个(含飞行员)。

以色列将 EL/W-2085 共形相控阵预警雷达和改装的"湾流" G550,即机载综合信号情报系统(AISIS)一起构成的系统称为"海雕"(Eitam),以色列飞机工业公司(IAI)子公司埃尔塔系统公司从 20 世纪 90 年代末开始承担该项研制任务。据英国《简氏防务周刊》和《简氏国际防务评论》报道,2006 年 12 月进行了加装雷达后的首飞。到 2007 年 3 月,以色列空军第 122"先锋"(Nachshon)中队已接收 2 架该型预警机。该机配备的专用模拟平台可以在飞机交付之前训练机组人员,使得整机交付之后迅速体现战斗力。

7 "海王"(Seaking)预警直升机

7.1 概述

"海王"预警直升机是英国在 20 世纪 80 年代研制的舰载预警直升机,主要配属英国皇家海军的"无敌"级轻型航空母舰,首批于 1985 年交付使用,称为"海王"AEW Mk2。

"海王"AEW Mk2 预警直升机的主要任务电子系统如下:

(1) Thorn-EMI 电子公司开发的名为"水面搜索"的海洋监视雷达。

(2) 科索(Cossor)公司的 IFF 3570 敌我识别系统。

(3) 雷卡(Racal)公司的 MIR-2 电子支援设备。

(4) 一套改进的通信系统。

(5) 两个显示控制台(采用的是黑白显示器)。

随着时间的推移,"海王"AEW Mk2 预警直升机日渐落后,加之缺乏数据链设备,经常不得不退出与美国和北约部队的联合行动,也不适应现代海军从单纯海上防空转向沿海和陆上作战支援的任务变化。1995 年,英国决定对"海王"AEW Mk2 预警直升机进行全面升级。1997 年,英国皇家海军选择雷卡防务公司为全面升级的主承包商(1999 年汤姆逊无线电公司收购了雷卡公司,现称为 Thales 公司),韦斯特兰公司则负责质量鉴定和测试,这两家公司组成一个联合工作组负责整个升级工作。全面升级后称为"海王"AEW Mk7 预警直升机,它采用了新的任务系统"瑟贝鲁斯"(Cerberus),其组成如下:

(1) "水面搜索 2000"监视雷达,它在原有雷达的海上搜索工作模式基础上增加了脉冲多普勒工作模式。

（2）AN/APX－113（V），为MkXII4型敌我识别系统。

（3）LN－100G惯性导航/全球定位系统（INS/GPS）。

（4）联合战术信息分发系统（JTIDS）/北约标准的Link 16数据链（是罗克韦尔·柯林斯公司的IDS－2000的衍生型），Have Qiuck保密电台。

"海王"AEW Mk7能为英国皇家海军提供新的空中监视与控制能力（又称为ASaC Mk7），新的任务电子系统能同时跟踪250个目标（空中和海上目标），而且新的任务系统减少了占用的空间，重量也相应减轻，允许飞机多载500磅油料。"海王"AEW Mk7通过JTIDS/Link 16，就可以接入北约的战术信息网，从而与英国皇家海军的"海鹞"FA2舰载战斗机、法国空军的"旋风"F3战斗机、美国海军的战斗机等实现战场情报共享，提高了协同作战能力。2002年5月，两架"海王"AEW Mk7交付给英国皇家海军。同年8月又交付两架，10月其中3架部署在"皇家方舟"航空母舰上。英国在2004年6月前将全部13架"海王"AEW Mk2升级为AEW Mk7。在2003年初的伊拉克战争中，英国皇家海军曾派遣4架"海王"AEW Mk7到海湾地区执行空中支援任务，成为英军在伊拉克南部战场的利器。

7.2 "海王"预警机的主要性能

1. 飞机技术数据

（1）载机尺寸：机身长22.20m，机宽4.98m，机高6m，旋翼直径20m。

（2）载机动力与载荷：动力装置为两台劳斯莱斯GNOME H1400－Ⅱ型涡轮轴发动机，每台最大功率为1600马力，空重5.5t，最大起飞质量10t。

（3）载机性能数据：巡航速度207km，最大平飞速度231.5km，实用升限4480m，最大航程1230km。

（4）机上乘员：3人~4人，其中驾驶员两人，任务电子系统操纵员两人（可有1人兼职）。

预警直升机与固定翼预警机相比，有种种局限性，例如，容纳的任务电子设备较少，升限较低，航速和航程有限，空中值勤时间短。但是，对于缺乏大型航空母舰的国家来说，预警直升机可以为其远洋舰队提供一定程度的空中预警与指挥能力。

2. 机载预警和监视雷达

"海王"AEW Mk2预警直升机采用的是Searchwater 1 AEW雷达，而"海王"AEW Mk7预警直升机采用的是Searchwater 2000 AEW雷达。Searchwater 1 AEW是由原Searchwater 1海洋监视雷达（军用编号为ARl 5980）改进而成，主要是改进了杂波抑制电路和天线。Searchwater 2000 AEW则更新了除天线外的几乎所有部件，并加进了脉冲多普勒技术。Searchwater 2000 AEW与Searchwater 1 AEW相比，提高了探测杂波中的低空目标的性能，扩大了探测距离，增强了可靠性，减少了重量、体积和成本。这两种雷达的天线相同,都安装在机身右侧的一个液压旋转座上的充气天线罩内,当直升机着陆时天线折收在平行于飞机纵轴线的存放位置;当直升机起飞后向下转 90°到垂直于机身纵轴线的工作位置(所需时间约 14s)。

(1) 工作频率:X 波段。

(2) 天线类型:抛物反射面。

(3) 天线罩:1.83m×1.83m。

(4) 作用距离:对雷达散射截面约为 $7m^2$ 的空中目标,工作高度为 3400m,Searchwater 2000 AEW 作用距离约为 225km。

(5) 跟踪目标容量:40(Searchwater 1 AEW),250(Searchwater 2000 AEW)。

3. 机载敌我识别询问器 IFF 3570

Cossor 公司(现为雷声系统公司)的 IFF 3570 与雷达集成于一体。IFF 3570 采用单脉冲技术测量目标方位。具体技术参数如下:

(1) 发射频率:1030 ±0.75MHz。

(2) 接收频率:1090 ±1.5MHz。

(3) 灵敏度:−80.5dBm。

(4) 系统质量:小于 15.9kg。

4. 电子支援设备(ESM MIR −2)

MIR −2 是一种宽频带的数字式接收机系统,包括发光二极管显示器、脉冲分析仪/接收机和 6 端口天线阵列。天线阵列的每个部分含有 2 个螺旋天线和一个射频部件,环绕机体按 60°方位间隔排列。该设备将所覆盖的频段分成 4 个子频段,采用选通脉冲按频率和方位选择信号,以进行脉冲分析和方位分辨,解算出的脉冲重复频率(PRF)以数字格式显示。具体技术参数如下:

(1) 覆盖频率范围:0.5 GHz ~18GHz。

(2) 脉冲宽度范围:0.15s ~10s。

(3) 脉冲重复频率范围:0.1kHz ~10kHz。

(4) 系统质量:47.7kg。

5. 敌我识别应答——询问组合设备 AN/APX −113(V)

Hazeltine 公司的固态 APX −113(V)系统将询问器、应答器和两个密码计算机组装成一个设备,可减少体积和质量。该设备提供了 MkX(选择识别)和 MkⅫ(4 模式)询问/应答功能。天线若安装在机体上,可采用阻力小的电子扫描阵列;天线若与监视雷达天线安装在一起,可采用偶极子阵列。具体技术参数如下:

(1) 询问器作用距离/覆盖范围:185km/ ±60°。

(2) 询问器精度/波束内目标数:152m(距离), ±2°(方位)/32。

(3) 询问器工作模式:1,2,3/A,C,4。

(4) 应答器工作模式:1,2,3/A,4,S。

（5）询问器输出功率：2400W。

（6）应答器输出功率：400W～600W。

（7）系统 MTBF：2000h。

（8）质量：13.6kg。

8 卡-31 预警直升机

8.1 概述

苏联海军受英国成功改装"海王"预警直升机的鼓舞,决定由卡莫夫设计局研制预警直升机,用于装备重型巡洋舰。1985 年,卡莫夫设计局在卡-29 登陆突击直升机(舰载卡-27 的改型)的基础上进行开发研制。1987 年,将 E-801 Oko 监视雷达安装在卡-29 上开始试飞,该样机称为卡-29RLD。设计定型后命名为卡-31舰载预警直升机。目前有多架卡-31 在俄罗斯海军服役。

卡-31 预警直升机的任务电子系统如下：

（1）E-801 监视雷达。

（2）惯性导航系统和多普勒无线电导航系统。

（3）一组 VHF/UHF 电台,地空数据链。

（4）两个任务控制台。

俄罗斯装备的卡-31 预警直升机数量超过 20 架。印度在 1999 年和 2001 年总共向俄罗斯订购了 12 架。卡-31 预警直升机从舰船和运动场上起飞,其机载雷达装在机身下面,天线可收放。对小型船只的跟踪距离约为 240km,能够探测到 120km 远的飞机目标,能够同时跟踪 20 批目标。机上装备"卡布里斯"电子导航系统,具有地形绘图能力,可以在监视器上同时反映雷达、有关目标和周围空域的其他信息。

8.2 卡-31 的主要性能

1. 飞机技术数据

（1）载机尺寸：机身长 11.6m,旋翼直径 15.9m,机高 5.5m。

（2）载机动力与载荷：动力装置为两台克里莫夫 TV3-117VK 发动机,每台功率 2200 马力空重 5.5t,最大起飞质量 12.5t。

（3）载机性能数据：最大飞行速度 255km,巡航速度 220km,升限 3700m,最大航程 680km,续航时间以 100km 的速度在 3500m 高度巡航时,可续航 2.5h。

（4）机上乘员：1 名驾驶员,1 名雷达操纵员兼导航员。

2. 机载预警和海洋监视雷达 E-801

E-801 是固态相控阵雷达,用作监视雷达时安装在机腹的旋转基座上,主要技术参数如下：

（1）工作频段：S 波段。

（2）探测距离：对歼击机类空中目标可达 100km～150km，对水面舰艇的探测距离约 250km。

（3）天线尺寸：5.75m×1m。

（4）扫描范围：方位 360°（机械旋转扫描）。

（5）天线转速：6r/min。

（6）天线质量：200kg。

（7）同时跟踪目标：20 批。

不使用天线时，将天线翻转 90°紧贴机身底部平放；使用天线时，4 个机轮需收回以免影响天线旋转。

9 "防御者"（Defencer）预警机

9.1 概述

英国托恩（Thorn）–EMI 公司在成功研制"海王"预警直升机的"水面搜索"雷达的基础上，1984 年—1986 年又研制成轻小紧凑的 X 波段"空中霸王"雷达，其信号处理能力和操作软件都有了较大改进。X 波段虽然大气衰减较大，但是可以使用尺寸较小的天线，设备紧凑轻小。1988 年，"空中霸王"雷达安装在皮拉图斯/布里坦·诺曼公司（PBN）的小型飞机 BN–2T"防御者"的机头，进行了试飞。机上还配备了 UHF 电台和 1 个～2 个显示控制台。为进一步减轻质量并节省空间，信号处理设备和计算机等也安装在显示控制台内，有关信息经数据链传送到地面或舰船控制站。

PBN 公司的"防御者"飞机在小型飞机中是较为出众的，牢固的机身能承载预警系统的重量，短距离起降能力可以保证在简易机场起降，双发动机和低速巡航性能可获得较长的续航时间，更重要的是运行费用低（约 150 英镑/小时）。继与Thorn–EMI 公司合作之后，PBN 公司又与美国合作，把西屋公司的多功能机载雷达 AN/APG–66SR 和红外探测器 WF–360 等安装在 BN–2T"防御者"飞机上，于1992 年推出了"防御者"4000 多传感器监视飞机（MSSA），飞机也换装了马力更大的发动机。该机在 1994 年法因堡航空展中正式亮相，后来土耳其曾签约订购。"防御者"4000 多传感器监视飞机的任务电子系统如下：

（1）西屋公司的 AN/APG–66SR 雷达。

（2）西屋公司的 WF–360 前视红外探测器。

（3）利顿公司（Litton）的 LTN–22 导航设备。

（4）ARC–164 型 UHF 数据传输设备。

9.2 "防御者"的主要性能

1. 飞机技术数据

（1）载机尺寸：机身长 10.86m，翼展 17.20m，机高 4.18m。

（2）载机动力与载荷：动力装置为两台艾利森（Allison）250 - B17F - 1 涡轮螺旋桨发动机（400 轴马力 ×2），空重 2.07t，最大起飞重量 3.63t。

（3）载机性能数据：最大飞行速度 418km，巡航速度 326km，升限 7622m，最大续航距离 1863km，值勤时间 8h。

（4）机上乘员：4 人，飞行员和电子设备操纵员各两名。

任务电子系统

2. 机载多功能雷达 SkyMaster

（1）雷达工作频段：9.5GHz ~ 10GHz，频率可捷变。

（2）发射功率：50kW（峰值），550W（平均）。

（3）未压缩脉冲宽度：17.8μs（脉冲模式），3μs（脉冲多普勒模式）。

（4）压缩后脉冲宽度：135ns。

（5）输出级：行波管放大器。

（6）天线尺寸：1.4m（宽）×0.9m（高）。

（7）波束宽度：1.5°（方位）× 3.9°（仰角）。

（8）天线增益：38dB。

（9）扫描方位范围：360°（方位）。

（10）扫描速率：可变，最大为 24r/min。

（11）作用距离：120km ~ 130km（对 F4 战斗机），370km（对海上军舰），65km（对潜艇通气管）。

（12）自动跟踪能力：100 个空中目标，32 个海面目标。

（13）质量：400kg。

（14）供电要求：8kW。

3. 机载多功能雷达 APG - 66 SR

该雷达具备空中预警、海面搜索和地面动目标指示等功能，由 AN/APG - 66 雷达（F - 16A/B 战斗机的火控雷达）加上 AN/APG - 68 雷达的可编程信号处理设备组成，天线更换为更大的平板天线，安装在机头靠下的位置。部分技术参数如下：

（1）工作频段：9.7GHz ~ 9.9GHz。

（2）天线尺寸：1.3m ×0.8m。

（3）方位扫描：360°（下视），270°（上视，后面有 90°盲区）。

10　国外部分气球载雷达

10.1　AN/DPS-5 雷达

AN/DPS-5 监视雷达是美国浮空器上早期使用的雷达,由通用电气公司制造。AN/DPS-5 监视雷达是一种"临时的"单通道传感器,工作在 S 波段 3.1GHz 频率附近,采用旋转抛物面天线,极化可变。数据处理在地面站进行,可进行数字处理,能同时从两个浮空器接受输入(附表 10.1.1)。

1974 年,当时的通用电气公司与美国空军签订了合同,提供 4 部 AN/DPS-5 雷达用于"Seek Skyhook"监视浮空器系统,3 个位于 Cudjoe Key and Cape Canaveral (都在佛罗里达州),后来都为该公司开发的 L-88 雷达系列代替。

附表 10.1.1　性能参数表

工作频段	点频 3.1GHz 附近	天线尺寸	6.71m×3.81m
作用距离	约 270km(雷达高度 3600m,常规战机)	天线转速	5r/min
分辨力	距离 152m 方位 1°	极化形式	圆/水平,或垂直/水平
		空中持续时间	5 天(正常),12 天(最大)
天线类型	旋转抛物面	重量	454kg

10.2　AN/TPS-63

诺斯罗普·格鲁曼公司的 AN/TPS-63 雷达在用于浮空器时作了相应改进,命名为 AN/TPS-63(S)或 AN/TPS-63M(S)(附图 10.2.1)。

附图 10.2.1　在 TCOM 公司浮空器中使用 TPS-63 雷达

雷达工作频率范围在 $1\mathrm{GHz} \sim 2\mathrm{GHz}$,采用固态数字 MTI 体制,对 $1\mathrm{m}^2$ 雷达散射截面的空中目标探测概率90%条件下,作用距离约150km。抗干扰措施包括频率捷变和脉冲重复频率参差(附表10.2.1)。

其他的系统技术特征包括射频灵敏度时间控制(减小来自靠近地面反射的杂波)、相位编码的发射脉冲、同相正交和编码信号处理(改进检测和杂波抑制)和数字虚警率处理(管理接收机灵敏度)。

附表 10.2.1　性能参数表(基于地基基本型)

工作频段	L 波段(1225MHz ~ 1400MHz 内频率可选,双重分集)	天线转速	6r/min,12r/min 或 15r/min
		极化形式	垂直
作用距离	150km	天线增益	32.5dB
		波束宽度	方位 2.7°
覆盖范围	方位 360° 仰角 40°(12km 高度覆盖)	峰值功率	45kW
		脉冲宽度	64μs 或 99μs(双重频率)
分辨力	距离 152m ~ 190m 角度 2.7° ~ 2.9°	脉冲重复频率	300 Hz、375 Hz、500 Hz、750 Hz
		接收机类型	电调谐接收机
测量精度	距离 150m 方位 0.35°	通道数	2(双重频率)
		动态范围	123dB
数据率	4s,5s 或 10s	MTI 改善因子	60dB
天线类别	线性馈源抛物柱面反射器	可靠性	MTBF > 2000h MTTR < 30min
天线尺寸	4.9m × 5.5m	电源与功耗	50Hz 或 60Hz,20kW
		质量	3400kg

10.3　AN/APG – 66SR

诺斯罗普·格鲁曼公司的 AN/APG – 66SR 是从 AN/APG – 66 机载火控雷达系列衍生出来的,从结构上看,APG – 66SR 装置包括两个陀螺仪系统以保持精确的仰角指向和正北基准的方位指向角(附图10.3.1)。

AN/APG – 66SR 雷达提供 7 种工作模式(附表10.3.1):

(1)中脉冲重复频率对空监视。

(2)非相参、频率捷变、低脉冲重复频率海上监视。

(3)具有杂波对消的相参多普勒海上监视。

(4)地面 MTI。

(5)8 GHz ~ 12.5 GHz 频段信标询问。

(6)气象监视。

附图 10.3.1　AN/APG－66SR 雷达

（7）真实波束变换（Beam mapping）。

附表 10.3.1　性能参数表

工作频段	9.7GHz～9.9GHz	天线转速	0.5r/min～3r/min
作用距离	59km（GMTI,10m² 目标，9km/h 最小速度） 74km（海上监视，10m² 目标，0km/h 最小速度,海况 2 级） 74km（海上监视，50m² 目标，19km/h 最小速度,海况 2 级） 83km（对空监视，2m² 目标,102km/h 最小速度） 148km（测量和对空监视，10m² 目标，102km/h 最小速度）	极化形式	垂直
		天线增益	42dB
		副瓣电平	－40dB（方位）
		天线指向精度	5mrad
		波束宽度	方位 0.75° 仰角 2.25°
		发射机类别	栅控行波管,非编码波形
		峰值功率	17.5kW
		平均功率	200W
覆盖范围	方位连续 360°或扇扫 仰角 ± 20°	脉冲宽度	0.285μs～4μs
		脉冲重复频率	500Hz～15 kHz
天线类别	平板裂缝阵	接收机噪声系数	4.3dB
天线尺寸	1m×3m	杂波下可见度	60dB
稳定平台	两个陀螺仪系统	距离门	128

10.4　L-88(L-88A/L-88(V)3)

1987年,通用电气公司(1992年由Martin Marietta公司购买,现在是洛克希德·马丁公司的一部分)为浮空器应用开发了L-88雷达(附图10.4.1)。

附图10.4.1　安装在TCOM 71M浮空器上的L-88雷达天线

L-88浮空器载监视雷达是固态双通道全相参的设备,采用了在AN/FPS-117、AN/TPS-59和AN/DPS-5设计中的技术优点。

L-88(V)3雷达在L-88系列技术基础上,融合了当代最新商业技术以满足用户的性能要求,而且减轻了总安装质量。

该雷达系统包括平台、遥测系统和雷达控制/情报台。第一套雷达系统于2003年后期交付使用。L-88(V)3雷达促使空军改进TARS网的功效。洛克希德·马丁公司又接受了400万美元的定单交付第二部美国空军TARS L-88(V)3雷达并改进用于边界安全的沿着海岸和内陆边界从波多黎各(Puerto Rico)到加利福尼亚(California)部署的现有的系统,直到2008年。美国空军择选了L-88(V)3雷达,装在420K浮空器上,作为TARS网的标准构型。除了Cudjoe Key站外,所有运行的TARS站都使用标准的420K/L-88构型。

420K浮空器长63m(209英尺),最宽处的直径21m(69英尺)。L-88雷达连接在浮空器的下面,用织物防风罩包封。8.8m(29英尺)的雷达天线在防风罩内旋转,提供360°覆盖,作用距离达370km。L-88(V)3具有L-88A相同的特性,但只有8行天线,代替了L-88A的16行天线,并采用了比L-88A小的主电源。质量约317kg,比L-88A型轻。

L-88雷达系列是美国浮空器上装载的主要雷达,代替了早期浮空器上装载的AN/DPS-5雷达。420K浮空器/L-88(V)3雷达是美国空军TARS系统的标准构型,也安装在 TCOM 公司的 71M 浮空器上。由于 L－88(V)3 雷达重量较轻,能安装在较小的浮空器上,如 Cudjoe Key(佛罗里达州)站的 275K 浮空器(附表10.4.1)。

附表 10.4.1　性能参数表

工作频率	1215MHz ~ 1400MHz	调制	FM(调频)
作用距离	19.5km ~ 278km 或 19km ~ 370km	接收机通道数	2
		动态范围	90dB(包括 STC)
覆盖范围	方位 360°(有 4 个操纵员选择的"禁止"扇区)	STC	数字,8 个距离功能,8 个操纵员可选扇区(共 31 dB)
天线类型	成形抛物面	中频频率	75MHz 和 390MHz
天线行数	8 行(L－88(V)3) 16 行(L－88A)	系统噪声温度	418K(含天线和馈线损耗)
		灵敏度	－111dBm
天线尺寸	5.2m×8.8m 3.96m×7.62m(L－88A,L－88(V)3)	信号处理类型	数字,2 个独立通道(每个有 MTI 和正常视频)
天线稳定	重力阻尼	距离量程	278km,370km
天线转速	5r/min	抽样率	1.67MHz
极化形式	垂直	脉冲压缩	162:1 和 200:1
天线增益	35.5 dB	加权	线性调频(加权)或非线性调频操纵员选择
天线倾斜	－1.5°(可调)	MTI 滤波器	8
波束宽度	方位 1.9°(也有报道 2.3°) 仰角 3.5°(也有报道 5.0°)	MTI 滤波器凹口宽度	9km/h,14km/h,19km/h,23km/h,28km/h,37km/h,46km/h 或56km/h(随雷达工作模式选择而定)
副瓣电平	方位 －22 dB(1300MHz 中心频点)	杂波锁定	约 3000 个独立区域
发射机类型	固态	视频积累器	滑窗
频率分集/捷变	15 MHz(脉间,L－88A:5 对)	A/D 变换器	12 位(包括符号)
峰值功率	约 9.0kW(L－88(V)3,环流器输出) 约 16.6kW(L－88A,环流器输出)	直流偏移	自动校正
		恒虚警率	滑窗(60 单元)
平均功率	801W ~ 875W(L－88(V)3) 1478W ~ 1614W(L－88A)	对数/FTC	线性/对数功能加操纵员可选 FTC
脉冲宽度	2 序列,130μs 或 160μs	质量	590kg(L－88(V)3) 1021kg(L－88A)
脉冲重复频率	369 Hz,304 Hz(平均)		

10.5　E-LASS/ATLASS 雷达

诺斯罗普·格鲁曼公司的 E-LASS(增强型低空监视系统)雷达是 AN/TPS-63 战术防空/空中交通管制雷达的改进型,用于最大升空高度为 4572m 的系留气球(附表 10.5.1)。

附表 10.5.1　性能参数表(E-LASS)

工作频段	L 波段(1215MHz~1350MHz)	平均功率	1.1kW
作用距离	278km(2m² 目标,Swerling Ⅰ类目标)	脉冲宽度	99μs
		脉冲重复频率	375Hz(平均)
天线类别	抛物面反射器	接收机噪声系数	<3 dB
天线转速	5r/min	杂波抑制	>60 dB
极化形式	垂直	A/D 转换器	12 位,1MHz
波束宽度	2.2°	相位压缩比	99:1
峰值功率	30kW	工作高度	>4000m

E-LASS 雷达系统具有下视、空中目标 MTI、独立的空中和地面目标探测通道、陀螺仪稳定的正北参考、编码波形以及异步回波滤除设计。

到 2001 年 11 月,美国海关总署已购买 4 个装备 E-LASS 雷达的 TOCM 71M 型 Sowrball 低空监视浮空器。作为海关总署 TARS 的组成部分,4 个系统部署在美国的 Matagorda(德克萨斯州)、Horseshoe Beach(佛罗里达州)、Morgan City(路易斯安那州)和 Great Inagua Island(巴哈马群岛)。E-LASS 雷达也已销售给了以色列、科威特、沙特阿拉伯和阿拉伯联合酋长国。

10.6　APR 雷达

以色列承包商 Elta Systems 公司开发了浮空器可编程雷达(APR),该雷达特定为 TCOM 公司的 71M 浮空器使用设计,是从该公司的 1GHz~2GHz 波段 EL/L-2080 Green Pine(绿松)地基相控阵搜索、截获和火控雷达衍生而来,替代早期浮空器载的诺斯罗普·格鲁曼 AN/TPS-63 雷达。APR 是三坐标传感器,能截获和跟踪高空和低空的目标,后者包括巡航导弹、无人空中飞行器(UAV)、直升机和滑翔机。

10.7　AN/APS-143(V)雷达

AN/APS-143 是一种轻型行波管雷达,采用脉冲压缩技术,具有较强的探测能力,分辨力高,杂波抑制能力强,平均功率高,收发机可靠性高。该系统的信号处理器具有边搜索边跟踪、扫描变换和数据总线接口(附表10.7.1)。

附表 10.7.1 性能参数表

工作频率	9.25GHz~9.70GHz	压缩比	70:1,240:1
发射机类别	行波管	脉冲重复频率	2500Hz,1510Hz,750Hz,390Hz
峰值功率	8kW(最小),10kW(额定)	质量	<110kg(包括显示器)
脉冲宽度	5.0μs 和 17.0μs(未压缩) 0.1μs(压缩后)		

附录 2　世界各国和地区预警机装备情况

据不完全统计,目前世界各国和地区装备的预警机达十余种型号,总数超过300架,具体情况见附表。

附表　世界各国和地区预警机装备情况

国家或地区	预警机型号	数量/架	装备交付时间
美国	E-2C	78	1973 年
	E-3B/C	33	1977 年(1 架试验机)
	E-8C	19	1990 年
	P-3 Orion	4	1993 年
	C-130	1	20 世纪 80 年代
加拿大	P-3 Orion	4	20 世纪 80 年代
俄罗斯	A-50	26	1984 年
	卡-31	约20	1992 年
北约组织	E-3A	17	1982 年
英国	E-3D	7	1991 年
	"海王"直升机	13	20 世纪 80 年代末
法国	E-3F	4	1991 年
	E-2C	3	1994 年
意大利	EH101	4	2003 年
希腊	EMB-145H	4	2008 年
瑞典	S-100B	6	1994 年
土耳其	"和平鹰"(波音 737)	4	2012 年
	"防御者"	不详	20 世纪 90 年代

（续）

国家或地区	预警机型号	数量/架	装备交付时间
日本	E－2C	13	20 世纪 80 年代初
	E－767	4	1998 年
韩国	E－737"和平之眼"	4	2010 年
印度	伊尔－76(配以色列产 AEW&C)	3	2009 年
	卡－31	12	2003 年
巴基斯坦	S－2000(装"爱立眼"雷达)	3	2008 年
	ZDK－03	4	2010 年
泰国	S－100B	1	2009 年
新加坡	E－2C	4	1983 年
	"湾流"G550Eitam	4	2008 年
中国台湾	E－2T	4	1995 年
	E－2K	2	2006 年
澳大利亚	"楔尾"("和平鹰")	4	2009 年
埃及	E－2C	4	20 世纪 80 年代
沙特阿拉伯	E－3A	5	20 世纪 80 年代
阿拉伯联合酋长国	S－100B	2	2011 年
以色列	E－2C	3	20 世纪 80 年代
	"湾流"	2	2007 年
巴西	EMB R－99A	5	2002 年
智利	"神鹰"F－3	1	1995 年
墨西哥	E－2C	3	2004 年以色列转售

参 考 文 献

［1］斯塔夫里阿诺斯. 全球通史——从史前史到 21 世纪. 第七版. 北京:北京大学出版社,2005.

［2］郦能敬. 预警机系统导论. 北京:国防工业出版社, 1998.

［3］曹晨. 预警机——信息化战争中的空中帅府. 北京:电子工业出版社,2009.

［4］Edwin Leigh Armistead. AWACS and Hawkeyes – the complete history of airborne early warning aircraft. MBI publishing house, USA. 2002 .

［5］陆俊英. 2008 年世界预警机发展综述. 世界空军装备,2009(2):25 – 41.

［6］陆俊英. 2009 年世界预警机发展综述. 世界空军装备,2010(2):23 – 33.

［7］陆俊英. 2010 年世界预警机发展综述. 世界空军装备,2011(2):28 – 36.

［8］Martin Streetly. Electronics eyes on wings and rotors:sensors improved for enhanced airborne early warning. Jane's International Defense Review, 2005, November, 56 – 62.

［9］左群声,赵玉洁. 提高预警机探测系统反隐身能力研究. 电子科学技术评论, 2004(1):30 – 41.

［10］贲德,韦传安,林幼权. 机载雷达技术. 北京:电子工业出版社.2006.

［11］Mochin C William. Aiborne Early Warning Radar. Artech House,1989.

［12］徐胜,罗乖林. 预警机系统组成及发展趋势,世界空军装备,2008,1:43 – 51.

［13］张光义,赵玉洁. 相控阵雷达技术 . 北京:电子工业出版社. 2006.

［14］Barton D K. 雷达系统分析和建模. 北京:电子工业出版社.2008.

［15］刘波,刘宝泉,陈春晖. 机载预警雷达测高精度分析. 雷达科学与技术.2012,10(2):12 – 15

［16］沈齐,刘波. 随机误差对阵列天线副瓣电平的影响分析. 微波学报,2006, 22(增刊):65 – 68.

［17］蒋庆全. 有源相控阵雷达技术发展趋势,装备与技术:2005(4),9 – 11.

［18］Kumar B P, Branner G R. Generalized analytical technique for the synthesis of unequally spaced arrays with linear, planar, cylindrical or spherical geometry. IEEE Trans. Antennas Propagat., 2005. 53 (2): 621 – 634.

［19］Weile D S, Michielssen E. Genetic algorithm optimization applied to electromagnetics:a review. IEEE Trans. Antennas Propagat., 1997, 45(3): 343 – 353.

［20］Robinson J, Rahmat samii Y. particle swarm optimization in electromagnetics . IEEE Trans. Antennas Propagat., 2004, 52 (2): 397 – 407.

［21］弋稳. 雷达接收机技术. 北京:电子工业出版社,2005.

［22］郭建明,刘波. 圆环形相控阵方向图智能优化设计研究. 电波科学学报,2008,23(4):792 – 796.

［23］保铮,张玉洪,廖桂生,等. 机载雷达空时二维信号处理(1). 现代雷达,1994,16(1):38 – 48.

［24］保铮,张玉洪,廖桂生,等. 机载雷达空时二维信号处理(2). 现代雷达,1994,16(2):17 – 27.

［25］王永良,彭应宁. 空时自适应信号处理. 北京:清华大学出版社,2000.

［26］Guerci J R. Space – time adaptive processing for radar. Boston, London:Artech House,2003.

［27］王小谟,匡永胜,陈忠先. 监视雷达技术 . 北京:电子工业出版社,2008.

［28］刘波,沈齐. 机载预警雷达技术的进展与展望. 空军装备研究,2008, 2(5):56 – 60.

[29] 刘波,郭建明.数字阵列雷达的原理与应用概述.空军装备研究,2007,1(6):51-53.

[30] 郭建明,刘波.隐身飞行目标低频段 RCS 计算.微波学报,2007,23(增刊):185-188.

[31] 刘波,金林,潘健.步进频率雷达目标径向速度的估计.北京邮电大学学报,2005,28(增刊):87-89.

[32] Fresenl A. Antenna-based signal processing techniques for radar systems. Artech house, 1992.

[33] 王慧君,赵寅,倪树新.机载红外预警探测系统.激光与红外,2007,37(11):1133-1136.

[34] 郦能敬,王被德,沈齐,等.对空情报雷达总体论证——理论与实践.北京:国防工业出版社,2008.

[35] 胡文琳,丛力田.平流层飞艇预警探测技术进展及应用展望.现代雷达,2011,33(1):5-7.

[36] Khoury G A, Gillett J D.飞艇技术.北京:科学出版社,2008.

[37] 阿雯,胡冬冬.传感无人机的关键技术及其研究进展.飞航导弹,2010(2):12-16.

[38] 田明辉,方青,任清安.机载 ESM 与雷达航迹融合仿真系统研究.2012,10(1):64-70.

[39] 倪丛云.舰载雷达的电磁兼容设计.舰船电子对抗,2002,25(1):40-42.

[40] North Atlantic Treaty Organization. Introduction to airborne warning radar flight test. France, 1999.

[41] 刘波,王怀军,陈春晖.预警机雷达威力覆盖分析与航线优化.空军装备研究,2012,6(1):21-24.

[42] 刘波,陈春晖,沈齐.机载预警雷达协同探测方式研究.现代雷达,2012,34(6):1-4.

[43] 刘波,陈春晖,冯军.机载预警雷达覆盖范围与目标径向速度的关系.电子科学研究院学报,2012,7(4):390-392.

[44] 胡来招.无源定位技术.北京:国防工业出版社,2004.